精品课

"十四五"精品课程规划教材——艺术设计类　　互联网＋创新型规划教材

U0829829

Photoshop
数字化项目实战新形态教程
（微课版）

主编　张洪梅　施　蓓　殷大雷

天津大学出版社
TIANJIN UNIVERSITY PRESS

图书在版编目（CIP）数据

Photoshop 数字化项目实战新形态教程 : 微课版 / 张洪梅 , 施蓓 , 殷大雷主编 . -- 天津 : 天津大学出版社 , 2025. 6. -- (“十四五”精品课程规划教材) (互联网 + 创新型规划教材). -- ISBN 978-7-5618-8033-3

Ⅰ . TP391.413

中国国家版本馆 CIP 数据核字第 2025DQ6969 号

Photoshop 数字化项目实战新形态教程（微课版）

PHOTOSHOP SHUZIHUA XIANGMU SHIZHAN XINXINGTAI JIAOCHENG（WEIKEBAN）

出版发行	天津大学出版社
地　　址	天津市卫津路 92 号天津大学内（邮编：300072）
电　　话	发行部：022-27403647 邮购部：022-27402742
网　　址	www.tjpress.com.cn
印　　刷	河北鑫彩博图印刷有限公司
经　　销	全国各地新华书店
尺　　寸	889mm × 1194mm　1/16
印　　张	16.5
字　　数	458 千字
版　　次	2025 年 6 月第 1 版
印　　次	2025 年 6 月第 1 次
定　　价	69.00 元

凡购本书，如有缺页、倒页、脱页等质量问题，请与我社发行部联系调换。

版权所有　侵权必究

编 委 会

主 编

张洪梅 施 蓓 殷大雷

副主编

芮 阅 吴天宇 景子轩

陈 泉 苗群英 王 振

焦 鹏 李 玲 魏 然

前　　言

在数字创意蓬勃发展的时代，视觉传达已成为信息交流与文化传播的核心力量。Photoshop 作为这一领域的基石软件，凭借其强大的图像编辑与合成能力，早已超越单纯的工具范畴，成为设计师释放创意、塑造视觉世界不可或缺的伙伴。无论是修复承载历史记忆的老照片，还是构建震撼人心的虚拟场景，Photoshop 都持续激发着我们的创造潜能，助力我们将想象转化为现实。

本教程旨在构建一个更加科学、高效、符合时代需求的 Photoshop 学习路径。教程内容经过精心重构与整合，打破传统软件教材“功能罗列”或“炫技堆砌”的局限，创新性地划分为基础模块、提升模块、应用模块三大进阶层次，以“项目—任务”的形式展开教学，以平面设计师职业能力成长阶梯为导向，将碎片化的知识点有机串联于真实的工作流程与项目情境之中。

本教程特色鲜明：①内容全面，涵盖关键技能，学习查阅首选；②案例教学，精选典型场景，实战导向突出；③对标“1+X”标准，学考无缝衔接；④微课辅学，步骤清晰易懂；⑤思政融教，培育工匠精神，增强文化自信；⑥校企共建，行家名师联袂，理论实践并重。

本教程选用岗位典型案例，助力学习者顺利获取职业资格证书，使学习者可以全面掌握图形图像的处理技巧，具备解决实际项目技术难题的能力。

学习者通过本教程的学习，应达到以下目标：①了解 Photoshop 软件的特点；②掌握 Photoshop 软件的基本使用方法及相关工具；③掌握图像修复、图形绘制、颜色调整、文字效果、图像抠选与合成等多个核心技能；④能够使用 Photoshop 软件独立完成基本的图像后期处理任务和图文混合效果。

本教程由沙洲职业工学院张洪梅、施蓓、殷大雷分别担任第一、第二、第三主编；由沙洲职业工学院芮阅、吴天宇、景子轩，张家港市龙媒广告策划有限公司陈泉，南京视觉艺术职业学院苗群英，南京视觉艺术职业学院王振，商丘学院应用科技学院焦鹏，硅湖职业技术学院李玲，苏州工业园区职业技术学院魏然担任副主编。

本教程适合所有视觉媒体艺术设计专业的学生和有志于从事平面设计、影视后期制作、交互设计、UI 设计、插画设计、包装设计、网页制作、三维动画设计、游戏设计等工作的人员学习。

目　　录

基础模块

提升模块

应用模块

基础模块

项目 1

Photoshop 基本操作

◎ 授课目标

了解文档新建、打开、保存等基本操作，熟练掌握颜色模式及文件格式。

◎ 育人目标

在工具使用中体验从无序到有序、从粗放到精细的成长路径，养成严谨和规范的工作习惯。

任务 1.1　文档的创建、打开及保存

【课堂讨论】

举例说明 Photoshop 在艺术设计、广告设计、界面设计等领域的应用有哪些。

微课视频

1.1.1　启动 Photoshop

选择“开始”→“程序”→“Adobe Photoshop”命令，如图 1-1-1 所示，即可启动 Photoshop。直接在桌面上双击 Photoshop 的快捷图标 Ps 也可启动该软件。

1.1.2　新建文档

在菜单栏中选择“文件”→“新建”命令，或按“Ctrl+N”快捷键，弹出“新建文档”对话框。在对话框中对新建文档的宽度、高度及分辨率等进行设置，如图 1-1-2 所示。完成设置后单击“创建”按钮，即可新建空白文档。

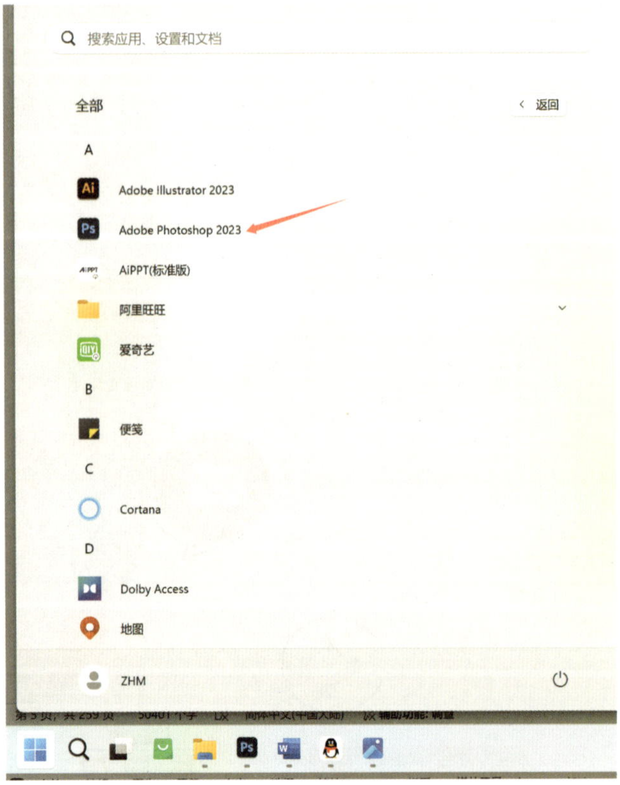

图 1-1-1　启动 Photoshop

图 1-1-2　设置文档参数

1.1.3　打开文档

打开已有文档是编辑工作的开始。以下是具体步骤。

按“Ctrl+O”快捷键，或在菜单栏中执行“文件”→“打开”命令。这时，会弹出“打开”对话框。

在“打开”对话框中浏览并选择想要编辑的图像。在对话框的右侧可以预览图像，以确保选中正确的文件，如图 1-1-3 所示。

确认所选文件后，单击“打开”按钮，或按 Enter 键，或直接双击文件，以打开它。

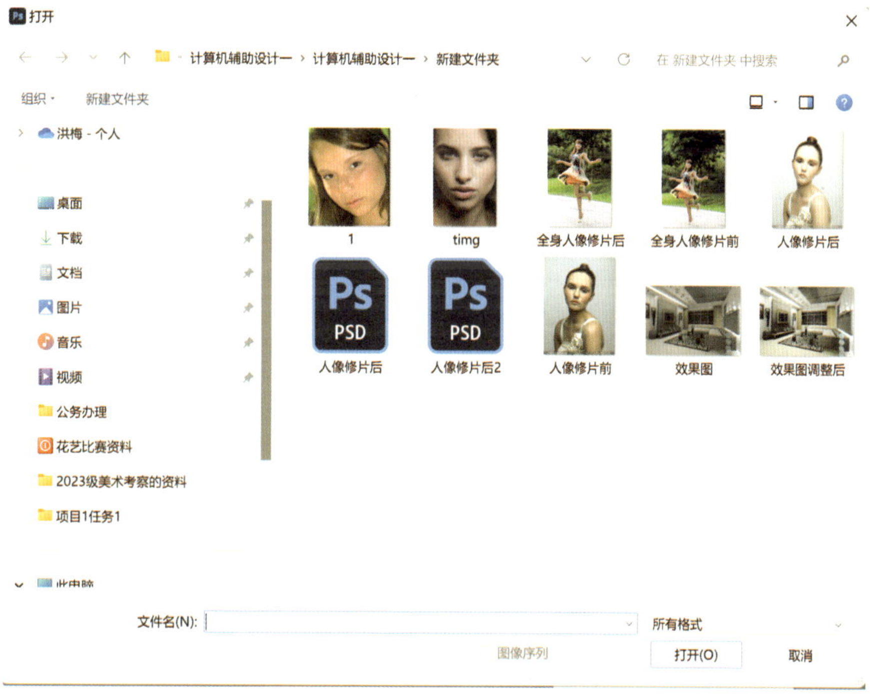

图 1-1-3　“打开”对话框

> ◆ 提示：如果在工作区域内双击，也会打开“打开”对话框。当你想要打开多个文件时，可以按住 Ctrl 键并单击不相邻的文件，或者按住 Shift 键并单击一系列相邻的文件进行多选。

1.1.4　保存文档

当编辑工作完成后，需要将文档保存以保留更改。以下是保存文档的步骤。

第一次保存，在菜单栏中执行“文件”→“存储为”命令，在弹出的“存储为”对话框中设置文件的保存路径、文件名及文件类型，如图 1-1-4 所示，设置完成后，单击“保存”按钮。

第二次保存，在菜单栏中执行“文件”→“存储”命令来保存编辑过的图像，如图 1-1-5 所示，或者直接按“Ctrl+S”快捷键进行保存。

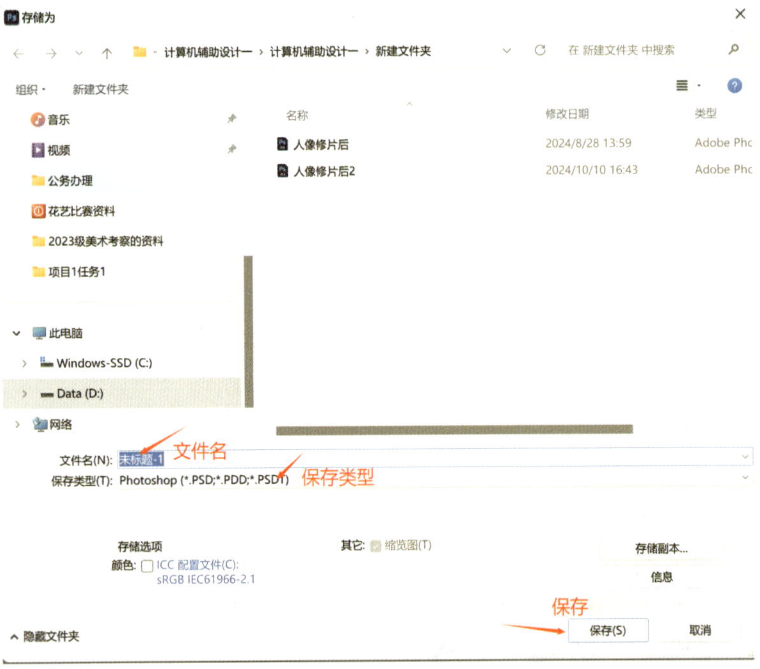

图 1-1-4 “存储为”对话框

图 1-1-5 “存储”命令

1.1.5 退出 Photoshop

退出 Photoshop，有以下几种方法。

（1）单击 Photoshop 程序窗口右上角的关闭按钮。

（2）选择“文件”→“退出”命令。

（3）单击 Photoshop 程序窗口左上角的 Ps 图标，在弹出的下拉菜单中选择“关闭”命令。

（4）双击 Photoshop 程序窗口左上角的 Ps 图标。

（5）按“Alt+F4”快捷键。

（6）按“Ctrl+Q”快捷键。

◆ 提示：在退出 Photoshop 时，如果当前是一个新建的或没有保存过的文件，则会弹出一个保存提示对话框。单击“是”按钮，打开“存储为”对话框；单击“否”按钮，可以关闭文件，但不保存修改结果；单击“取消”按钮，可以关闭该对话框，并取消关闭操作。

随堂测试

1. 若要创建一个新的文档，你应该使用哪组快捷键？（　　）

A. Ctrl+N　　B. Ctrl+M

C. Ctrl+A　　D. Ctrl+V

2. 在 Photoshop 中创建新文档时，哪一个选项可以让你设置文档的尺寸、分辨率和颜色模式？（　　）

A. “文件” → “新建”　　B. “编辑” → “首选项”

C. “图像” → “调整”　　D. “滤镜” → “模糊”

任务 1.2　界面布局

微课视频

【课堂讨论】

工具和面板的创新应用有哪些？

Photoshop 提供了一个高度系统化的工作界面，其设计不仅方便用户操作和理解，还能让新手轻松掌握。界面主要包括菜单栏、工具栏、属性栏和面板等关键部分，如图 1-2-1 所示。

图 1-2-1　界面介绍

1.2.1　菜单栏

Photoshop 共有 12 个主菜单，如图 1-2-2 所示。每个菜单都包含相同类型的命令，例如，“文件”菜单包含的是用于设置文件的各种命令，“滤镜”菜单包含的是各种滤镜。

图 1-2-2　菜单栏

选择菜单中的一个命令便可以执行该命令，如果命令后面附有快捷键，直接按下快捷键即可执行该命令。例如，在“滤镜”菜单下，按“Shift+Ctrl+X”快捷键可以执行“滤镜”→“液化”命令，如图 1-2-3 所示。

> ◆ 提示：快捷菜单会因所选工具的不同而显示不同的内容。例如，使用画笔工具时，显示的快捷菜单是画笔选项设置菜单，而使用渐变工具时，显示的快捷菜单则是渐变编辑菜单。

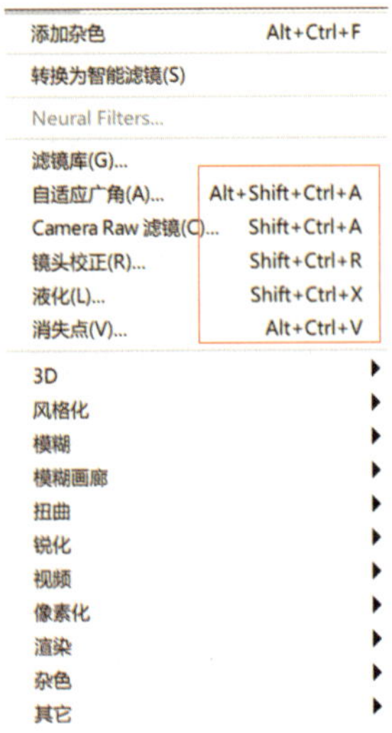

图 1-2-3　带有快捷键的命令

1.2.2　工具栏

第一次启动应用程序时，工具栏将出现在屏幕的左侧，可通过拖动工具栏的标题栏来移动。通过执行“窗口”→“工具”命令，用户可以显示或隐藏工具栏。

单击工具栏中的一个工具按钮即可选择该工具，将鼠标指针停留在一个工具按钮上，会显示该工具的名称和快捷键。右下角带有三角形图标的工具表示这是一个工具组，在这样的工具上按住鼠标右键可以显示隐藏的工具，如图 1-2-4 所示。此时将鼠标指针移至隐藏的工具上，然后放开鼠标，即可选择该工具。

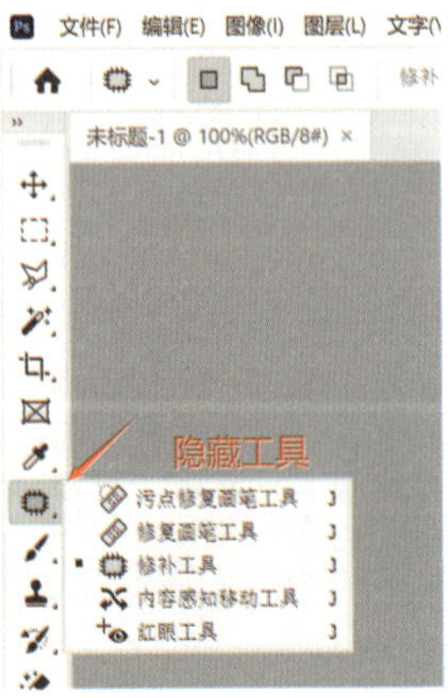

图 1-2-4　显示隐藏的工具

1.2.3　工具选项栏

工具选项栏也称为属性栏。大多数工具的选项都会在该工具的选项栏中显示，例如，选中移动工具 ✥，其选项栏如图 1-2-5 所示。工具选项栏会随所选工具的不同而变化。

图 1-2-5　工具选项栏

1.2.4　面板

使用面板可以监视和修改图像，如图 1-2-6 所示。单击“窗口”菜单，可以控制面板的显示与隐藏。默认情况下，面板以组的方式叠在一起，按住鼠标左键拖动面板组的顶端可以移动面板组。单击面板组顶部的类面板标签，可以打开相应的面板。用鼠标左键选中面板标签，然后拖动到面板以外，就可以从组中移出面板。常用的面板有以下几个。

图层面板：管理所有图层（新建，删除，隐藏，调整顺序、混合模式、不透明度等）。

颜色 / 色板面板：快速选取前景色 / 背景色，保存常用颜色到色板。

调整面板：添加非破坏性调整图层（如亮度、曲线、色相饱和度）。

历史记录面板：记录操作步骤，支持撤销至任意历史状态（默认保存 50 步）。

属性面板：显示当前图层或工具的详细参数（如文字字体、形状填充、蒙版属性）。

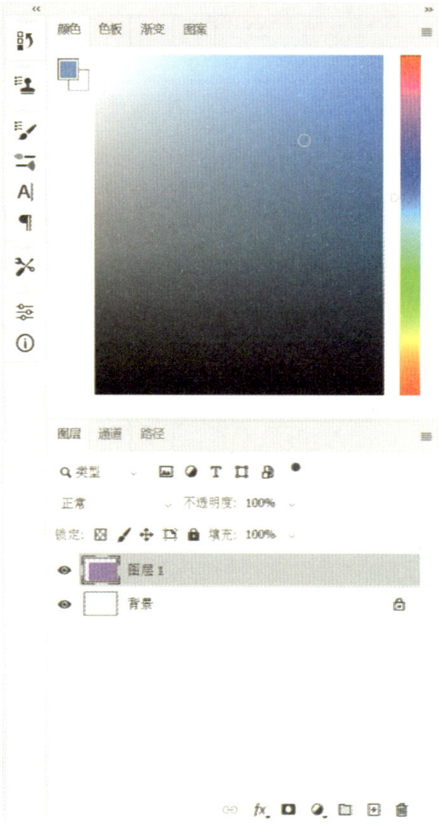

图 1-2-6　面板

1.2.5　图像窗口

通过图像窗口可以移动整个图像在工作区中的位置。图像窗口显示图像的名称、百分比例、色彩模式及当前图层等信息。单击窗口右上角的最小化按钮，可以最小化图像窗口；单击窗口右上角的最大化按钮，可以最大化图像窗口；单击窗口右上角的关闭按钮，则可关闭整个图像窗口。

1.2.6　状态栏

状态栏位于图像窗口的底部。状态栏左侧通常显示当前图像的显示比例、文档大小等信息。

单击状态栏中的“〉”按钮，弹出图 1-2-7 所示的快捷菜单，在此菜单中可以选择状态栏中显示的内容。

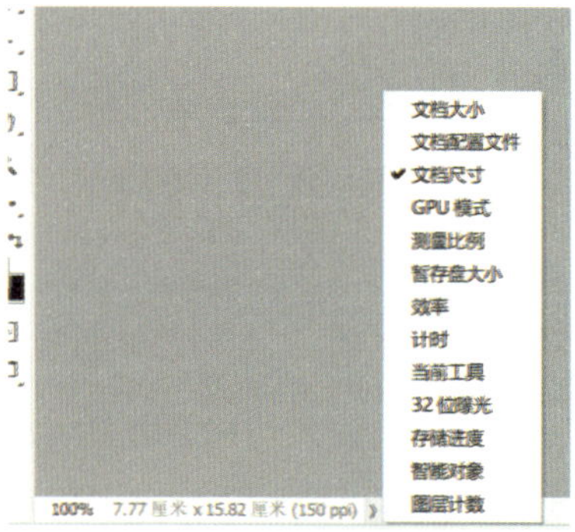

图 1-2-7　状态栏的快捷菜单

随堂测试

1. 下列说法，不正确的一项是（　　）。

A. Photoshop 的工作界面主要包括菜单栏、工具栏、属性栏和面板等关键部分

B. 右下角带有三角形图标的工具表示这是一个工具组

C. 工具选项栏会随所选工具的不同而变化

D. 快捷菜单不会随所选工具的不同而变化

2. 以下哪个面板用于查看图像的历史记录？（　　）

A. 图层面板　　B. 历史记录面板

C. 色彩校正面板　　D. 路径面板

任务 1.3　图像的查看方案及基本知识

微课视频

【课堂讨论】

RGB 与 CMYK 在实践中如何选择？

在 Photoshop 中处理图像时，经常需要在整体和局部之间来回切换，通过对局部的修改来达到最终的效果。该软件提供了几种图像查看命令，用于完成这一系列的操作。

1.3.1　放大与缩小图像

使用缩放工具，用户可对局部区域进行缩放查看。

用户还可以通过快捷键来实现放大或缩小图像。例如，使用“Ctrl++”快捷键，可以以画布为中心放大图像；使用“Ctrl+-”快捷键，可以以画布为中心缩小图像。

1.3.2　抓手工具

当图像被放大到只能够显示局部图像的时候，可以使用抓手工具查看图像中的某一个部分。除此之外，可以按住空格键和鼠标左键拖动鼠标查看所要显示的部分，也可以拖动水平滚动条和垂直滚动条来查看图像。

1.3.3　图像的基本知识

（1）位图图像和矢量图形

计算机处理的图形图像主要分为两种类型：位图图像和矢量图形。

①位图图像。位图也称为点阵图像，由像素组成。当放大时，整个图像呈现出由小方格组成的画面，每个小方格称为像素。每个像素都有特定的颜色值和位置，因此对位图图像的编辑实际上就是对单个像素的编辑。

优点：能够表达丰富的色彩和细节，适合照片等细致图像的表现。

缺点：文件较大，在放大时容易失真。

常见的位图格式有 BMP、JPG、PSD、GIF、TIFF、PDF 等。

②矢量图形。矢量图形由直线、圆、矩形等几何图形组成，这些图形是由数学公式定义的。

编辑矢量图形实际上就是编辑组成它的各个矢量对象。

优点：文件较小，放大缩小不会失真。

缺点：色彩表现相对简单，不能表达像照片那样的丰富细致的图像。

常见的矢量图形设计软件有 Adobe Illustrator、CorelDRAW 等。常见的矢量图格式有 AI、DXF、WMF、SWF 等。

（2）颜色模式

颜色模式是指在显示器屏幕上和打印页面上重现图像色彩的模式。常见的颜色模式有 RGB、CMYK、Lab 等。

① RGB 模式。

描述：基于红、绿、蓝三种颜色光的混合，广泛应用于显示器等领域。

特点：能够表示出较为丰富的颜色，但不能完全覆盖印刷颜色范围。

② CMYK 模式。

描述：基于青、洋红、黄、黑四种颜色油墨的混合，主要用于印刷领域。

特点：可以实现更广泛的印刷色彩范围，但在显示器上呈现的颜色有限。

③ Lab 模式。

包含了 RGB 和 CMYK 中的所有颜色，色彩范围最广。

（3）文件格式

① PSD 格式（Photoshop Document）。

描述：Adobe Photoshop 的原生文件格式。

特点：支持保存图层、颜色模式、通道和 Photoshop 其他特定的元素，使得编辑过程灵活且高效；适合在设计过程中使用，但文件较大。

② JPEG 格式（Joint Photographic Experts Group）。

描述：一种广泛使用的压缩图像文件格式，特别是在网页和摄影领域。

特点：通过有损压缩使文件变小，适用于需要减少存储空间或加快加载速度的场合；不支持透明度，且每次编辑和保存都会导致质量下降。

③ GIF 格式（Graphics Interchange Format）。

描述：一种简单的位图图像格式，广泛用于网上的动图和图标。

特点：支持透明度和有限的动画功能；由于其采用 256 色限制，所以不适合存储色彩丰富的图片。

④ TIFF 格式（Tagged Image File Format）。

描述：用于存储图像和数据的灵活文件格式，常用于印刷业。

特点：支持无损压缩，在保持图像质量的同时，提供了良好的色彩深度，支持 Alpha 通道；文件通常较大。

⑤ PNG 格式（Portable Network Graphics）。

描述：为改善和替代 GIF 而设计的图像格式。

特点：支持无损压缩和透明度，适合存储网页图像；与 GIF 相比，PNG 提供了更好的压缩率和更广的色彩范围。

⑥ PDF 格式（Portable Document Format）。

描述：Adobe 开发的文件格式，用于保存文档的完整性和跨平台共享。

特点：支持嵌入图像、矢量图形、文字和超链接；常用于交换打印就绪的文档和演示文稿。

总结：在选择图像文件格式时，应考虑图像的最终用途、所需的色彩深度、是否需要透明度以及文件大小等因素，以确保达到既定的视觉效果和性能要求。

随堂测试

1. 以下哪种文件格式支持透明背景？（　　）

A. JPEG　　B. BMP　　C. PNG　　D. TIFF

2. 在 Photoshop 中，使用（　　）快捷键，可以以画布为中心放大图像。

A. Ctrl++　　B. Ctrl+N　　C. Ctrl+J　　D. Ctrl+O

单元作业

Photoshop 基础操作训练（扫码获取素材）。

单元测试

扫码获取试题。

项目 2

Photoshop 工具介绍

◎ 授课目标

了解 Photoshop 工具的基本功能及使用方法，能够结合案例完成相同操作。

◎ 育人目标

1. 培养对细节的敏感度，形成规范操作意识。

2. 突破工具的固定用途，培养灵活运用技术实现创意的能力。

3. 在反复调整中打磨作品，锤炼工匠精神。

4. 探索 Photoshop 隐藏功能，培养自主学习意识。

任务 2.1 辅助工具组

微课视频

【课堂讨论】

“显示变换控件”的作用有哪些？

2.1.1 移动工具

新建一个图层，选择移动工具 ✥（快捷键为“V”），在图层上按住鼠标左键并拖动就可移动图层，如图 2-1-1 所示。

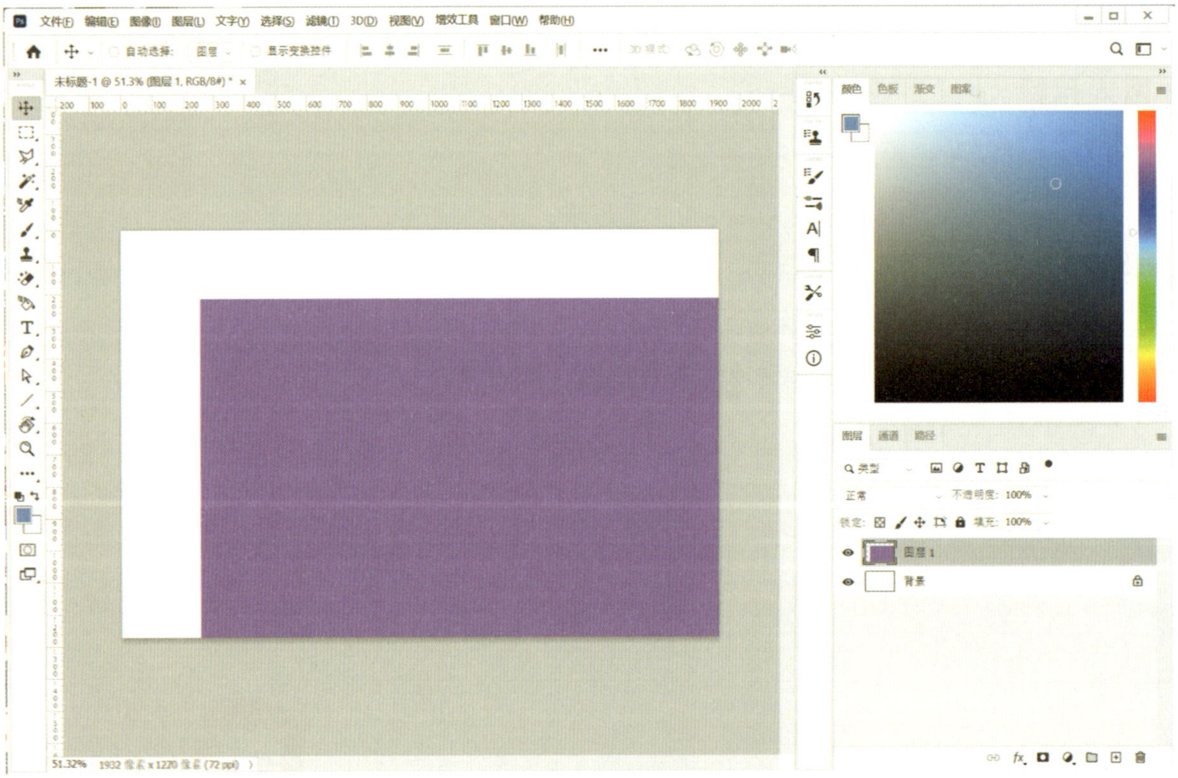

图 2-1-1 移动图层

创建选区，选择移动工具，在选区上按住鼠标左键并拖动可移动选区，如图 2-1-2 所示。

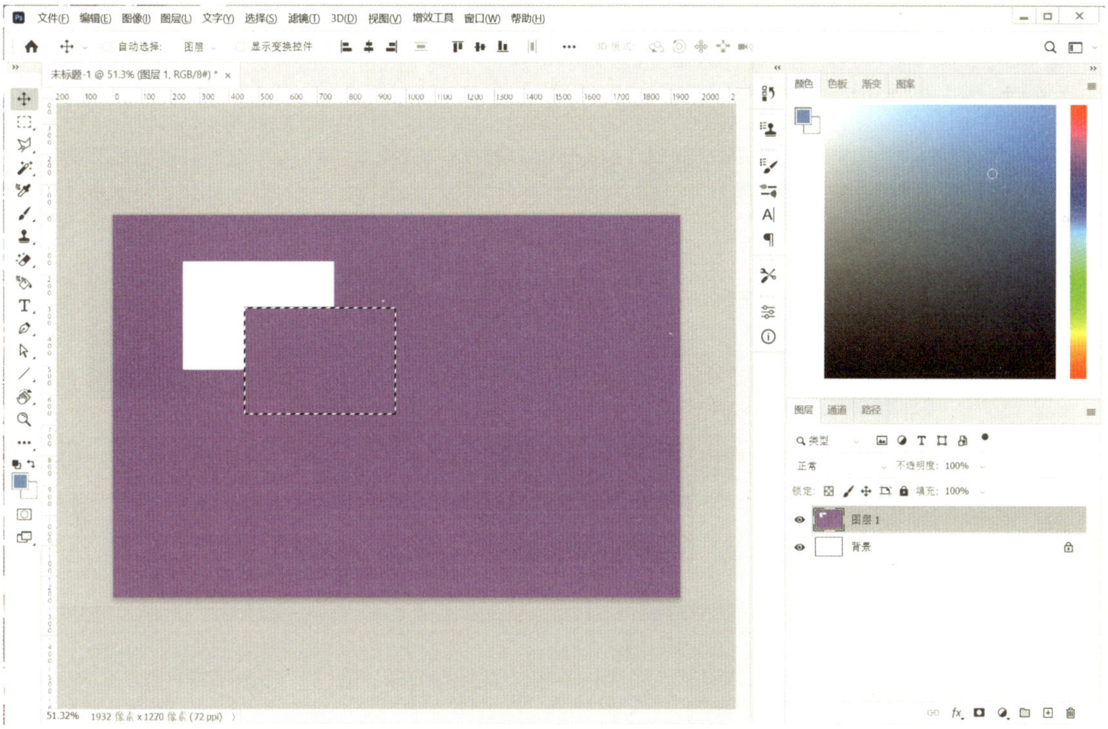

图 2-1-2　移动选区

如有多个图层，需对其中某个图层单独进行移动时，则勾选工具选项栏中的“自动选择”，单击哪个图层就可以对哪个图层进行移动；若没有勾选“自动选择”，则只可以对当前图层进行移动。在勾选“自动选择”的情况下，移动时按住 Ctrl 键可切换到未勾选状态，如图 2-1-3 所示。

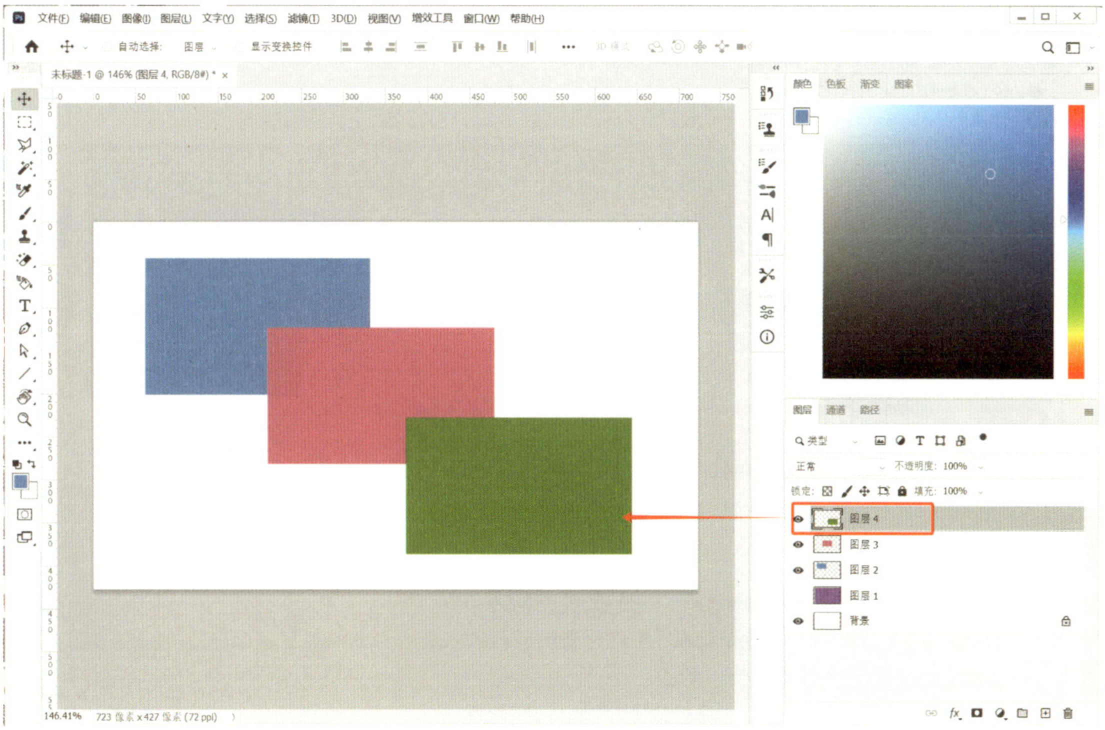

图 2-1-3　自动选择移动选框

移动工具默认移动“图层”，也可对“组”进行移动。把多个图层建成一个组，再使用移动工具，就可以同时移动多个图层，如图 2-1-4 所示。

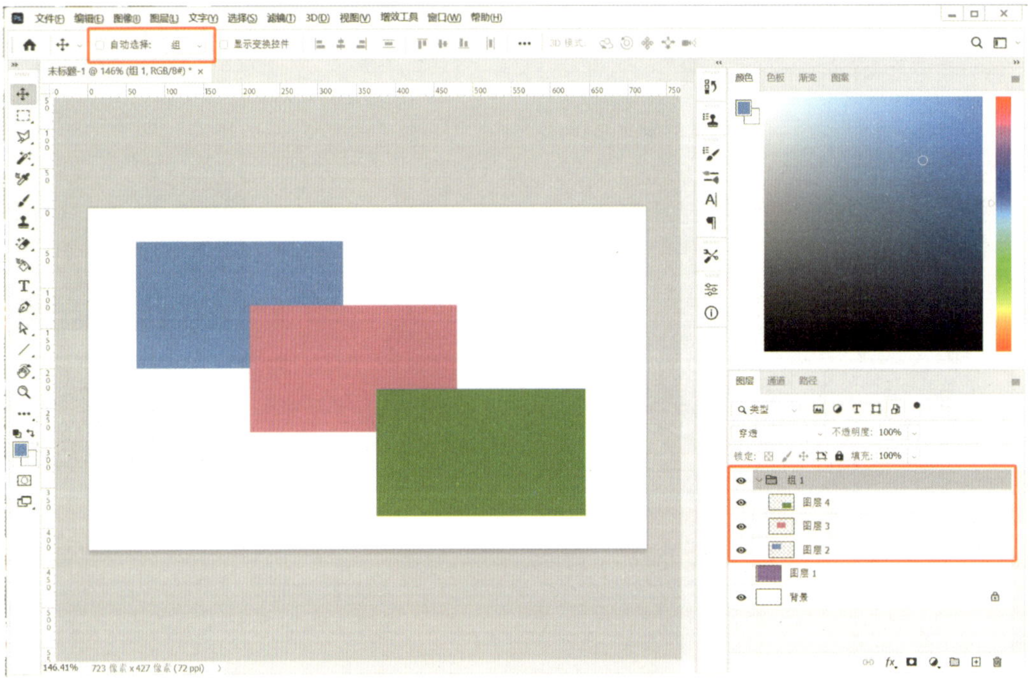

图 2-1-4　编辑及移动图层组

勾选“显示变换控件”（快捷键为“Ctrl+T”），可对图层进行编辑，如图 2-1-5 所示。打开后当前图层的边缘会出现一个调整框，按住鼠标左键拖动边框，图片会等比例缩放。拖动时，按住 Ctrl 键可以随意将图片进行变形，按住 Alt 键可以将图片进行中心缩放。单击鼠标右键可以选择对图片进行透视、扭曲、旋转等多种编辑。

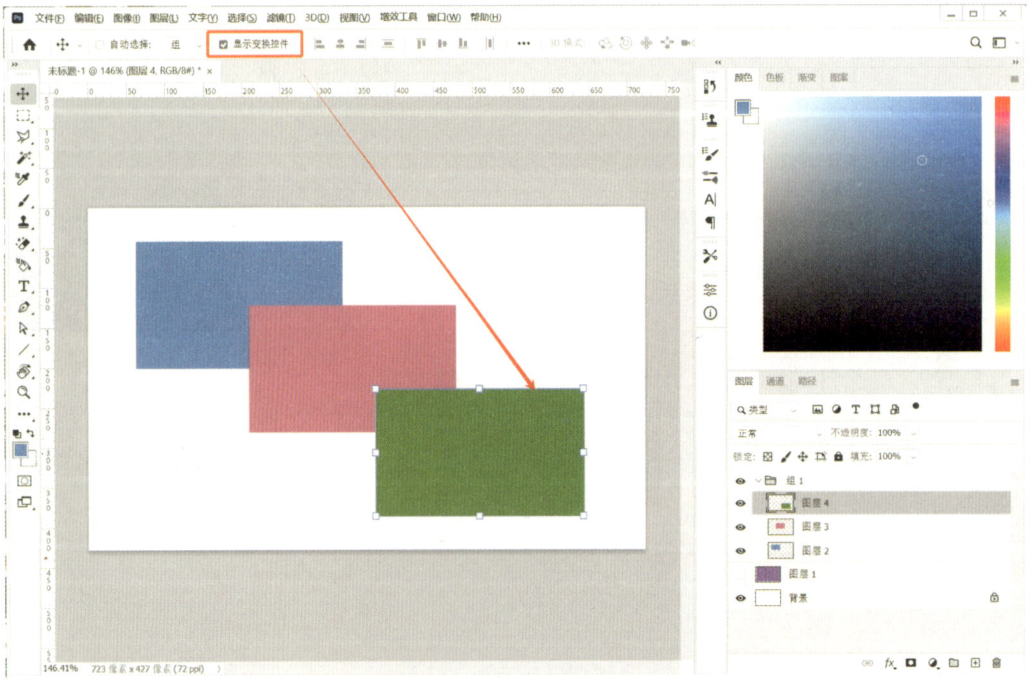

图 2-1-5　显示变换控件

2.1.2　抓手工具

当素材图片较大时，可以使用抓手工具进行移动，也可以按住空格键和鼠标左键进行移动。按住 H 键，双击可以回到画布的中间位置。

2.1.3　旋转视图工具

旋转视图工具可以将画布进行旋转，单击“复位视图”可恢复，如图 2-1-6 所示。如果所有窗口都需要进行旋转观察，可勾选“旋转所有窗口”，如图 2-1-7 所示。

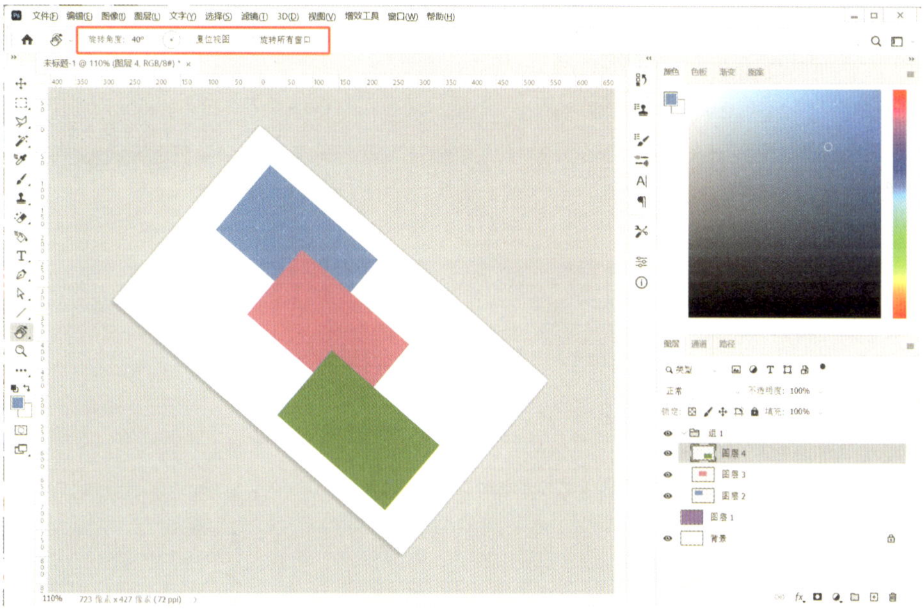

图 2-1-6　旋转视图工具

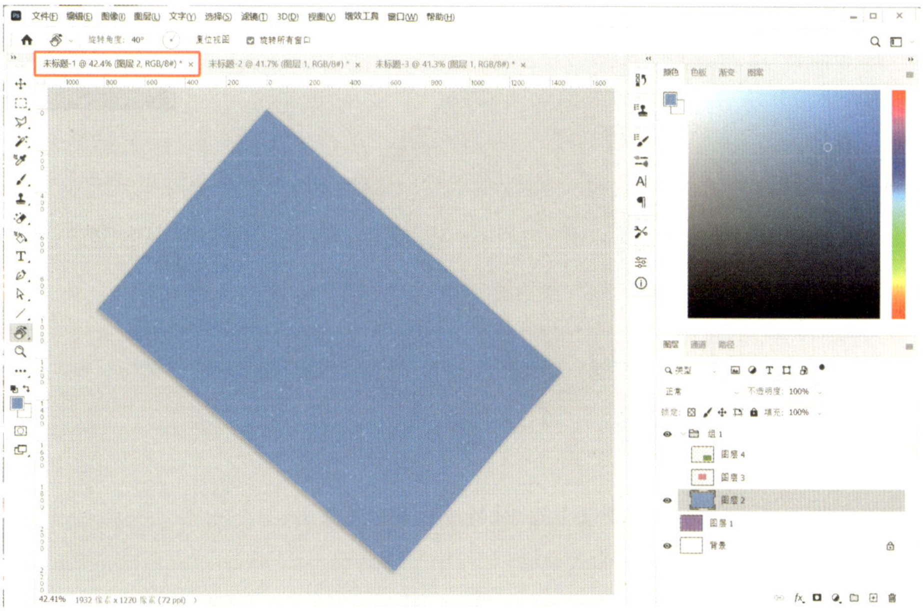

图 2-1-7　旋转所有窗口

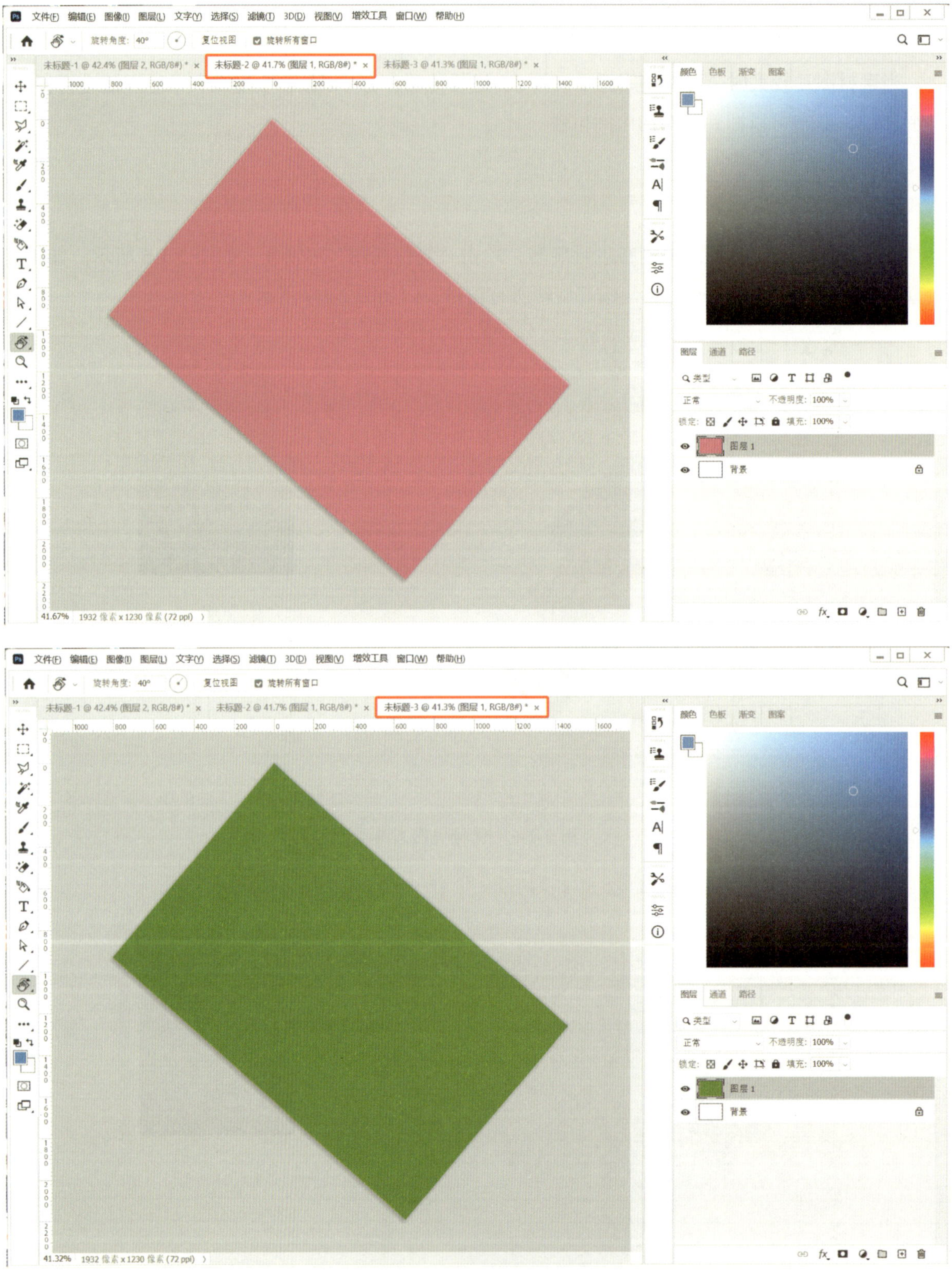

图 2-1-7 旋转所有窗口（续）

随堂测试

1. 若想对图层照片进行扭曲、透视、翻转等操作，可勾选“显示变换控件”，或使用快捷键（　　）。

A. Ctrl+T　　B. Shift+T

C. Alt+D　　D. Ctrl+D

2. 移动工具可对哪些对象进行移动？（　　）

A. 图层　　B. 选区

C. 组　　D. 以上都可以

任务 2.2　选区工具组

微课视频

【课堂讨论】

钢笔工具在抠图中的应用有哪些？

2.2.1　选框工具

选框工具常用来进行规则图形的抠图，有矩形选框工具和椭圆选框工具，快捷键为“M”，如图 2-2-1 所示。

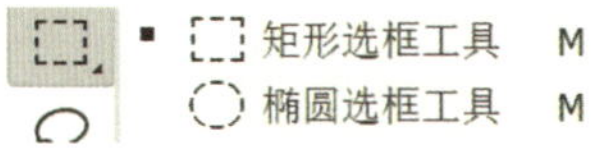

图 2-2-1　选框工具

（1）创建选区

单击选框工具，按住鼠标左键在图像上拖动，会出现一个矩形蚂蚁线，这就是选区，如图 2-2-2 所示。在此基础上，按住 Shift 键可创建正方形的选区，按住 Alt 键可从中心往外创建矩形选区，按住 Shift 键和 Alt 键可从中心往外创建正方形选区。如果需要取消选区，则单击鼠标右键，选择“取消选择”，或使用“Ctrl+D”快捷键。

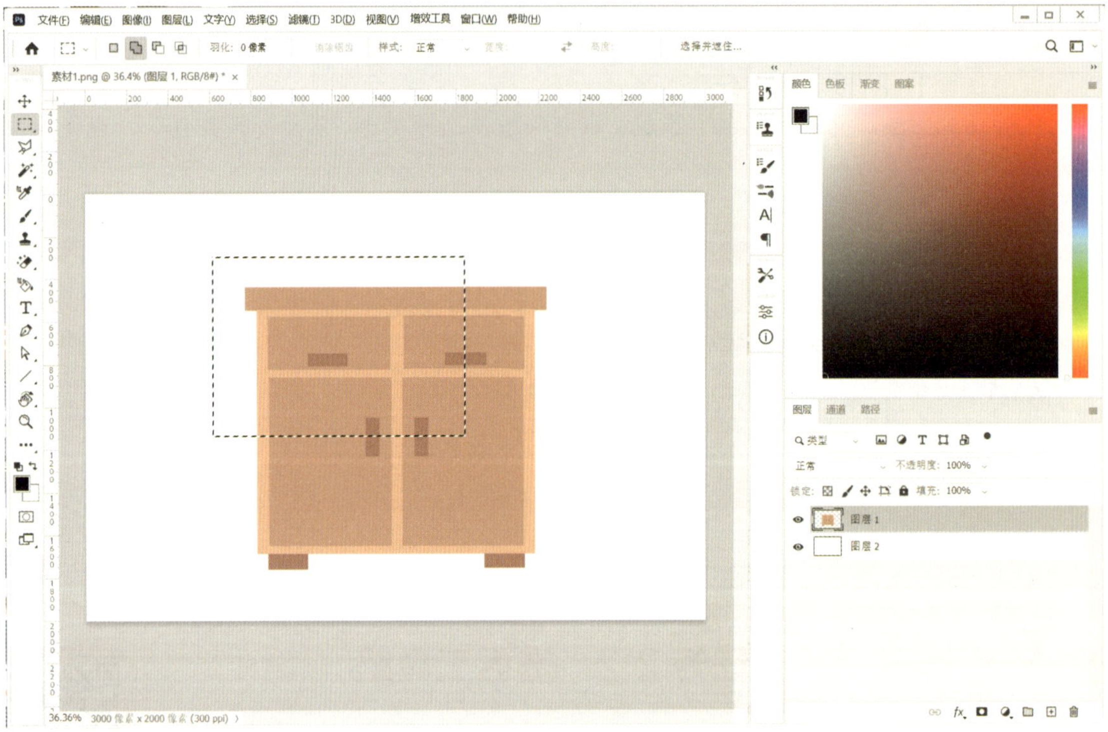

图 2-2-2　矩形选框工具创建选区

（2）变换选区

使用选框工具将柜子的上端矩形部分框选进去，如图 2-2-3 所示，单击鼠标右键，选择“变换选区”，对选区进行调整，使选区与目标区域更贴合。

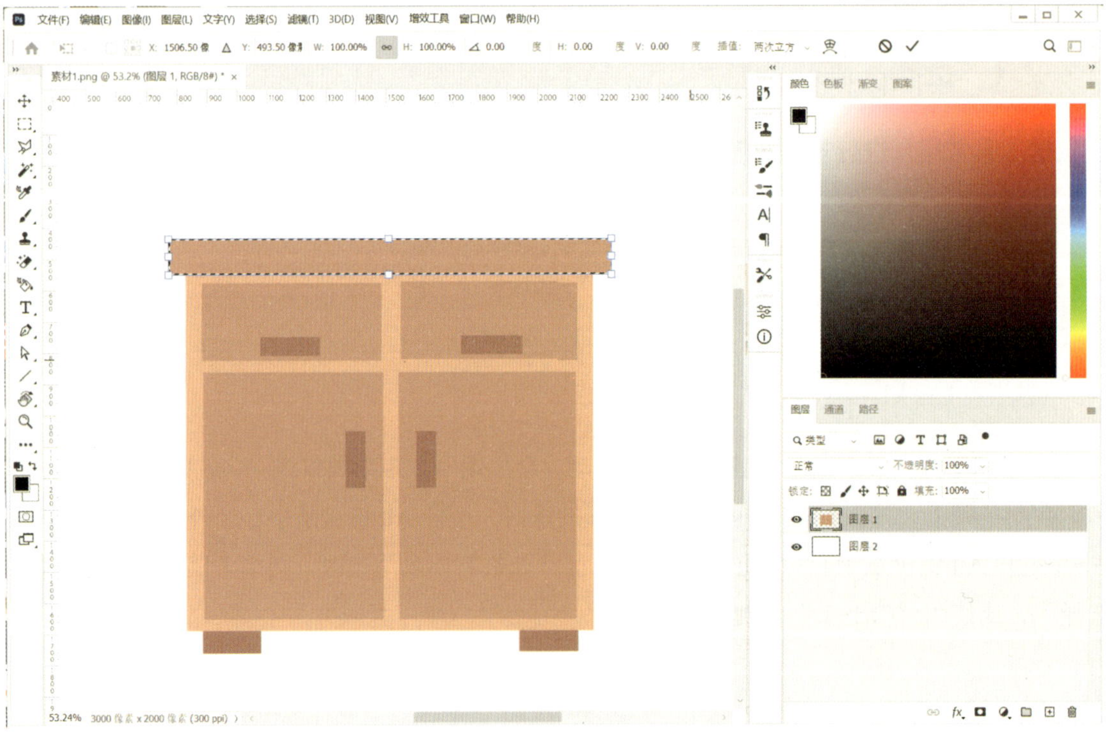

图 2-2-3　变换选区

（3）加选 / 减选选区

按住 Shift 键进行加选，或单击“添加到选区”，把柜子主体和底座都选进去，如图 2-2-4 所示。若多选了，则按住 Alt 键进行减选，或者单击“从选区中减去”进行减选，如图 2-2-5 所示。“与选区交叉”则是只保留两个选区中共有的部分，快捷键为“Alt+Shift”。

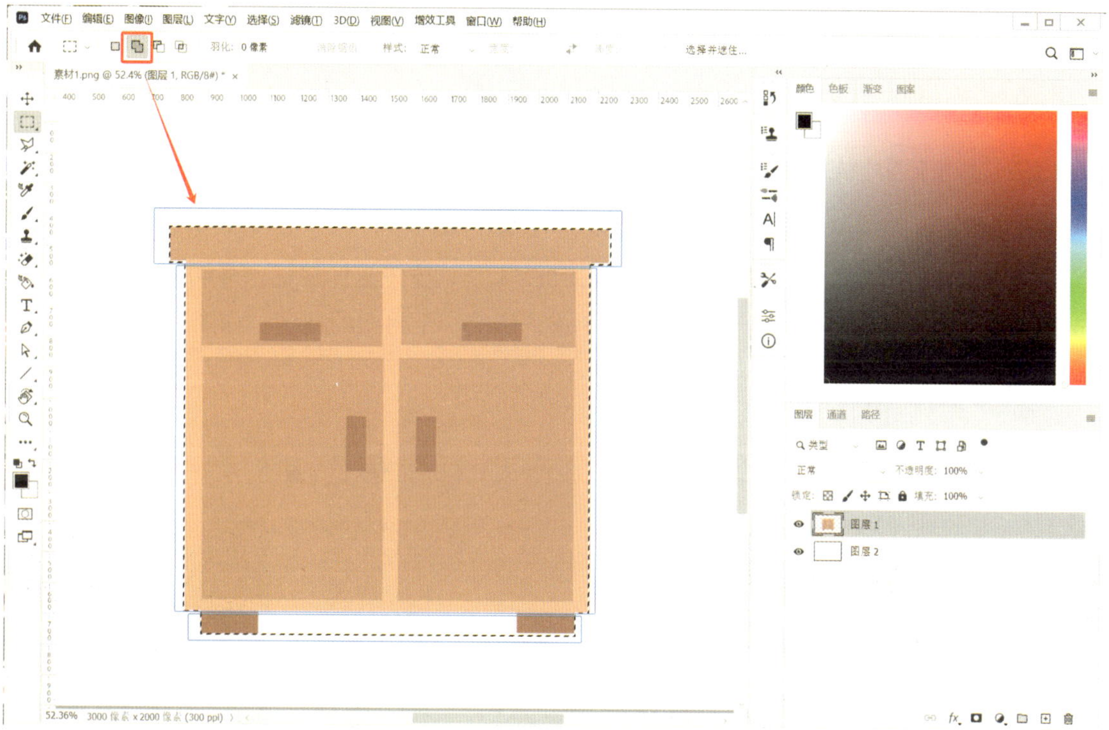

图 2-2-4　添加到选区

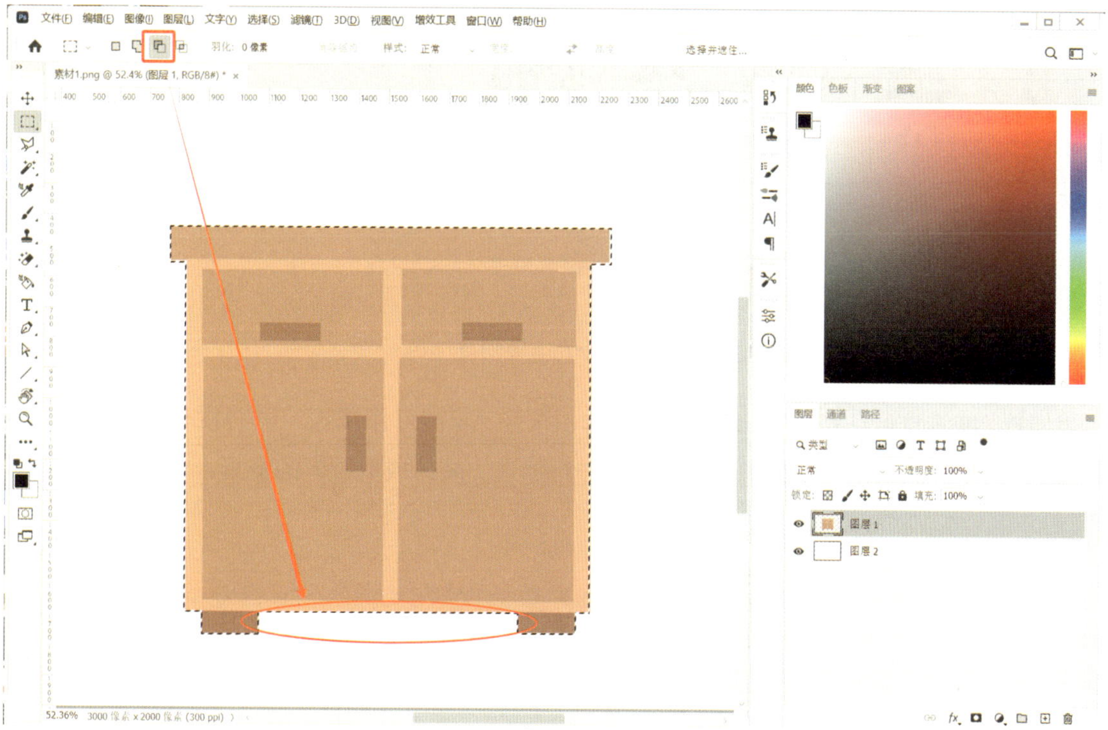

图 2-2-5　减选选区

◆ 提示：使用椭圆选框工具，按住 Shift 键可以创建正圆选区，其他操作方法与矩形选框工具一致。

2.2.2 套索工具

套索工具是最基本的选区工具。套索工具组内包含套索工具和多边形套索工具两个工具，快捷键为“L”，适用于需要徒手描绘不规则选区的场景。

（1）套索工具

①创建选区。单击套索工具 或使用快捷键“L”，按住鼠标左键，移动鼠标可画出任意形状的选区；松开鼠标左键，选区会自动与起点相连，形成一个封闭的选区，如图 2-2-6 所示。

图 2-2-6 套索工具创建选区

②加选 / 减选选区。按住 Shift 键可作加选，按住 Alt 键可作减选，同时按住 Shift 键和 Alt 键可取两者的交集；或单击菜单栏中相应的按钮进行加选、减选或取二者的交集，如图 2-2-7 所示。

图 2-2-7　套索工具选择状态调整

（2）多边形套索工具

多边形套索工具（快捷键为“L”）可创建任意直线形状的选区，也可以进行加选、减选和交叉选择。

利用多边形套索工具可对边缘平直的多边形进行抠图，如图 2-2-8 中的床头柜，选择一个起点，然后在转折处单击，若点错可按 Delete 键取消。最后一点须与第一点重叠形成闭合选区，可双击鼠标自动相连。

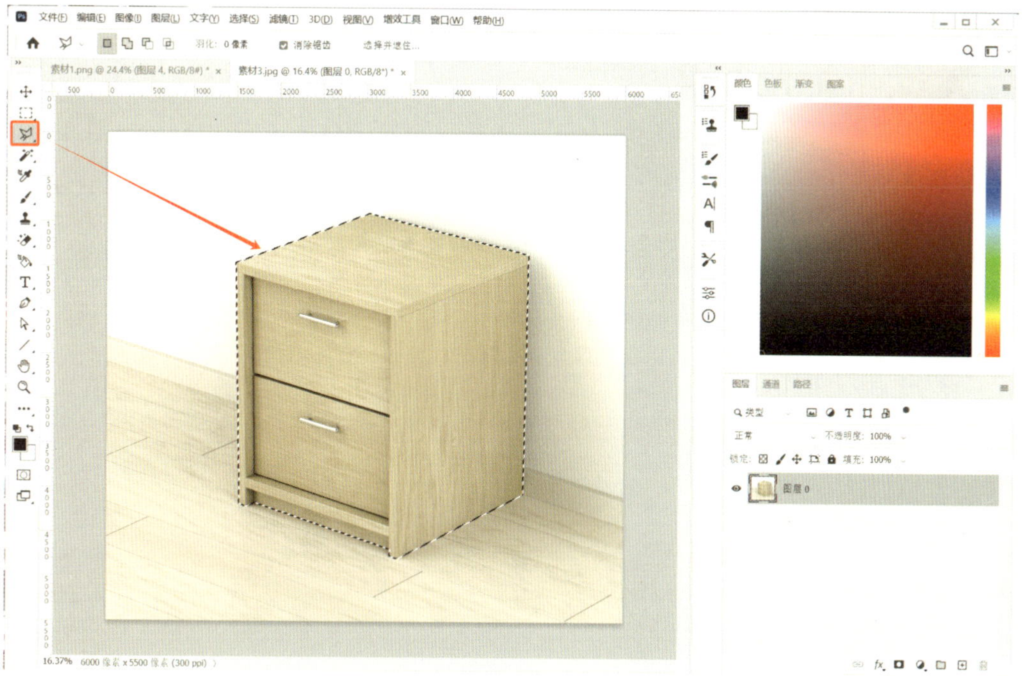

图 2-2-8　多边形套索工具

2.2.3 魔棒工具

Photoshop 中的魔棒工具组包含魔棒工具、对象选择工具和快速选择工具等 3 个工具，快捷键为“W”。

（1）魔棒工具

魔棒工具是一种基于颜色相似性进行区域选择的工具。

①容差调整。以选择山竹的叶子区域为例。单击魔棒按钮 或使用快捷键“W”切换到魔棒工具，单击叶子的颜色区域就可以将该区域选择出来。叶子的阴影区域和叶子虽是一个色系，但颜色有差别，不能被选中。此时，可通过调整容差的数值来改变选择的区域。容差数值越大，代表选区的相近颜色区域越多；容差数值越小，表示选区的颜色越精确，如图 2-2-9 所示。

图 2-2-9 魔棒工具的容差调整

图 2-2-9　魔棒工具的容差调整（续）

②连续选择。以选择山竹的白色果肉区域为例。这些区域只能依次单击选取，因为中间有别的颜色分隔。若想要同时选出所有的果肉，则可以取消“连续”，但这时其他地方的白色也会被选上，如图 2-2-10 所示。

图 2-2-10　魔棒工具的“连续选择”

③选择反向。以选择山竹的主体区域为例。由于素材背景是纯蓝色，所以可以直接用魔棒单击在蓝色上，然后单击鼠标右键，选择“选择反向”，或者按“Ctrl+Shift+I”快捷键，将山竹主体抠出来，如图 2-2-11 所示。

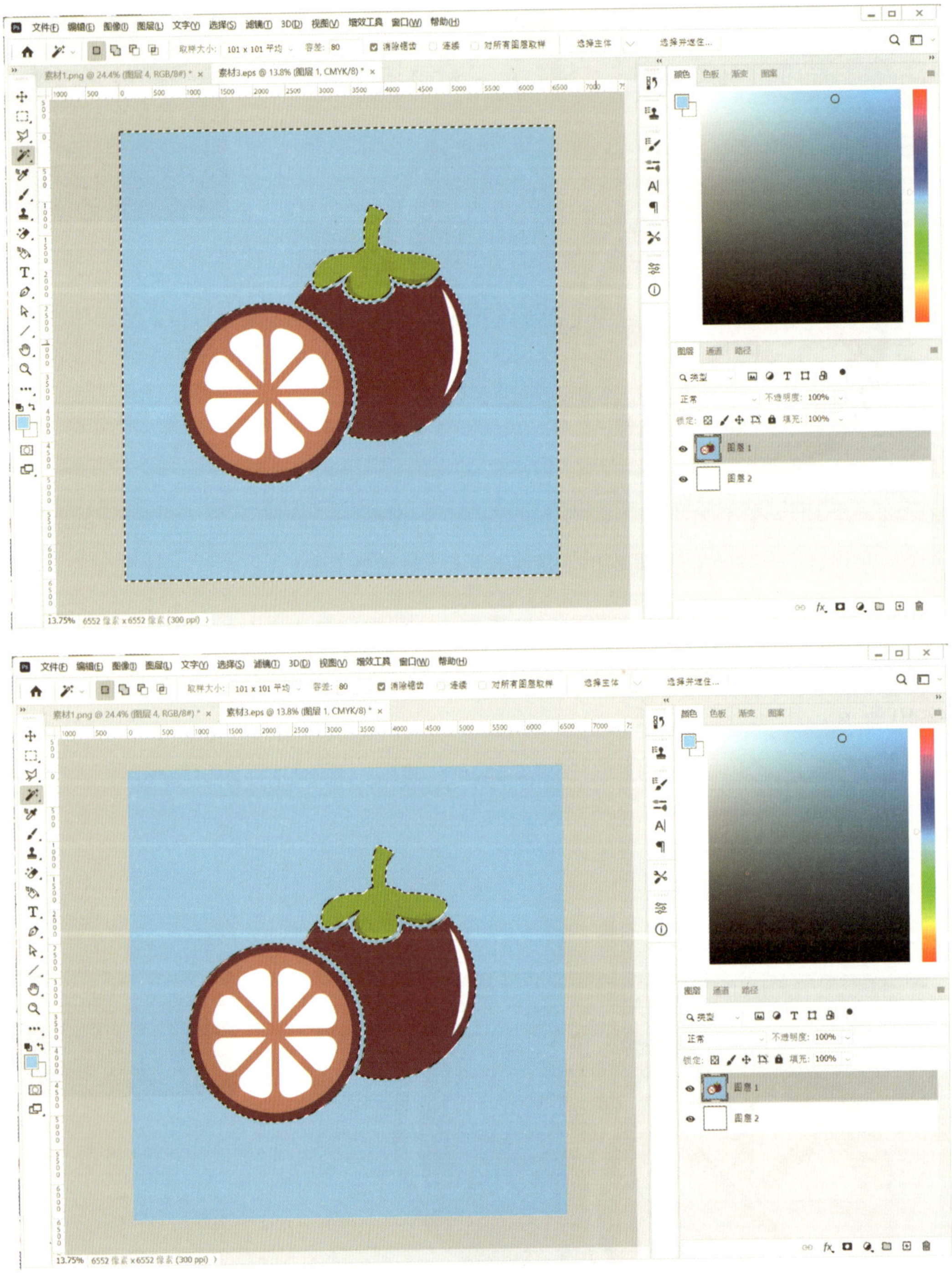

图 2-2-11　魔术棒工具的“选择反向”

（2）对象选择工具

对象选择工具能够对主体进行智能识别。在工具选项栏中单击“显示所有对象”，可将所有主体的形状都识别出来，尽管主体之间互不相连，如图 2-2-12 所示。

图 2-2-12　对象选择工具

（3）快速选择工具

快速选择工具可以智能识别主体的边界，如图 2-2-13 所示，只须在目标区域上拖动鼠标，就可以进行快速识别。可根据图形的大小来调节工具的大小，按住 Alt 键+鼠标右键，往右移动鼠标工具变大，往左移动工具变小。

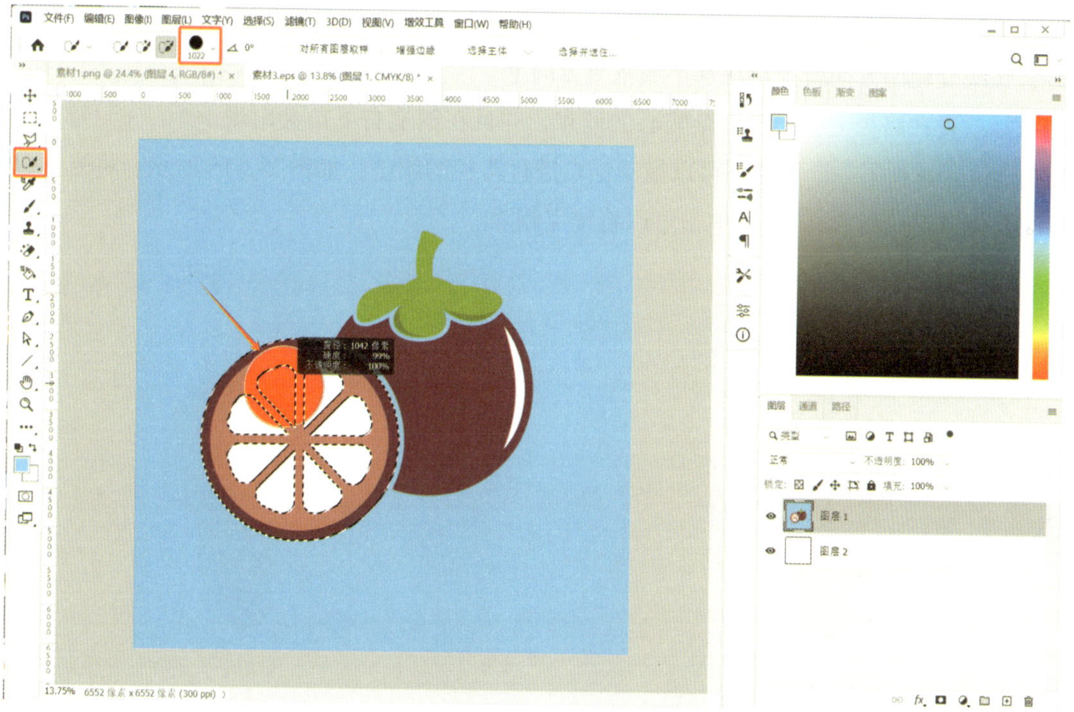

图 2-2-13　快速选择工具

2.2.4 钢笔工具

钢笔工具 ，快捷键为“P”，可绘制路径或形状。

（1）绘制路径

①绘制直线路径。选择钢笔工具，在图片上单击，两点之间以直线相连，形成封闭路径后按住“Ctrl+Enter”快捷键，可创建选区，如图 2-2-14 所示。如果钢笔路径没有首尾相连，变换为选区时就会自动以直线进行封闭。

在单击时按住 Shift 键，路径就会保持水平或垂直方向。

图 2-2-14 钢笔工具

②绘制曲线路径。选择钢笔工具，在图片上单击，在确定第二点时不松手，按住左键进行拖动，就可以对路径进行弯曲，并可以根据图形的弧度进行调整，使路径与图案贴合。在调整时按住 Shift 键，弧线变化的方向就控制在水平或垂直方向上。

将光标放置在路径上会出现一个实心的蓝点，并且在钢笔右下角会出现一个“+”号，单击一下，就在该位置添加了一个锚点，可以拖动锚点进行路径的调整，如图 2-2-15 所示。将光标放置在已有锚点上会出现一个“–”号，单击可以将锚点删除。

图 2-2-15 路径加锚点和减锚点

③调整路径。画好路径后，如果按 Esc 键，就可以创建第二组新路径。如果还想对上一路径进行调整，可以使用路径选择工具（快捷键为“A”），如图 2-2-16 所示。

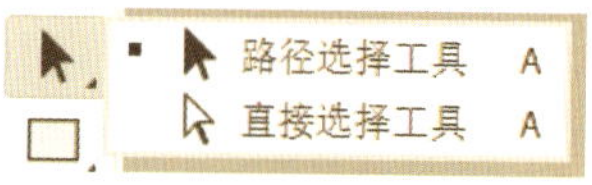

图 2-2-16　路径选择工具

单击“路径选择工具”，可以选择整个路径，并对路径进行移动，再切换回钢笔工具就可以继续对路径进行调整，如图 2-2-17 所示。

单击“直接选择工具”，可以选择单个路径段或锚点进行调整，如图 2-2-18 所示，也可以按住 Shift 键单击或按住鼠标左键拖出一个选框，从而选中多个路径段或锚点进行调整。

路径选择工具和直接选择工具可以通过 Ctrl 键进行切换。在钢笔命令下按住 Ctrl 键可以直接选择和调整路径。

图 2-2-17　用路径选择工具调整路径

图 2-2-18　用直接选择工具调整路径

用钢笔工具画弧线路径的时候，锚点两侧会出现两个控制点，用户可以通过 Alt 键来调整控制点。在闭合的路径中，按住 Alt 键单击锚点并拖动，可以打开控制点并同时对两个控制点进行调整；如果只需要调整一个控制点，则按住 Alt 键单击相对应的控制点进行调整。在开合路径中，当处在曲线和直线相交的地方时，想将曲线路径变成直线或者把曲线变成只朝一个方向弯曲，按住 Alt 键单击锚点，可以删除后面的控制点，如图 2-2-19 所示。

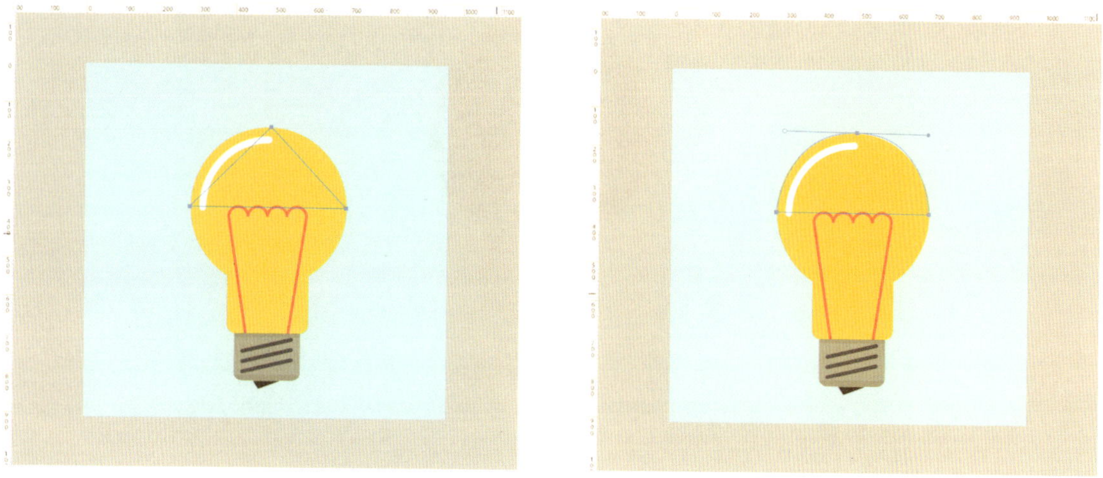

图 2-2-19　调整路径

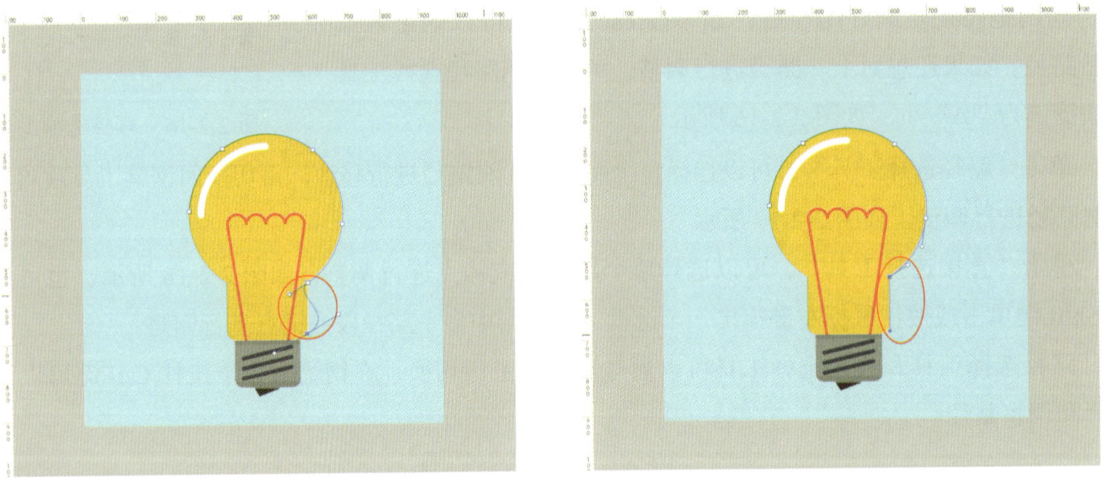

图 2-2-19　调整路径（续）

④选区加选与减选。用路径创建选区时，也可以进行加选和减选。画好路径后，按“Ctrl+Enter”快捷键创建一个选区，然后按住 Shift 键画第二个路径，同样用“Ctrl+Enter”快捷键创建选区，两个选区就是相加。如果画第二个路径时按住 Alt 键，两个选区就是相减。

或者单击钢笔工具选项栏中的“路径操作”也是一样的，如图 2-2-20 所示。

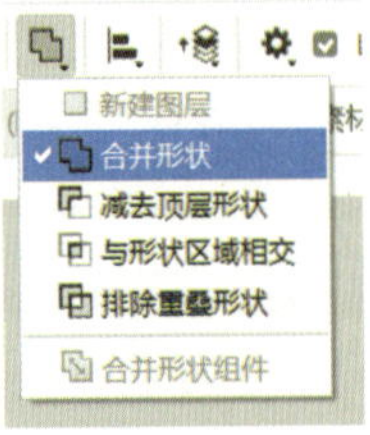

图 2-2-20　“路径操作”菜单

（2）绘制形状

钢笔工具除了可以绘制路径，还可以绘制形状，操作方法与绘制路径相同。绘制形状时可以对形状的内部进行色彩填充，也可以对形状边框的颜色、粗细、类型进行修改，如图 2-2-21 所示。

图 2-2-21　绘制形状

随堂测试

1. 下列哪个工具可以选择连续的颜色相近的区域？（　　）

A. 椭圆选框工具　　B. 魔棒工具

C. 多边形套索工具　　D. 磁性套索工具

2. 用钢笔工具进行抠图时，遇到被抠图物体从弧线转变成直线处，应（　　）。

A. 按 Alt 键，并单击该处锚点，去除锚点前控制点

B. 按 Alt 键，并单击该处锚点，去除锚点后控制点

C. 按 Alt 键，并双击该处锚点，去除锚点前控制点

D. 按 Alt 键，并双击该处锚点，去除锚点前后控制点

任务 2.3　修瑕工具组

微课视频

【课堂讨论】

印章工具的使用要点有哪些？

2.3.1　印章工具

印章工具组里有“仿制图章工具”和“图案图章工具”（快捷键为“S”），常用来去除水印或者将图案进行复制，如图 2-3-1 所示。

图 2-3-1　印章工具

（1）仿制图章工具

仿制图章工具可以复制图像中的特定区域并将其应用到其他位置，常用于去除图片中的瑕疵或修复细节。

仿制图章工具可像画笔一样进行放大、缩小，或者调整硬度。

按住“Alt+右键”，然后左右拖动鼠标：向右拖动，可放大仿制图章；向左拖动，可缩小仿制图章。也可在属性栏中直接输入数值或拖动滑块调整大小。

按住“Alt+右键”，然后上下拖动鼠标：向上拖动，可增加硬度（边缘更清晰）；向下拖动，可降低硬度（边缘更柔和）。也可在属性栏中直接输入数值或拖动滑块调整硬度（0% 为最柔和，100% 为最硬）。

需要注意的是，直接单击仿制图章是无法使用的，需要按住 Alt 键选取源点，如图 2-3-2 所示。

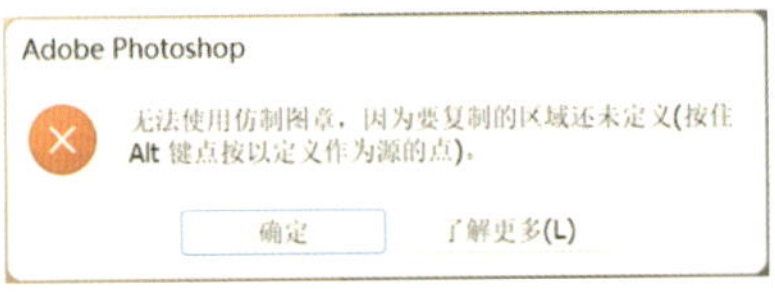
Adobe Photoshop
无法使用仿制图章，因为要复制的区域还未定义(按住 Alt 键点按以定义作为源的点)。
确定
了解更多(L)

图 2-3-2　没有选取源无法使用仿制图章工具

下面我们举两个例子来讲解仿制图章工具的功能和使用方法。

①去除图片中的对象。以去除图 2-3-3 中左边的对象为例。在海水区域按 Alt 键单击选取源点，覆盖到对象上。可先适当降低圆的硬度，使过渡更加自然。要以海水区域为源点，如果单击在天空上，效果不理想；且单击时不能离别的物体太近，以免覆盖时出现别的物体，如图 2-3-4 所示。

图 2-3-3　用仿制图章工具修图

图 2-3-4　源点选取不当的效果

②复制图片中的对象。以复制图 2-3-5 中的树为例。将源点选择在树上，在空白区域涂抹可复制一模一样的树。勾选属性栏中的“对齐”，树的位置是对齐的，如图 2-3-5 所示，取消勾选“对齐”，则可以改变树的位置，如图 2-3-6 所示。

图 2-3-5　仿制图章勾选“对齐”选项的效果

图 2-3-6　仿制图章不勾选“对齐”选项的效果

（2）图案图章工具

图案图章工具可复制图案。在“编辑”里选择“定义图案”，将小盆栽变成图案，如图 2-3-7 所示，扩大画布，删除画布上原有的小盆栽，调整画笔大小，调整硬度为 100%，在画布里进行绘制，可出现一排排小盆栽。勾选“对齐”，小盆栽上下左右均可对齐，如图 2-3-8 所示；不勾选“对齐”，小盆栽会根据画笔的位置出现，如图 2-3-9 所示。

图 2-3-7　定义图案

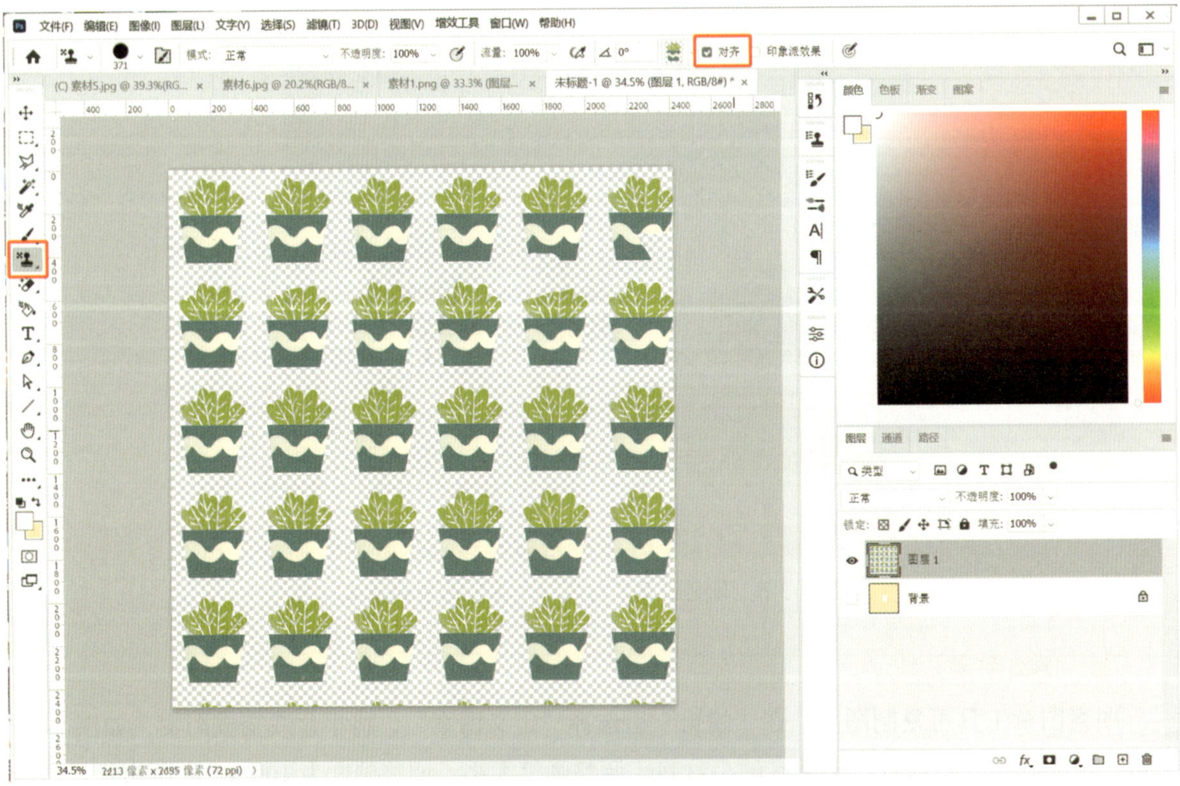

图 2-3-8　图案图章勾选“对齐”选项的效果

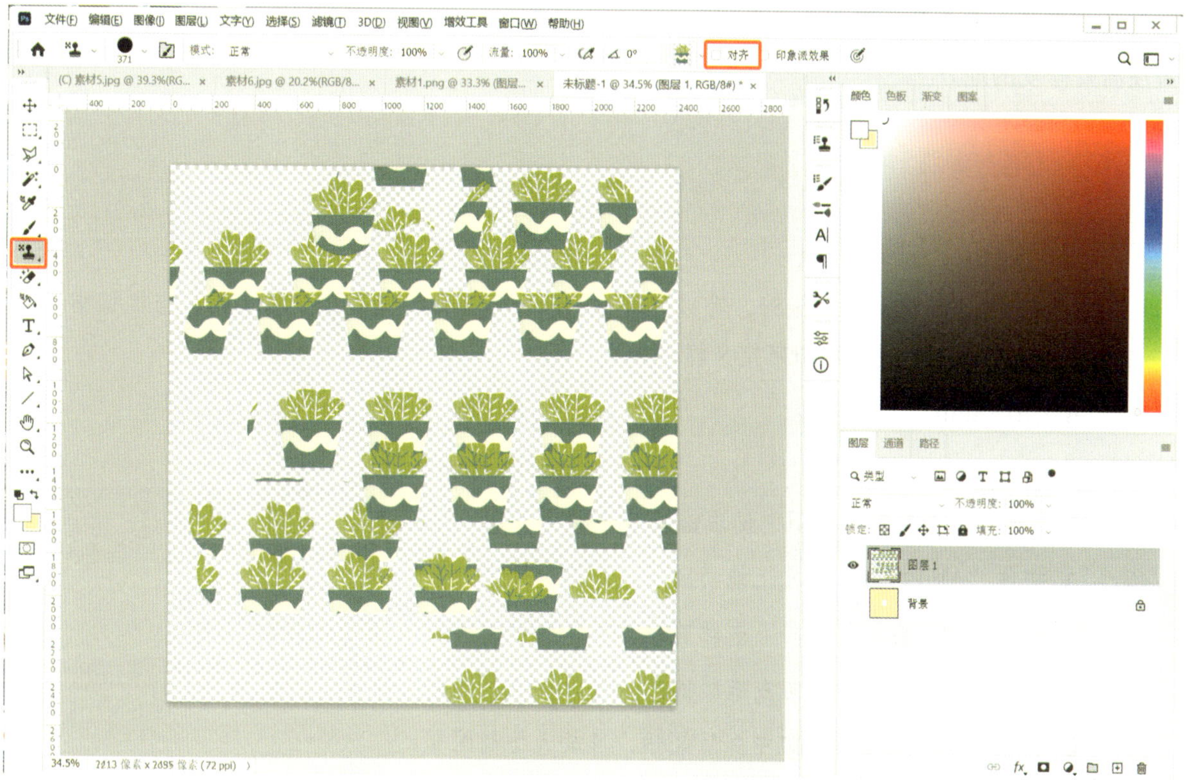

图 2-3-9 图案图章不勾选“对齐”选项的效果

2.3.2 修复工具

修复工具组里有污点修复画笔工具、修复画笔工具、修补工具、内容感知移动工具、红眼工具，常用的有污点修复画笔工具和修复画笔工具。

污点修复画笔工具在使用时要根据需要调整画笔的大小和硬度，然后在需要修复的地方单击，如图 2-3-10 所示，只需要在斑点处单击，软件会自动识别周围的内容进行填充和修复。

图 2-3-10 用污点修复画笔工具修图

修复画笔工具和仿制图章工具类似，也是要先按住 Alt 键选择一个源点，再将源点范围移动覆盖住需要修复的地方。

随堂测试

1. 使用修复工具修复图像时，可以将鼠标光标移至图像上后按（　　）键，当鼠标指针变为取样形状时，单击鼠标即可定义样本。

A. Ctrl+Shift　　B. Ctrl

C. Alt　　D. Shift

2. 对于仿制图案工具，下列说法错误的一项是（　　）。

A. 按住“Alt+右键”，向上拖动鼠标，可增加硬度

B. 按住“Alt+右键”，向下拖动鼠标，可降低硬度

C. 按住“Alt+右键”，向右拖动鼠标，可放大仿制图章

D. 按住“Alt+左键”，向左拖动鼠标，可放大仿制图章

任务 2.4　绘图工具组

微课视频

【课堂讨论】

画笔工具在效果表现中的应用有哪些？

2.4.1　画笔工具

（1）使用画笔工具画线

在使用画笔工具时，需先单击“前景色”选择颜色，然后切换至画笔工具（快捷键为“B”），按住鼠标左键即可自由绘制，如图 2-4-1 所示。若先按住鼠标左键再按住 Shift 键，则可以绘制出直线；若先按住 Shift 键再单击鼠标左键，就会自动将上一点和当前点以直线相连，如图 2-4-2 所示。

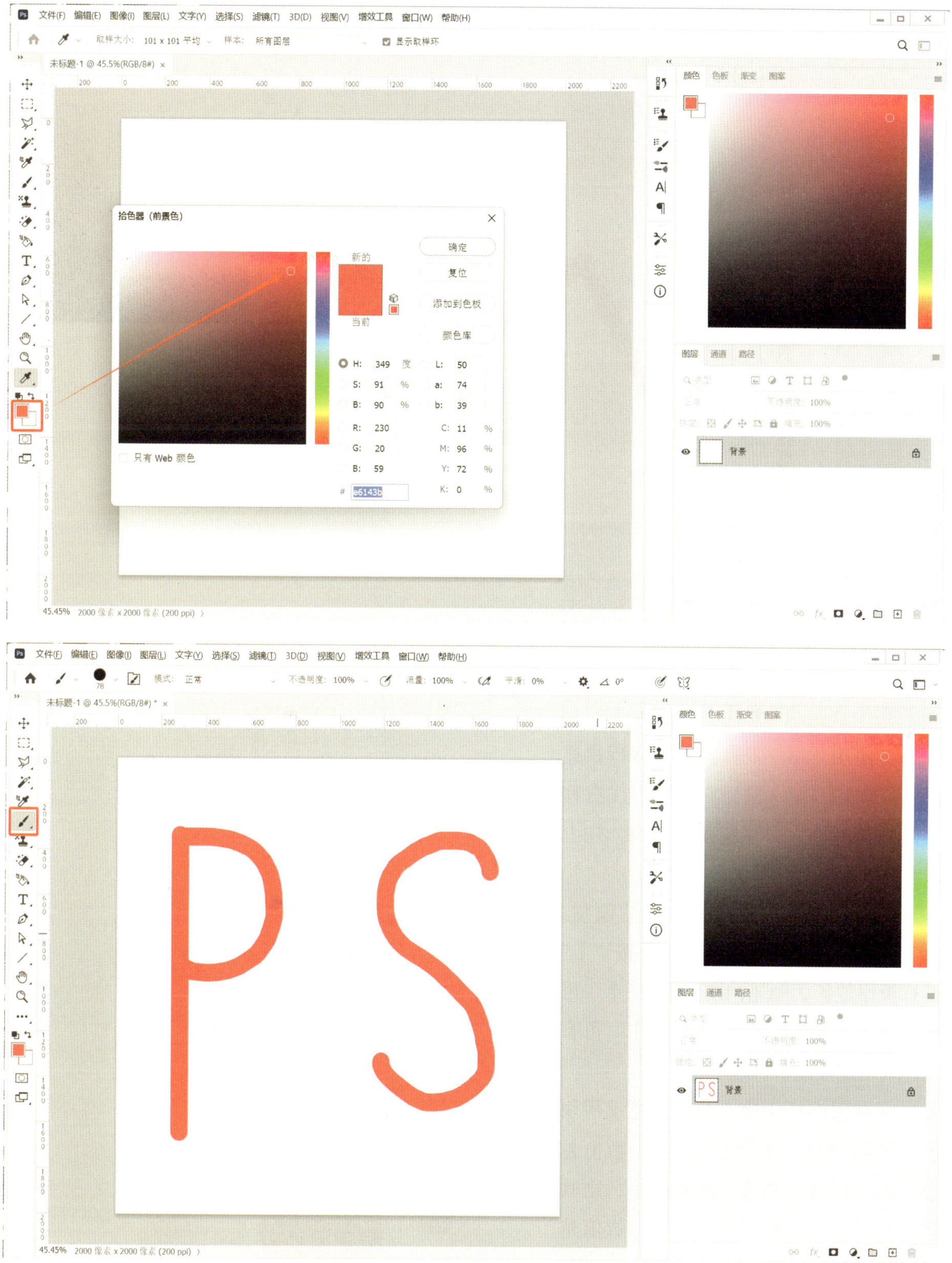

图 2-4-1　用画笔工具自由绘制

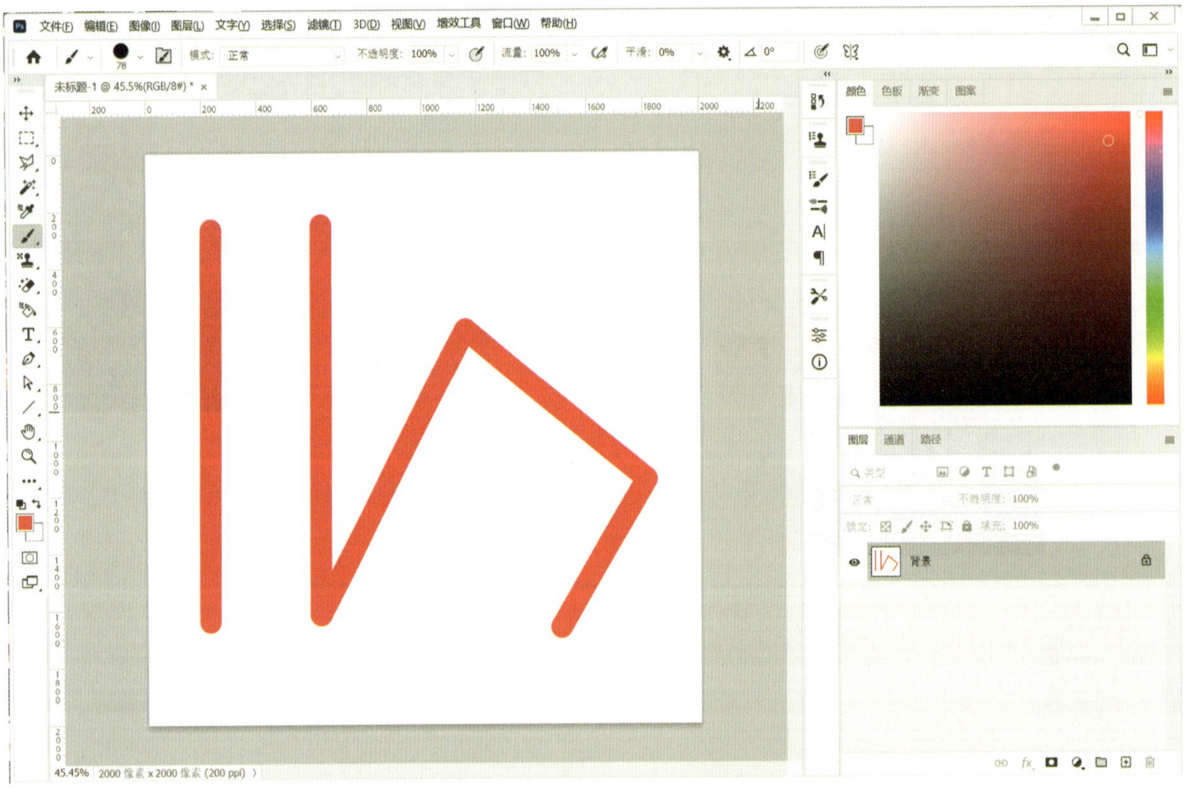

图 2-4-2 用画笔工具画直线

（2）调整画笔的大小和硬度

①使用“Alt+鼠标右键”进行快速调整。按住“Alt+鼠标右键”，往右移动鼠标画笔变大，往左移动变小，往上移动硬度变大，往下移动硬度变小。

②使用括号键进行有规律的调整。按“【”可有规律地缩小画笔，按“】”可有规律地扩大画笔；按“Shift+【”可有规律地降低硬度，按“Shift+】”可有规律地增加硬度。

③在属性栏中输入数值或拖动滑块进行精确调整。在“大小”项，数值越大，画笔的直径越大；数值越小，则画笔的直径越小。在“硬度”项，数值越大，画笔的硬度越大，边缘越清晰；数值越小，则画笔的硬度越小，边缘也越模糊。如图 2-4-3 所示。

图 2-4-3 调整画笔的大小和硬度

（3）调整画笔的不透明度和流量

调整画笔的不透明度和流量可调整画笔的效果。不透明度控制画笔笔迹的整体透明程度，多次涂抹不会叠加效果（除非松开鼠标重新绘制）。流量控制画笔颜色的输出速率，类似于“颜料流量”，多次涂抹会叠加颜色，产生渐变效果。

画笔的不透明度和流量可以在属性栏中进行调整，如图 2-4-4 所示。

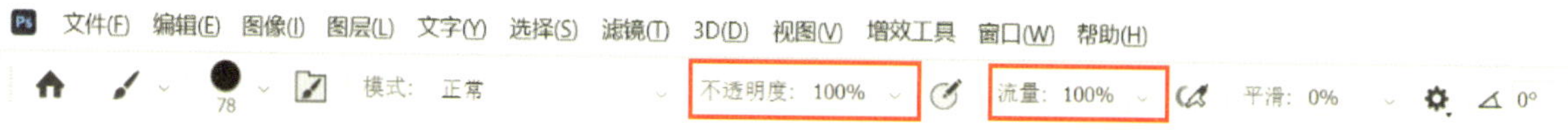

图 2-4-4　调整画笔的不透明度和流量

①调整画笔的不透明度。在顶部属性栏中，找到“不透明度”选项，输入数值或拖动滑块（范围：1% 到 100%）；或直接按数字键（如按“5”表示 50%，按“0”表示 100%）。“不透明度”为 100%，则笔迹完全不透明，完全覆盖下方内容；“不透明度”低于 100%，则笔迹会变透明，透出下方内容。

②调整画笔的流量。在顶部属性栏中，找到“流量”选项，输入数值或拖动滑块（范围：1% 到 100%）；或按“Shift+数字键”（如按“Shift+5”表示 50% 流量）。“流量”为 100%，则画笔颜色完全输出，笔迹饱满；“流量”低于 100%，则画笔颜色输出减少，笔迹变淡。

（4）画笔设置

在菜单栏中执行“窗口”→“画笔设置”命令，弹出“画笔设置”面板，如图 2-4-5 所示。

①画笔类型。常用的画笔有“硬边圆”“柔边圆”，这里有许多预设的画笔类型，用户可按需选择，也可导入别的画笔。

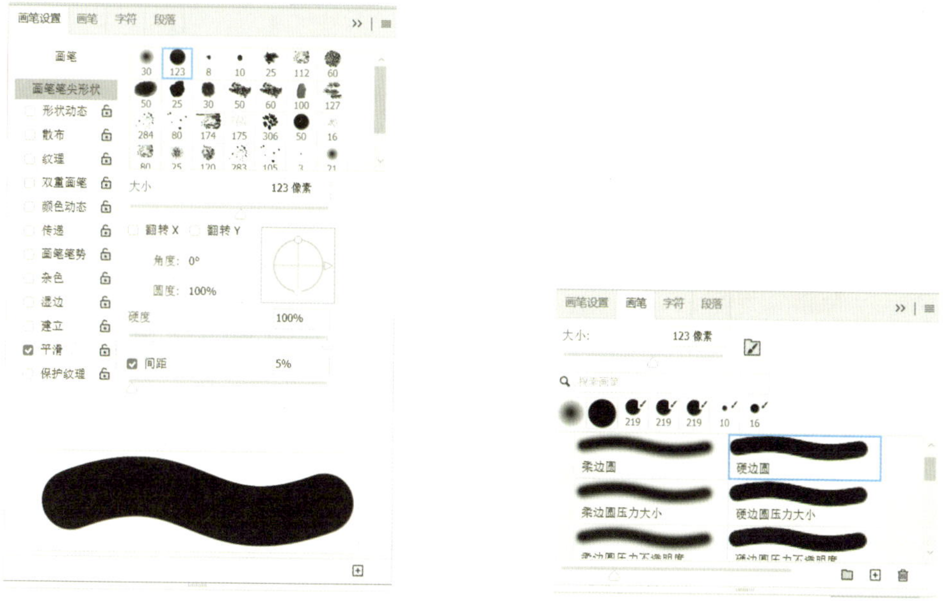

图 2-4-5　设置画笔参数

②画笔间距。画笔间距是指绘制连续笔画时，相邻笔画之间的距离。调整画笔间距可以显著影响绘画效果：较小间距会使笔迹更加密集，较大间距则会使笔迹稀疏，如图 2-4-6 所示。

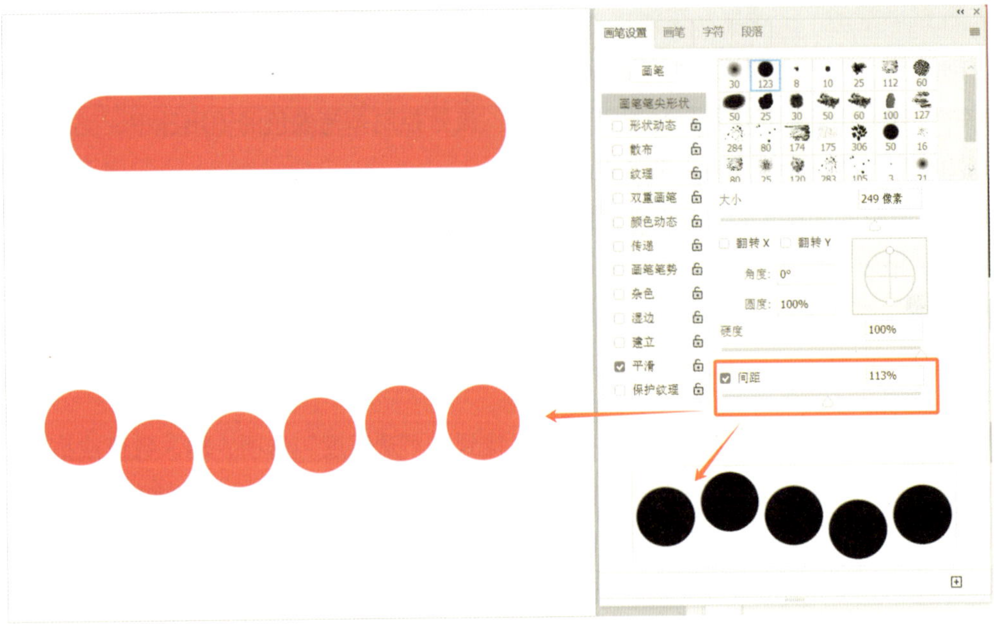

图 2-4-6　调整画笔间距

③形状动态。形状动态选项组可用于设置画笔笔迹的大小、角度、圆度等的动态变化。例如，勾选“形状动态”，调高“大小抖动”的数值，会画出随机大小的圆，如图 2-4-7 所示。

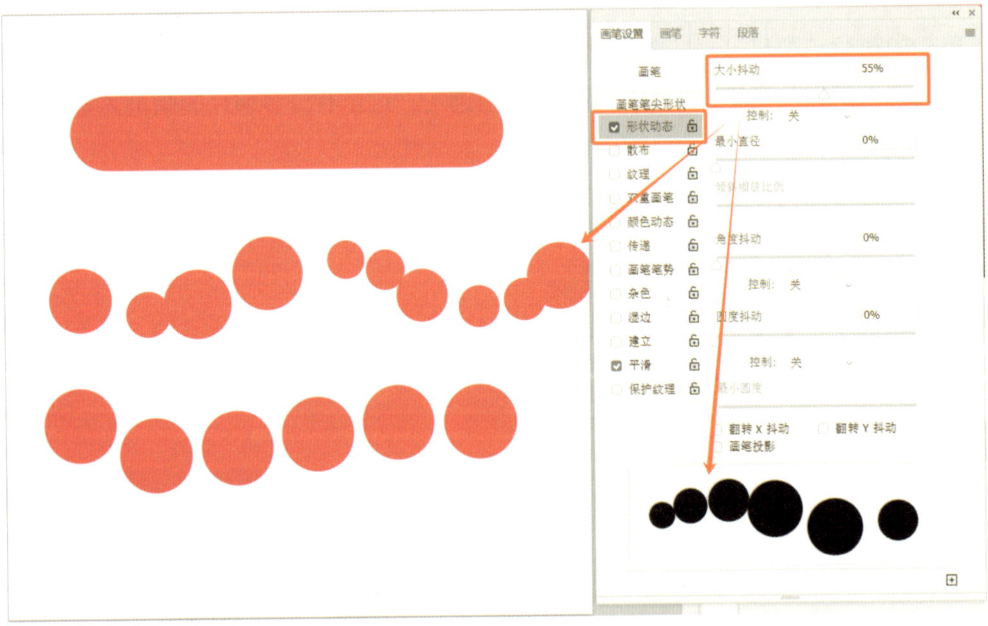

图 2-4-7　调整画笔形状动态中大小抖动参数

2.4.2　文本工具

文本工具组中有横排文字工具和竖排文字工具（如图 2-4-8 所示）。

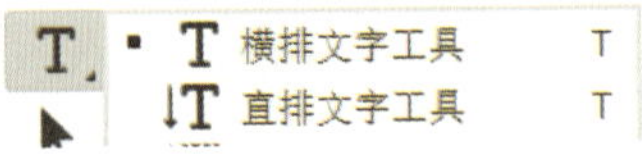

图 2-4-8　文本工具

以横排文字为例。先来创建一个文本图层。打开 Photoshop，单击“横排文字工具”，会出现一个光标，输入想要的文字，调整文字的字体、大小和颜色，调整好之后单击属性栏中的“√”或按 Esc 键或单击该图层，即可创建成功，如图 2-4-9 所示。

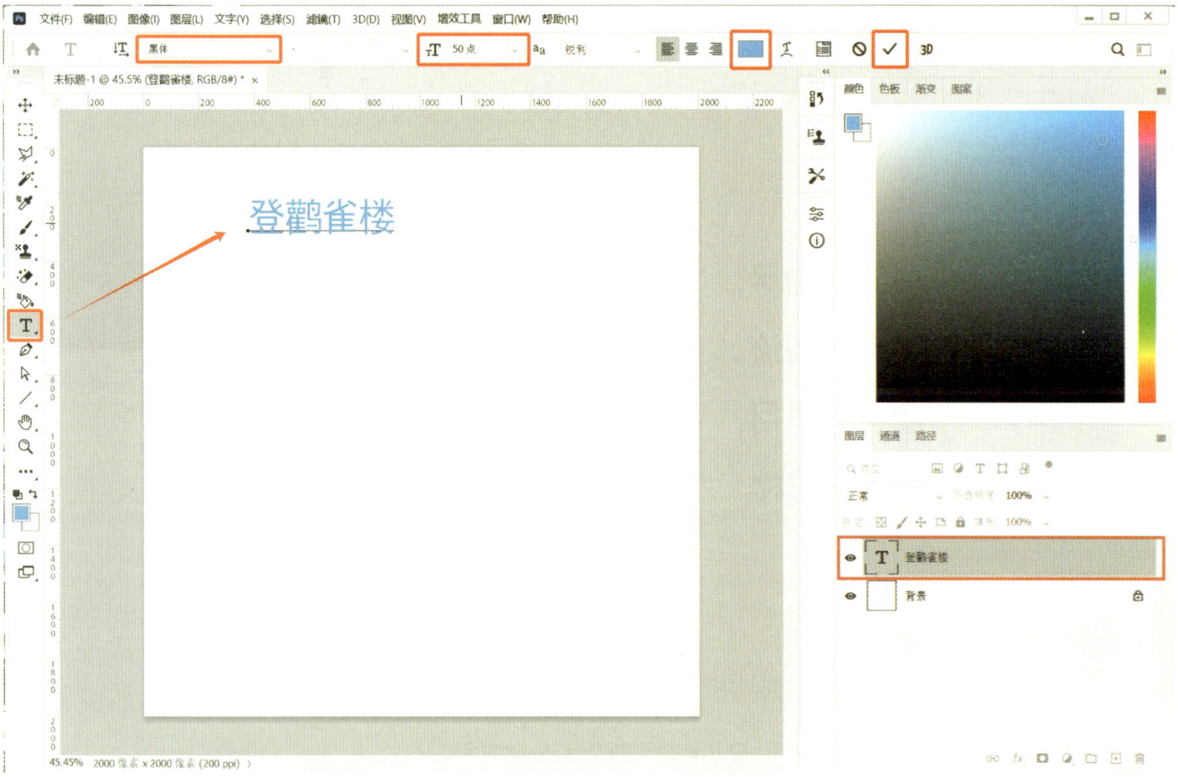

图 2-4-9　创建文本图层

创建好后，想要再次进行修改，可双击文本图层的缩略图【T】，如图 2-4-10 所示，这时整个文本都会被选中，然后进行调整即可；也可以根据需要选中其中的一部分文字进行调整，如图 2-4-11 所示。

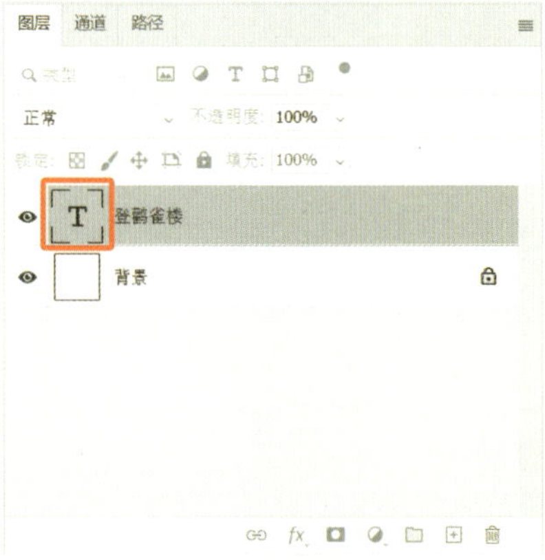

图 2-4-10　文本图层缩略图

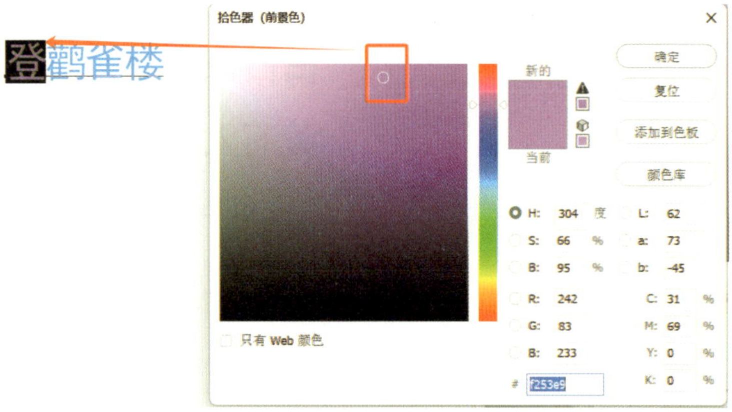

图 2-4-11　调整文本内容及颜色

预先编辑好的文本也可以直接复制粘贴到 Photoshop 中。当文字较多，画布里显示不全时，或者需要分段时，按 Enter 键可换行。可以利用属性栏中的对齐工具将段落进行左对齐、中间对齐或右对齐，如图 2-4-12 所示。文本可以使用移动工具进行移动；可以使用“Ctrl+T”快捷键，进入“自由变换”模式，进行缩放、扭曲、翻转等变换，如图 2-4-13 所示。

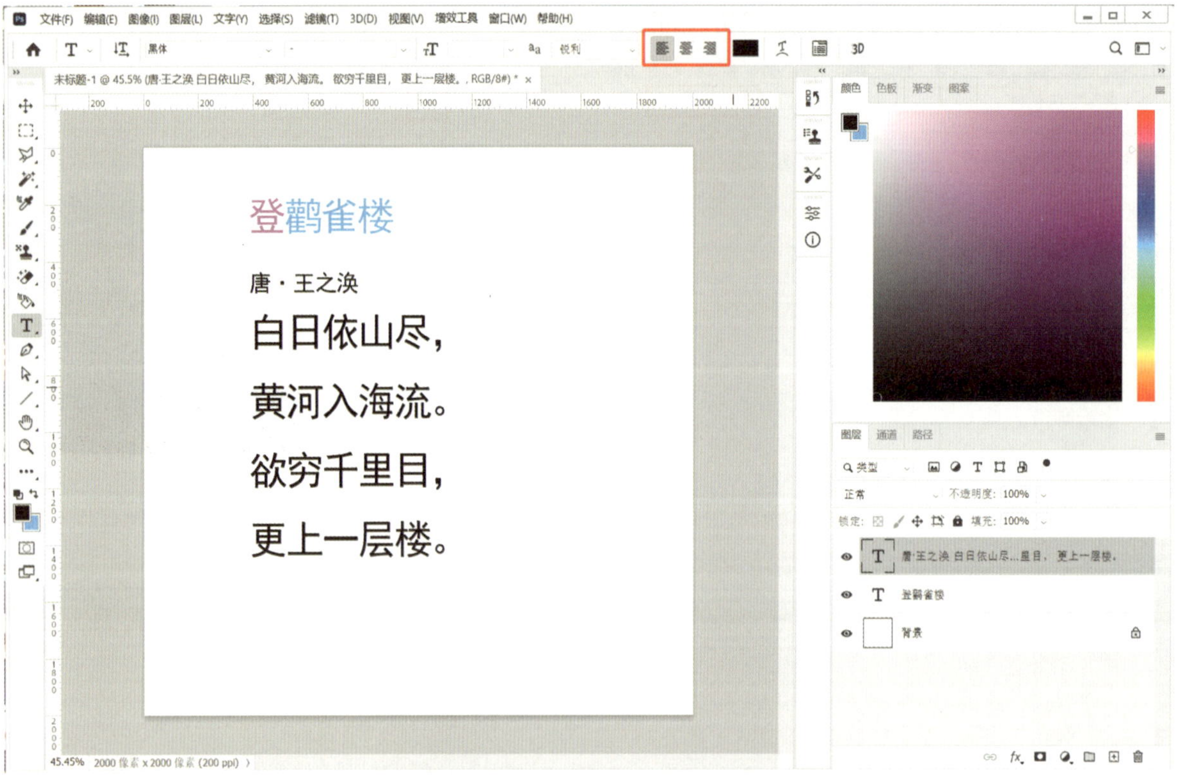

图 2-4-12　段落文字对齐方式

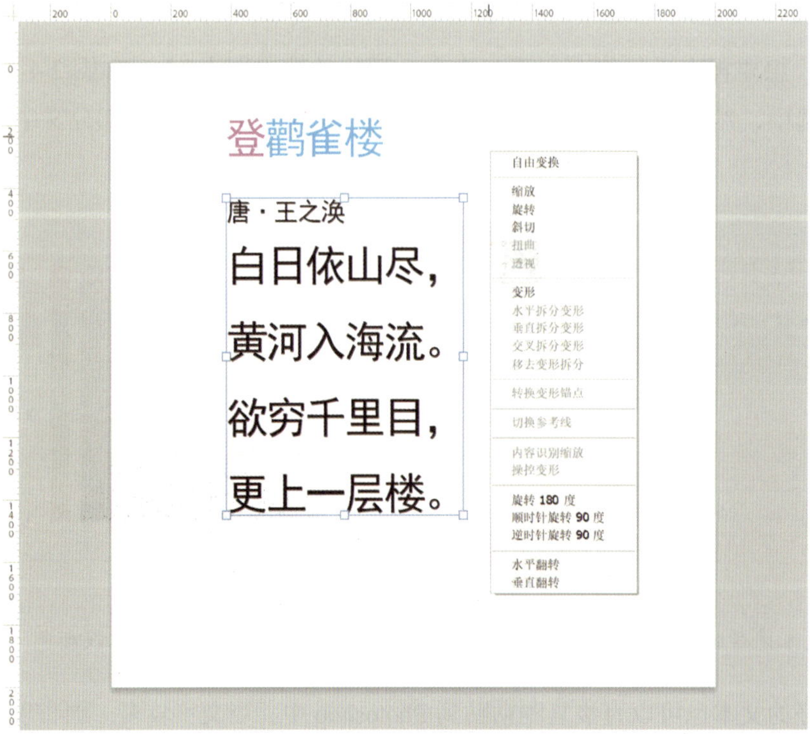

图 2-4-13　自由变换编辑文字

字符选项卡可对文本的字符和段落相关参数进行设置。

在“字符”里，可以设置字体类型、字体大小、行间距、字间距、字高、字宽、字与基线的距离、字体颜色和字形样式（如加宽、倾斜、加下画线）等，如图 2-4-14 所示。

在“段落”里，可以设置对齐样式、左缩进、右缩进、首行缩进、段前空行、段后空行等，如图 2-4-15 所示。

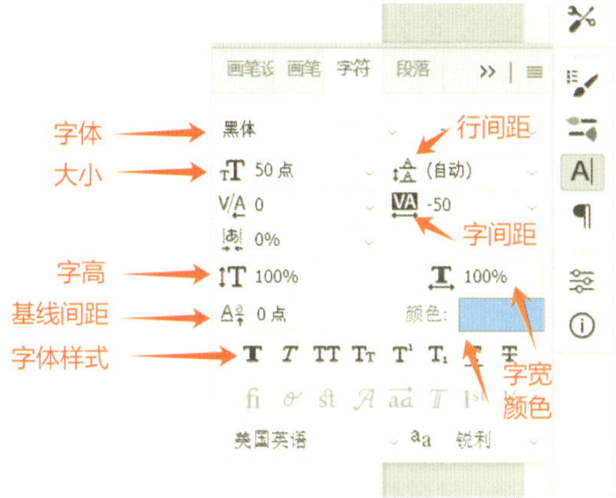

图 2-4-14　字符参数设置

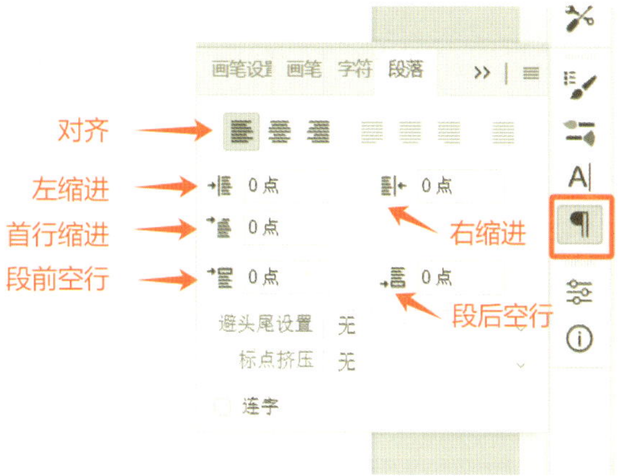

图 2-4-15　段落参数设置

2.4.3　基础图形工具

（1）矢量图与位图的区别

Photoshop 中的基础图形工具可以用来绘制矢量路径，如图 2-4-16 所示，但这些矢量路径在 Photoshop 中最终会输出为位图。位图缩小再放大后会变得模糊，如图 2-4-17 所示，而矢量图缩小再放大后仍然是清晰的，能保证图片的质量。

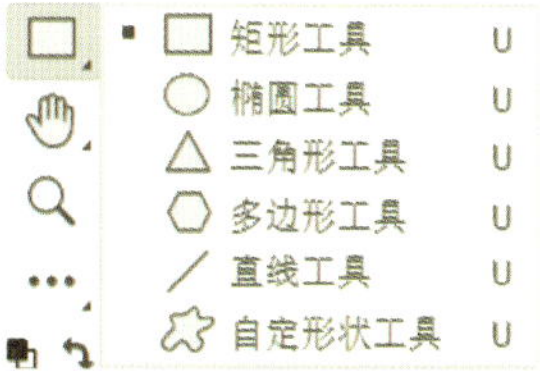

图 2-4-16　基础图形工具

图 2-4-17　位图缩小再放大后变模糊

（2）绘制图形

图形的绘制方法和选框工具相同，按住 Shift 键可以绘制正方形，按住 Alt 键是从中心开始等比例缩放，按住“Shift+Alt”键是从中心开始绘制正方形。所绘为路径图形，可以利用工具选项栏中相应的按钮对形状进行填充，改变边框颜色、粗细和线型，如图 2-4-18 所示。在工具选项栏的边框类型中还可以对描边的对齐方式、端点类型和角点类型等进行调整，如图 2-4-19 所示。

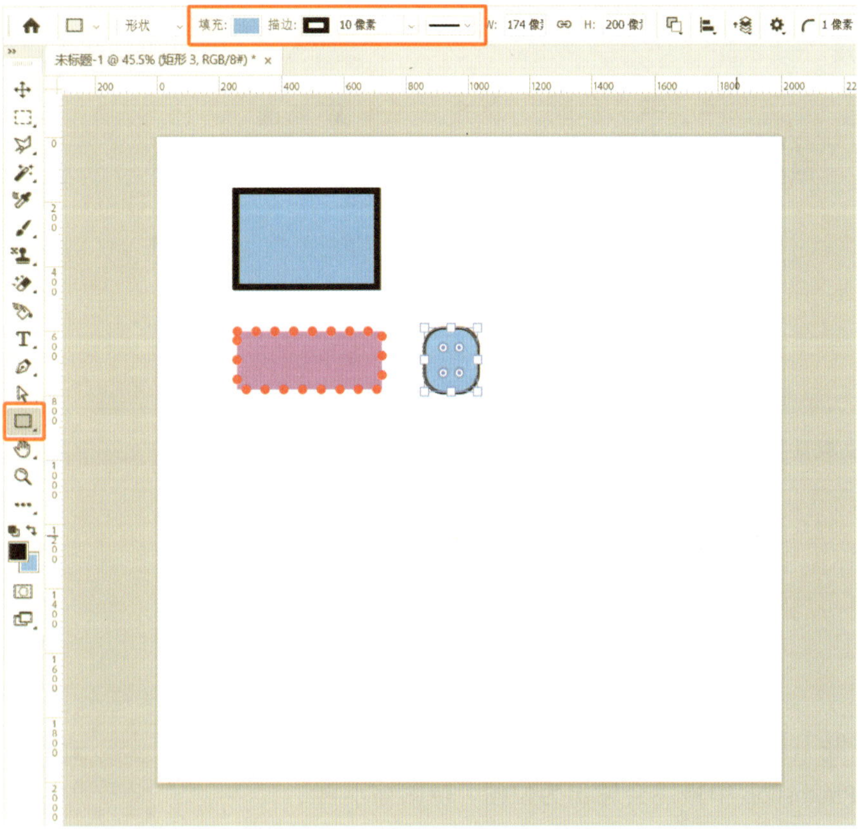

图 2-4-18　基础图形参数调整

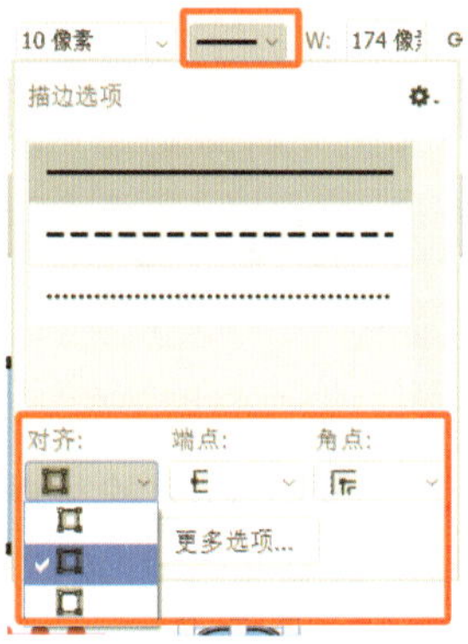

图 2-4-19　边框描边参数调整

（3）路径操作

在绘制不同的图形时，可以在“路径操作”里选择不同的命令，如图 2-4-20 所示。若选择“新建图层”，那么每个图形都是在一个新图层上；若选择“合并形状”，那么所有图形就是在一个图层上，并且合并在一起。

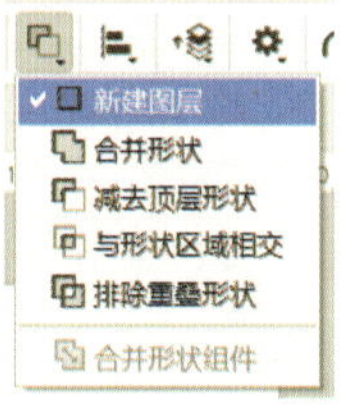

图 2-4-20　“路径操作”菜单

（4）图形对齐

必须选两个及以上的图形才能使用对齐命令。在“对齐”里可以选择“画布”或“选区”，如果选择画布，就是以画布的左中右、上中下为基准进行对齐；如果选择选区，就是以选中的这几个图形最左、最右、最上、最下边为基准进行对齐，如图 2-4-21 所示。

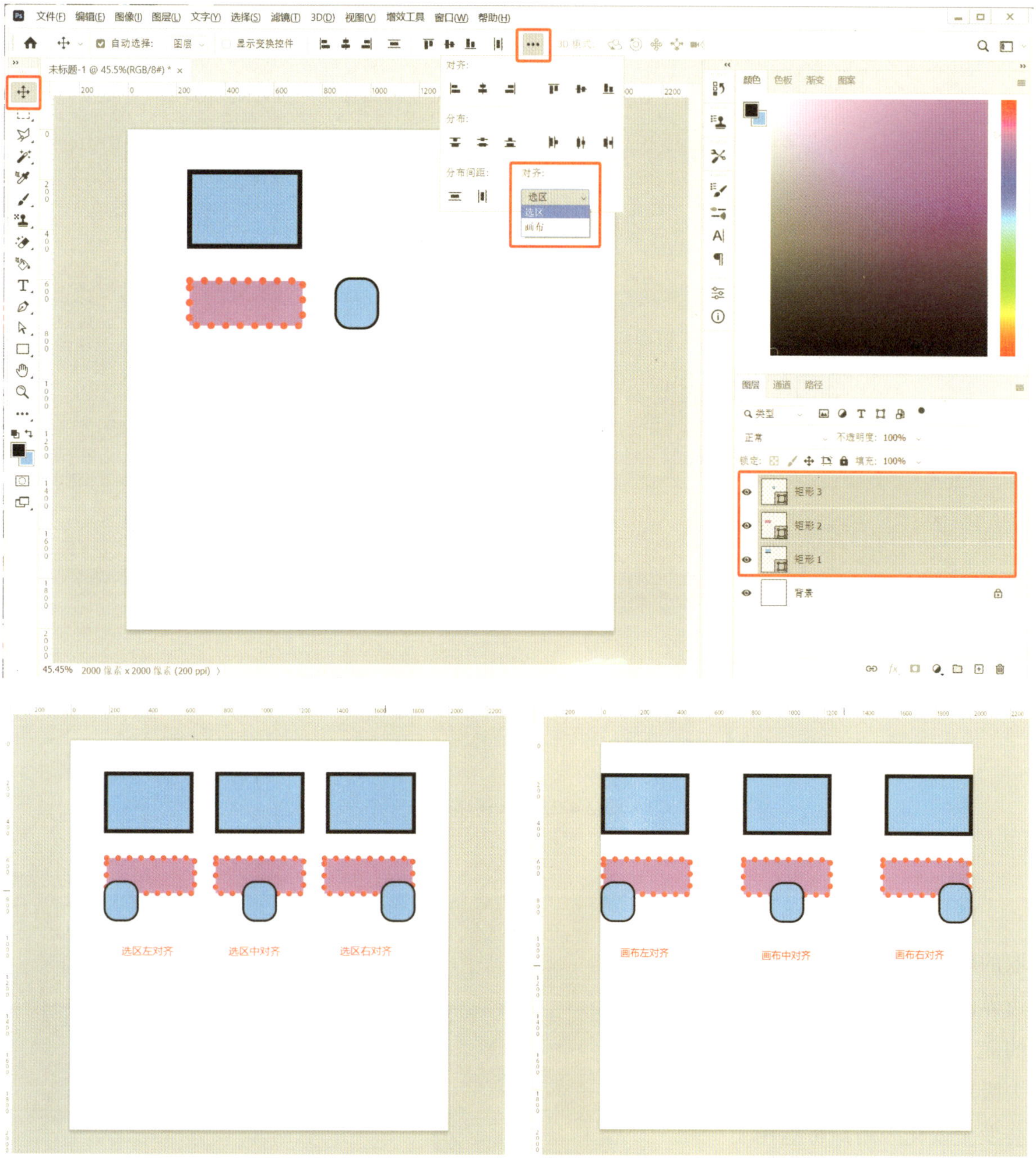

图 2-4-21　基本图形的对齐方式

2.4.4　吸管工具

选择吸管工具，在图片上单击，可吸取该位置相对应的颜色，这时前景色就变成了该颜色。勾选工具选项栏中的“显示取样环”，吸取时会出现一个取样环，上半部分颜色是当前颜色，下半部分颜色是上一个颜色，如图 2-4-22 所示。

如果想要吸取画布外，或者是软件外的颜色，长按左键将吸管拖出去就可以吸取。在使用画笔工具时，按住 Alt 键可以直接调出吸管工具。

图 2-4-22　取样环释义

（1）调整取样大小

取样大小，是指吸管吸取的颜色范围，在一些颜色边界的地方，比如，用 3×3 的范围和 101×101 的范围去吸取同一个位置，前景色会发生变化。用户可运用工具选项栏中的“取样大小”，根据需要灵活调整取样范围，以获取准确的颜色信息，如图 2-4-23 所示。

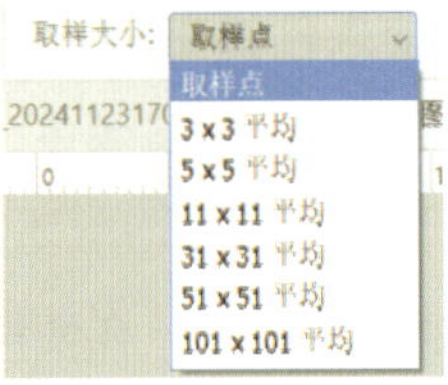

图 2-4-23　调整吸管工具的取样大小

（2）记录取样信息

吸管工具组中的颜色取样器工具，可以将每一次吸取的颜色信息都记录下来，方便用户随时查看和比较不同位置的颜色信息，如图 2-4-24 所示。

图 2-4-24 吸管工具取样记录

随堂测试

1. 在 Photoshop 中，当我们想要对编辑好的文本再次进行修改时，可以（　　）。

A. 单击文本文字　　B. 双击文本文字

C. 双击文本图层　　D. 双击文本图层的缩览图

2. 在 Photoshop 中，从中心开始绘制正方形，使用的快捷键是（　　）。

A. Shift　　B. Alt

C. Shift+Alt　　D. Shift+Ctrl

单元作业

利用基础工具进行图片处理（扫码获取素材）。

单元测试

扫码获取试题。

项目 3

Photoshop 图层应用

◎ 授课目标

了解图层的基本种类，掌握利用图层功能完成案例操作的基本技巧。

◎ 育人目标

1. 掌握图层的核心操作逻辑，构建数字化设计的基础能力，同时激发创意潜能。

2. 理解图层间的层级关系与相互影响，培养严谨的工作流程意识。

3. 通过图层的艺术化运用，感悟视觉设计的构成规律，提升审美感知力与创造力。

任务 3.1 图层原理及界面介绍

微课视频

【课堂讨论】

利用图层面板调整图片颜色有哪些方法？

3.1.1 图层原理

Photoshop 中的图层是其核心功能之一，理解图层原理有助于更好地进行图像编辑。我们可以通过比喻的方式来理解。

假如这里有一张桌子，我们可以在桌子上完成各种工作，比如画画，如图 3-1-1 所示。同样，Photoshop 的界面也像一张桌子，上面放着画画所需要的工具，其中，画纸就相当于图层。我们可以把图层想象成一片透明的玻璃，有多少个图层就有多少片玻璃，如图 3-1-2 所示，每次导入图片的时候都会把图片放到玻璃上，如图 3-1-3 所示。

图 3-1-1 画画的桌子

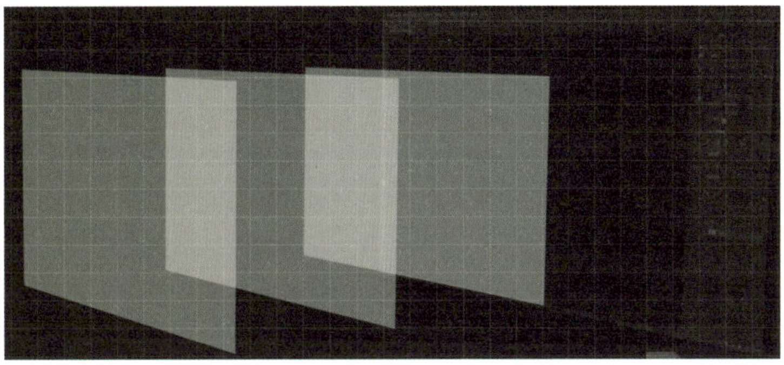

图 3-1-2 每个图层都相当于一片透明的玻璃

图 3-1-3 导入图片相当于把图片放到玻璃上

由于我们是从正面看图片的，所以优先看到最上面一个图层，如图 3-1-4 所示。而当最上面的图层画面有缺失的时候，我们就可以透过这片玻璃看到第二个图层，如图 3-1-5 所示。

图 3-1-4 从正面优先看到最上面的图层

图 3-1-5 第一个图层画面缺失时，可看到第二个图层

也就是说，图层类似于透明的玻璃纸，每张纸上可以绘制不同的内容，叠加在一起形成完整的图像。每个图层独立，编辑一个图层不会影响其他图层。例如，我们在图层 1 上画风景和风筝，如图 3-1-6 所示，结果发现风筝的位置不对，却不能移动。这时，我们如果建立图层 2，在图层 2 上画风筝，如图 3-1-7 所示，那么如果我们想改变风筝的位置，只要使用移动工具进行移动就可以了，如图 3-1-8 所示。

图 3-1-6　在图层 1 上画风景和风筝

图 3-1-7　在图层 2 上画风筝

图 3-1-8　使用移动工具调整风筝的位置

3.1.2　图层界面介绍

首先我们新建文档，单位选择厘米，宽度和高度为 15cm，分辨率为 200 像素 / 英寸即可，其他可以不用调整，如图 3-1-9 所示。

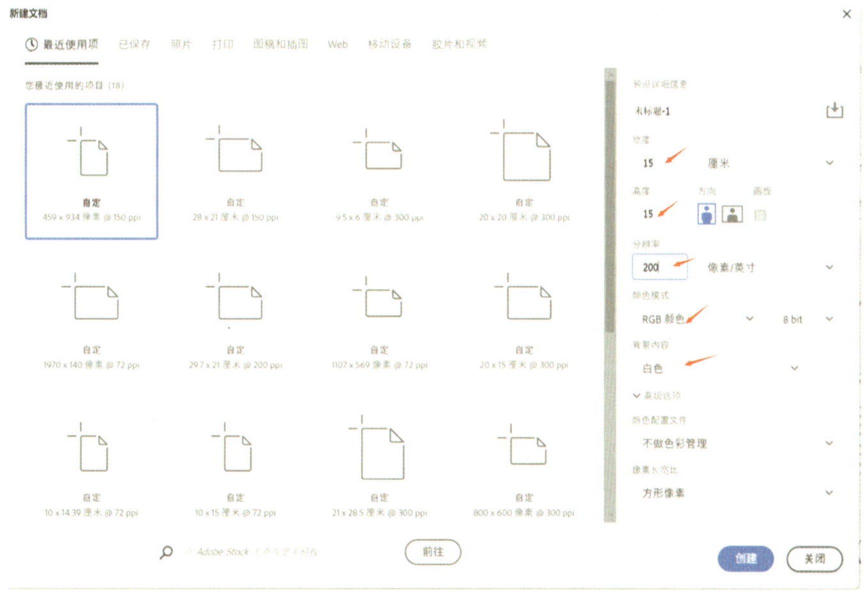

图 3-1-9　新建文档

我们可以在菜单栏中执行“窗口”→“图层”命令，也可以按快捷键 F7 调用图层面板。图层面板右侧的隐含按钮 ≡ 里面包含的命令和菜单栏中“图层”中包含的命令相同，大家可以根据自己的操作习惯进行选择，如图 3-1-10 所示。

图 3-1-10 图层菜单与图层面板

3.1.3 图层面板的基本功能

图层面板的基本功能，如图 3-1-11 所示。

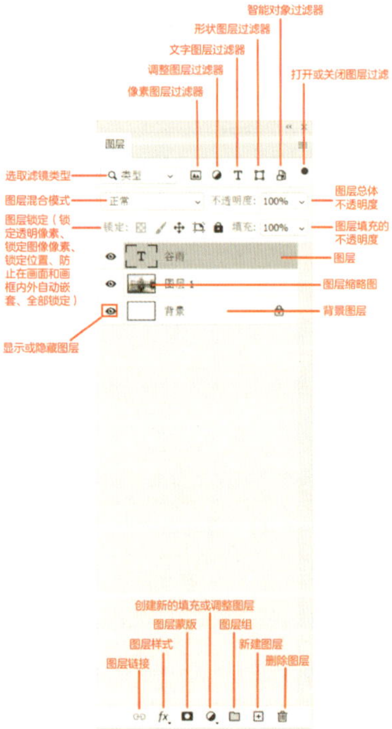

图 3-1-11 图层面板的基本功能

（1）图层混合模式

①功能：控制当前图层与下方图层的混合效果（如叠加、正片叠底、滤色等）。

②操作方法：单击下拉菜单选择模式（默认一般为“正常”）。

③常用模式举例：“正片叠底”用于加深颜色，适合阴影效果；“叠加”用于增强对比，适合纹理叠加；“滤色”用于提亮画面，适合光效。

（2）不透明度

①功能：调节当前图层的整体透明程度。

②操作方法：滑动数值条或直接输入百分比（0% 为完全透明，100% 为不透明）；也可以按数字键快速调整（如按 5 为 50%，25 为 25%）

（3）锁定

①功能：保护图层内容不被误操作，有以下 4 种锁定方式。

锁定透明像素：仅编辑非透明区域。

锁定图像像素：禁止绘画或修改内容。

锁定位置：禁止移动图层。

锁定全部：完全不可编辑。

②操作方法：选中图层后单击对应锁定图标（多个锁定可同时启用）。

（4）填充

①功能：调节图层内容（如图像、形状）的透明度，但不影响图层样式（如阴影、描边）。

②操作方法：滑动数值条或输入百分比。

③与“不透明度”的区别：仅改变内容本身的透明度，保留效果可见。

（5）图层可见性

①功能：显示或隐藏图层。

②操作方法：单击图层左侧的眼睛图标切换显示状态；按住 Alt 键，同时单击眼睛图标，单独显示当前图层，隐藏其他图层。

（6）新建图层

①功能：创建空白透明图层。

②操作方法：单击底部工具栏的新建图层图标，或使用快捷键“Ctrl+Shift+N”。

（7）删除图层

①功能：移除选中图层。

②操作方法：选中图层后单击垃圾桶图标，或按 Delete 键，或拖拽图层到垃圾桶图标。

（8）图层蒙版

①功能：非破坏性隐藏 / 显示图层部分内容。“非破坏性”指蒙版不会删除像素，可随时修改或删除蒙版恢复原图。它通过黑白灰控制图层的显示与隐藏区域，白色表示完全显示图层内容，黑色表示完全隐藏图层内容，灰色表示部分透明（灰色深浅决定透明程度）。

②操作方法：创建图层蒙版，要选中图层，单击图层面板底部的蒙版图标，默认生成白色蒙版（完全显示图层）；按住 Alt 键单击蒙版图标，生成黑色蒙版（完全隐藏图层）。从选区创建蒙版，要用选区工具（如套索、魔棒）选中需要保留的区域，单击蒙版图标，选区外自动填充黑色（隐藏），选区内为白色（显示）；按住 Alt 键单击蒙版图标可反向隐藏选区内容。

（9）图层样式

①功能：添加非破坏性的色彩 / 明暗调整（如曲线、色阶、色相饱和度）。

②操作方法：单击底部工具栏的图层样式图标，选择调整类型；调整参数后，效果会应用到下方所有图层。

如图 3-1-12 所示，选中大圆的图层，双击图层或者单击图层面板下面的图层样式按钮 fx，都可以调出图层样式面板，通过选择图层样式和调整参数获得想要的设计效果。

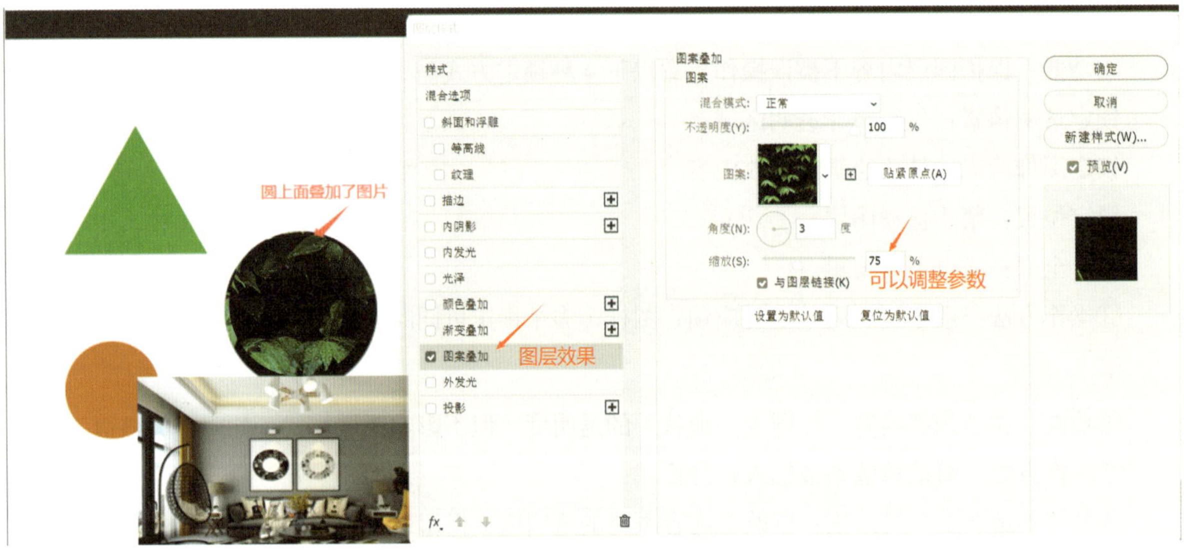

图 3-1-12　图层样式

（10）链接图层

①功能：绑定多个图层同步移动 / 变换。

②操作方法：选中多个图层，单击底部链接图层图标；取消链接需再次单击链接图层图标。

（11）图层组

①功能：将多个图层归类为文件夹，便于管理。

②操作方法：选中多个图层后单击底部文件夹图标，或按“Ctrl+G”快捷键。双击组名可重命名。

（12）图层过滤

①功能：快速筛选图层类型（如文字、形状、调整图层）。

②操作方法：单击顶部过滤栏选择类型（默认关闭），或输入关键字搜索特定图层。

随堂测试

1. 我们可以用（　　）快捷键调用图层面板。

A. F7　　　　B. F5

C. Shift　　　　D. Ctrl

2. 下列哪一项不是图层的锁定方式？（　　）

A. 锁定不透明像素　　　　B. 锁定图像像素

C. 锁定位置　　　　D. 锁定全部

任务 3.2 图层的基本操作

【课堂讨论】

请同学们分析一下图层面板能做出哪些特殊效果。

微课视频

3.2.1 调整图层前后关系

关于调整图层的前后关系，我们可以画两个色块进行讲解。首先调用圆形套索工具，左手按住 Shift 键，右手按住鼠标左键并拖动画一个正圆，在填充之前新建一个图层，然后在菜单栏中执行“编辑”→“填充”命令，弹出“填充”对话框，用前景色填充，如图 3-2-1 所示。

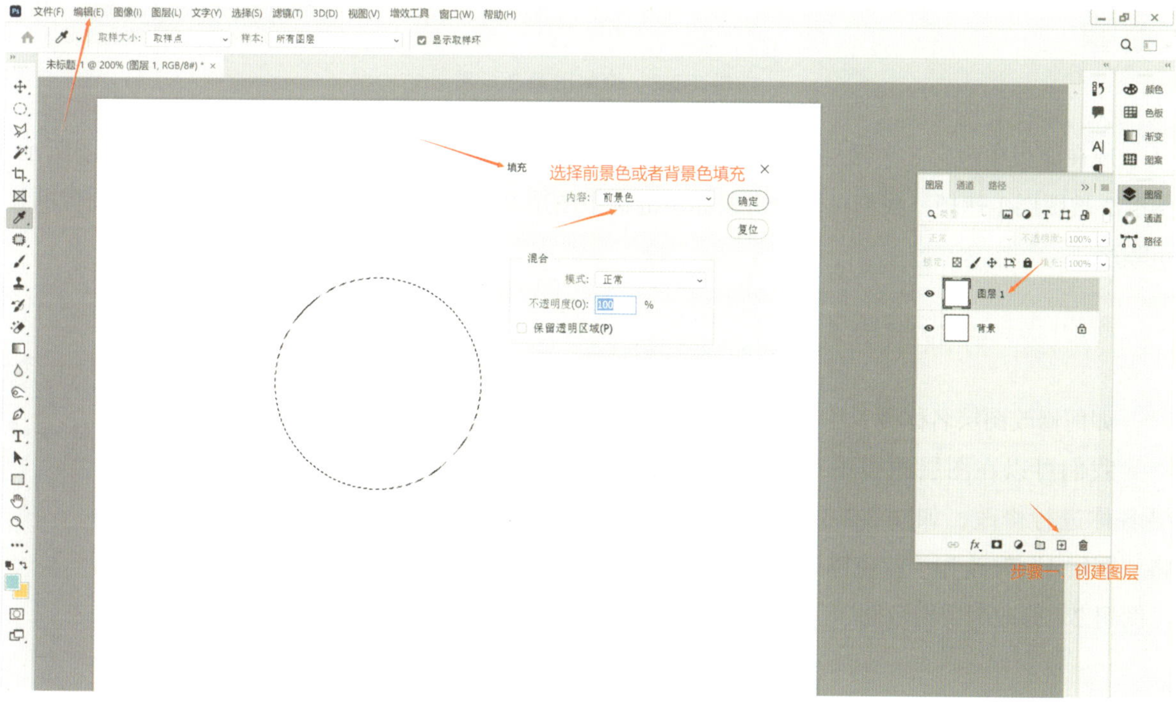

图 3-2-1 绘制正圆，新建图层后填充

用同样的方法再画一个正圆，新建图层 2，用背景色填充，如图 3-2-2 所示。

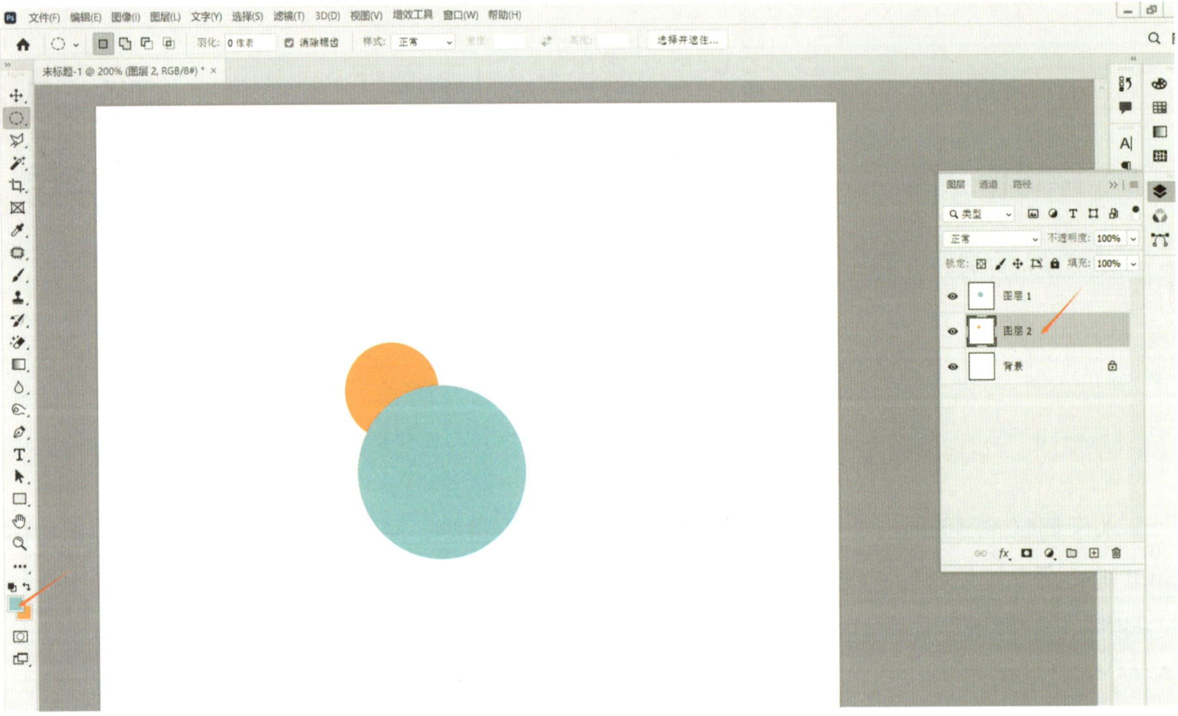

图 3-2-2 绘制图层 2 正圆

现在面板中包含 3 个图层，图层在上面的最先展示，图层在下面的就会被遮挡，如上图所示，图层 2 被图层 1 遮挡。我们可以单击鼠标左键选中图层并拖拽调整其上下位置，从而控制图像的显示顺序。

3.2.2 修改图层名称

如何修改图层名称呢？

我们可以在图层面板中双击图层名称进行修改，如图 3-2-3 所示，将“图层 1”修改为“蓝色圆”，把“图层 2”修改为“橙色圆”。

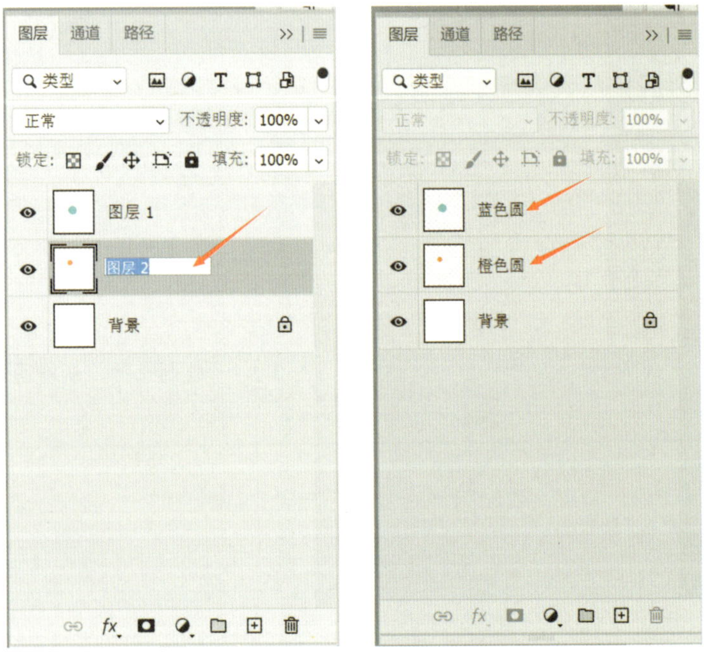

图 3-2-3 修改图层名称

3.2.3　图层对齐

我们再新建一个图层，命名为“绿色三角”，绘制一个绿色三角形，如图 3-2-4 所示。

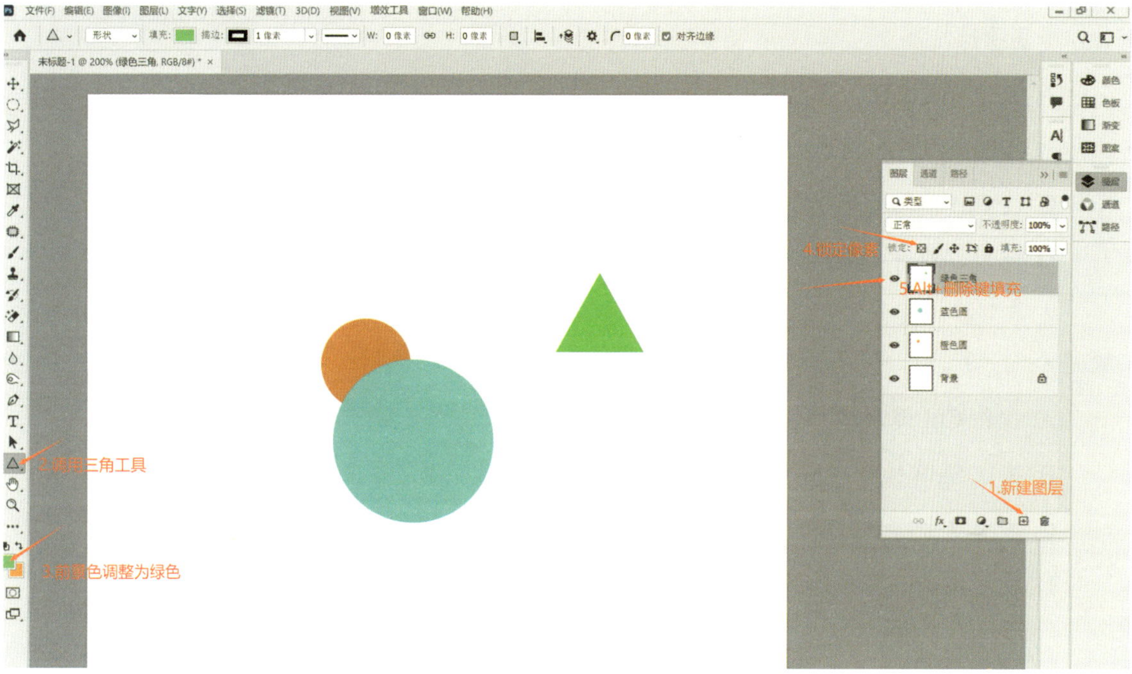

图 3-2-4　绘制绿色三角形的操作步骤

单击最上面的图层，按住 Shift 键的同时选择最下面的图层，这样就同时选中“蓝色圆”“橙色圆”“绿色三角”这 3 个图层了，然后单击属性栏中的对齐方式进行排列，根据需要选择对齐方式，如图 3-2-5 所示。

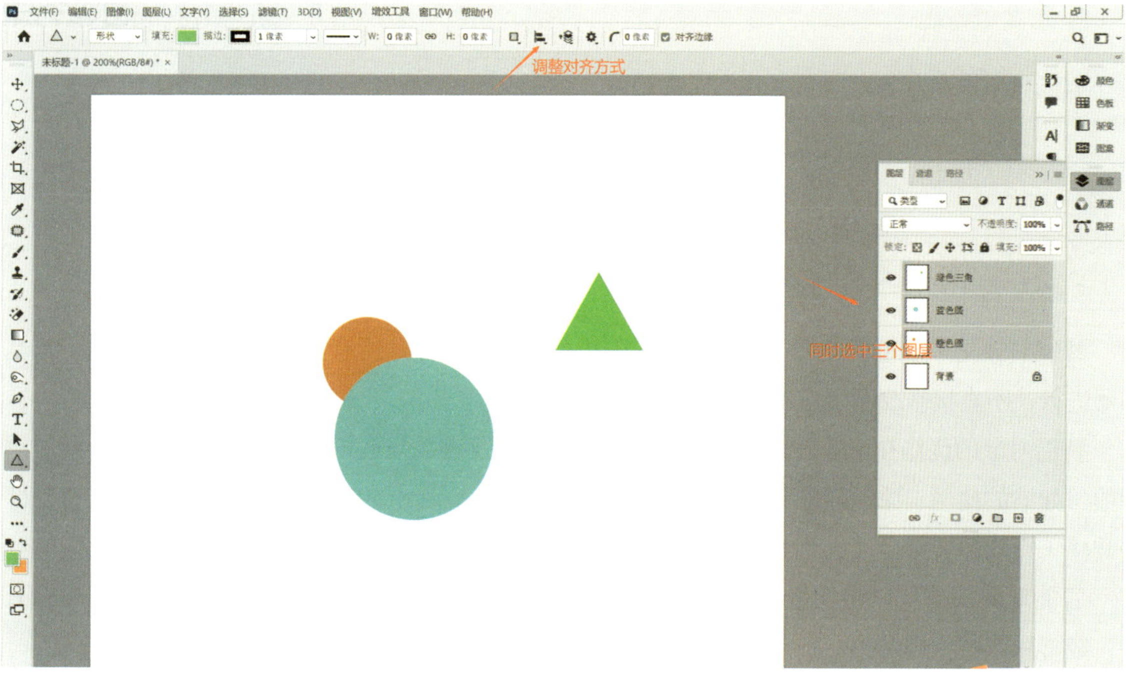

图 3-2-5　图层对齐

随堂测试

1. 在 Photoshop 中，若要将被遮挡的“橙色圆”图层显示在“蓝色圆”图层上方，应执行以下哪项操作？（　　）

A. 双击“橙色圆”图层名称

B. 在图层面板中拖拽“橙色圆”图层至“蓝色圆”图层上方

C. 按 Ctrl 键同时单击两个图层

D. 使用“编辑”菜单中的“排列”功能

2. 若要将“蓝色圆”“橙色圆”“绿色三角”3 个图层沿水平中心对齐，正确的操作步骤是（　　）。

A. 按住 Ctrl 键选中所有图层，然后在属性栏选择“水平居中对齐”

B. 按住 Shift 键选中所有图层，然后在属性栏选择“水平居中对齐”

C. 依次双击每个图层，修改名称后自动对齐

D. 使用移动工具手动调整位置

任务 3.3　智能对象图层编辑

【课堂讨论】

智能对象图层与普通图层有什么区别？

微课视频

3.3.1　什么是智能对象

智能对象是一个包含原始图像数据（或矢量数据）的容器，所有操作（如缩放、滤镜）都基于容器进行，不直接修改原始像素。

智能对象的优势在于非破坏性编辑、保留画质，以及链接与嵌入。非破坏性编辑：可随时调整参数（如缩放比例、滤镜强度）。保留画质：反复缩放、旋转不会模糊。链接与嵌入：支持外部文件链接（修改源文件自动更新）或完全嵌入到 PSD 中。

智能对象图层可以自动生成一个图层，如果效果不想要了，可以直接删除，且不影响原有图层，经常用来制作样机。

3.3.2 如何创建智能对象图层

图 3-3-1 智能对象图层

(1) 将普通图层转换为智能对象

在图层上单击鼠标右键，选择“转换为智能对象”，图层缩略图右下角出现小图标，表示已转换为智能对象，如图 3-3-1 所示。

(2) 直接置入外部文件

选择菜单栏“文件”→“置入嵌入对象”（或“置入链接对象”）→选择图片（如 JPG、PNG、PDF、AI 矢量文件），自动生成智能对象。直接将图片拖拽到页面上，也会自动生成智能对象图层。

“置入嵌入对象”和“置入链接对象”的区别：前者的文件数据存储在 PSD 中，PSD 文件体积变大；后者的 PSD 仅保存文件路径，源文件修改后智能对象自动更新（适合团队协作）。

3.3.3 智能对象的编辑方法

(1) 编辑智能对象内容

双击智能对象缩略图，在新标签页中打开原始内容。修改内容（如调整颜色、添加元素）后，按“Ctrl+S”快捷键保存。返回主文档，智能对象自动更新。

◆ 注意：如果智能对象是链接的外部文件，需用原始软件（如 AI）编辑源文件；修改会影响所有重复实例（同一智能对象的副本）。

(2) 替换智能对象内容

在智能对象图层上单击鼠标右键，选择“替换内容”，选择新文件。原智能对象的缩放、滤镜等属性会被保留。

(3) 复制智能对象

按住 Alt 键拖拽智能对象图层，生成副本。

特点：副本与原智能对象关联，修改其中一个，其他副本同步更新。

断开链接：在副本上单击鼠标右键，选择“通过拷贝新建智能对象”，使其独立。

3.3.4 常见问题解决

(1) 如何还原为普通图层

在智能对象图层上单击鼠标右键，选择“栅格化图层”（但不可逆）。

(2) 智能对象显示“链接失效”怎么办

在智能对象图层上单击鼠标右键，选择“重新链接到文件”，手动指定源文件路径。

（3）如何批量更新多个智能对象

若为链接的智能对象，修改源文件后，所有链接实例自动更新；若为嵌入的智能对象，需手动替换内容。

随堂测试

1. 要同时移动多个图层，则需先对它们进行（　　）操作。

A. 图层链接　　B. 图层格式化

C. 图层属性设置　　D. 图层锁定

2. 如何完成智能对象图层快速更换底色？（　　）

A. 双击智能对象图层，在新的窗口中更换底色，保存后，会统一将图像底色调换。

B. 双击图层进行调整

C. 栅格化图层进行调整

D. 以上方法都可以

单元作业

综合运用图层和选择工具制作鲜花装饰画（扫码获取素材）。

单元测试

扫码获取试题。

项目 4

Photoshop 文字应用

◎ 授课目标

了解文字面板的基本功能，熟练掌握文本编辑的技巧和注意事项。

◎ 育人目标

1. 掌握文字编排技巧，理解文字承载的文化内涵，增强文化传播与表达的责任意识。

2. 规范使用文字工具，注重细节处理，培养精益求精、严谨负责的职业态度。

任务 4.1　单排文字工具

微课视频

【课堂讨论】

Photoshop 中文字的编排在视觉设计中的典型作用和延展有哪些？

关于文字：在 Photoshop 中，文字由以数字方式定义的形状组成，这些形状描述了某种字体中的字母、数字和符号。很多字体都有多种格式，其中常见的格式是 Type 1（PostScript 字体）、True Type 和 Open Type。

Photoshop 中单排文字分为两种形式，在文字工具组中，我们可以看到图标的区别。

系统默认文字进行横向排列，直排文字工具用一个向下的箭头与横排文字工具进行区别，如图 4-1-1 所示。

单击横排文字工具，输入一段文字，文字按照我们常见的书写规律，自左向右排列，如图 4-1-2 所示。单击直排文字工具，输入一段文字，文字内容自上向下排列，如图 4-1-3 所示。

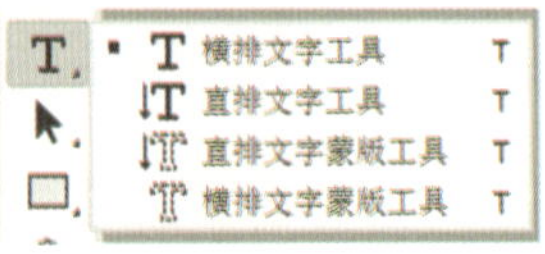

图 4-1-1　文字工具

图 4-1-2　横排文字

图 4-1-3　直排文字

我们可以利用属性栏中的参数对文字的字体、字号、对齐方式、颜色等进行编辑，如图 4-1-4 所示。

图 4-1-4　文字工具属性栏参数

随堂测试

1. 请判断对错：Photoshop 中文字图层一旦被栅格化后将不能进行文字编辑。（　　）
2. 请判断对错：单排文字一旦输入确定后将不能把文字放大、缩小或者旋转。（　　）

任务 4.2 文字蒙版工具

微课视频

【课堂讨论】

文字图层与图片图层有何异同？

4.2.1 文字蒙版工具的原理

文字蒙版工具通过用户输入的文字直接生成一个文字外形的选区，而不是像文字工具那样创建一个包含文字内容的图层。这个选区可以用来对图像进行进一步的编辑或处理，如填充、删除或应用滤镜等。

4.2.2 文字蒙版工具的应用

打开一张图片，如图 4-2-1 所示，调整图片的大小和位置，使之适合我们文字的输入范围。

单击文字工具按钮，选择“横排文字蒙版工具”。

输入一段文字，调整文字大小和字体，单击“确定”按钮，图片上会生成文本虚线选区，如图 4-2-2 所示。我们可以尝试对这个选区进行编辑。

编辑完成后，输入反选命令“Ctrl+Shift+I”，按 Delete 键，删除文字以外的图片，这样我们的图片就合成在文字里了。然后输入取消选择命令“Ctrl+D”，形成最终的文字蒙版效果。

图 4-2-1　图片素材

图 4-2-2　文本虚线选区

随堂测试

1. 请判断对错：使文字产生底图效果只能用文字蒙版工具。（　　）
2. 请判断对错：文字蒙版是使用黑白灰来进行透明度显示的。（　　）
3. 请判断对错：使用文字蒙版工具后，字体将无法编辑。（　　）

任务 4.3　沿路径放置文字

微课视频

【课堂讨论】

用沿路径放置文字工具还能做出哪些效果？

沿路径放置文字是文字应用中的一个常见的命令，它可以使文字按照我们的意愿进行编排。

首先我们任意画出一条路径。通过控制点调整路径，使样式符合我们的要求，如图 4-3-1 所示。

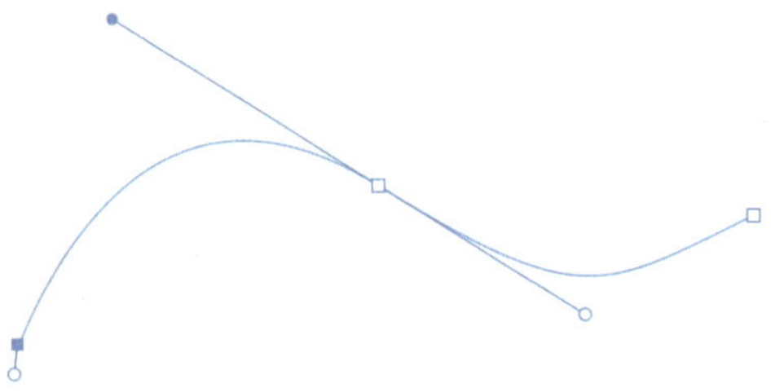

图 4-3-1　绘制路径

选择横排文字工具，注意当光标变成下边有一个波浪线的时候就可以输入文字了，如图 4-3-2 所示。

在文字面板中调节文字的字高、间距等参数，使之达到满意效果为止，如图 4-3-3 所示。

图 4-3-2　沿路径输入文字

图 4-3-3　调整路径文字参数

随堂测试

1. 请判断对错：形成路径只能用钢笔工具来实现。（　　）
2. 请判断对错：一旦把文字沿路径放置，将无法对文字进行编辑。（　　）
3. 请判断对错：沿路径放置文字无法形成沿复杂曲线排布的效果。（　　）

任务 4.4　文字面板

微课视频

【课堂讨论】

Photoshop 与 Word 中的文字面板有哪些异同？

在 Photoshop 中将文字加入图像中时，若字符由像素组成，其分辨率与图像文件相同，放大字符时会出现锯齿形边缘。然而，Photoshop 保留基于矢量的文字的轮廓，并在用户缩放文字、保存 PDF 或 EPS 文件或者通过 PostScript 打印机打印图像时使用它们。因此，用户可以创建边缘犀利的独立于分辨率的文字，将效果和样式应用于文字并对其形状和大小进行变换。文字的设置可以通过文字面板来完成。

文字面板有“字符”和“段落”两个选项。单击工具栏中的文字工具，单击属性栏中的文字面板图标 ▤ 即可调出文字面板，如图 4-4-1 所示。

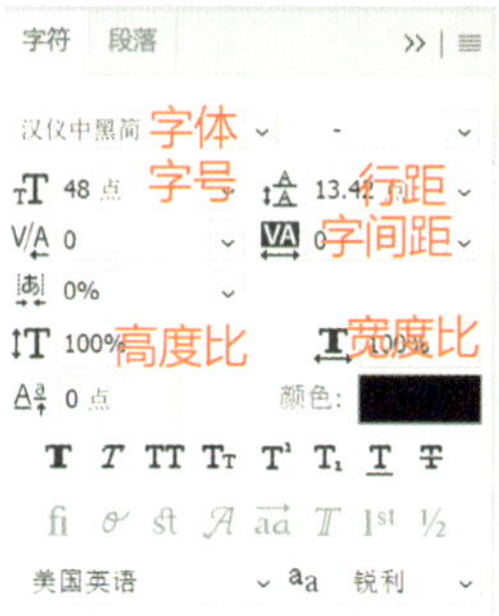

图 4-4-1　文字面板

4.4.1　字符设置

（1）设置所选字符的比例间距

选择多个字符，调整数值大小，如图 4-4-2 所示。

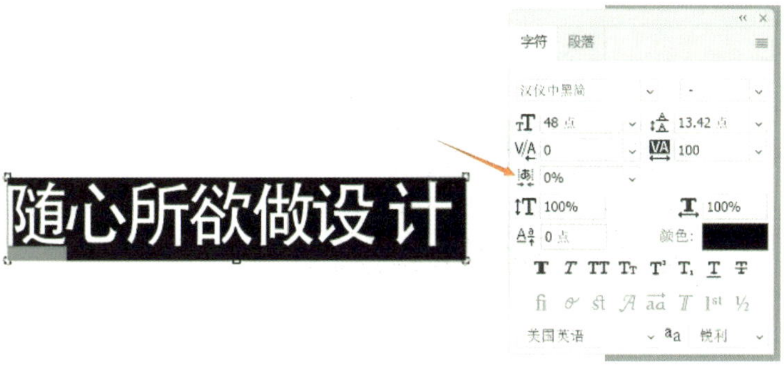

图 4-4-2　调整字符的比例间距

（2）设置基线偏移

什么是基线？输入字符时，字符下面的线就是基线，如图 4-4-3 所示。选择字符，输入数值，对比效果，单击对号确定，如图 4-4-4 所示。

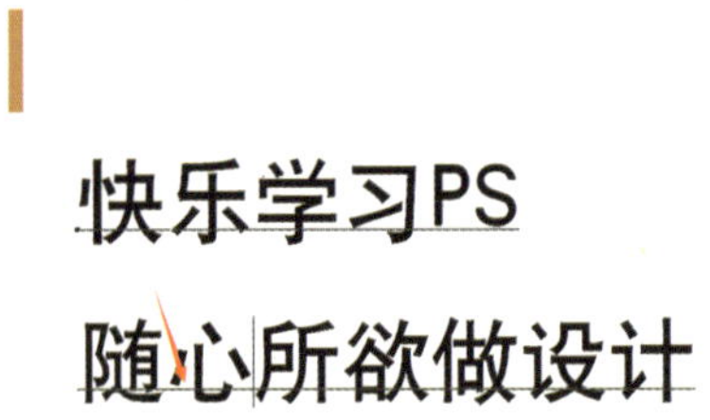

图 4-4-3 字符基线

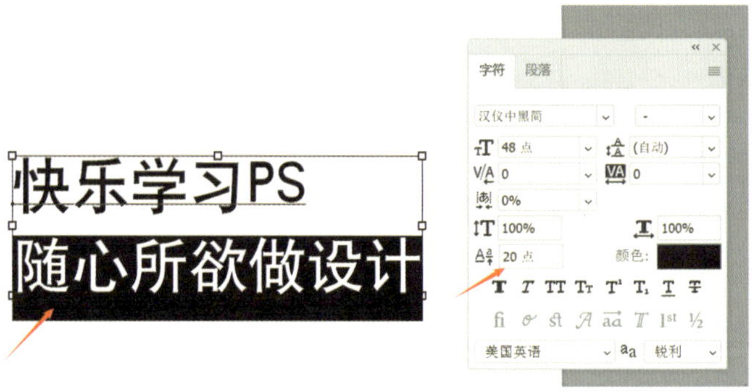

图 4-4-4 设置基线偏移

（3）设置字符颜色

选择需要改变颜色的字符，选择颜色，单击“确定”按钮，如图 4-4-5 所示。

图 4-4-5 设置字符颜色

（4）仿字体效果

选择字符，单击所列按钮，可以完成倾斜字体、上标、下标、下画线等效果，如图 4-4-6 所示。

图 4-4-6 调整字体效果

4.4.2　段落设置

我们选用文本工具，输入一段文字，调整文本框大小，使所有文字全部显示，如图 4-4-7 所示。

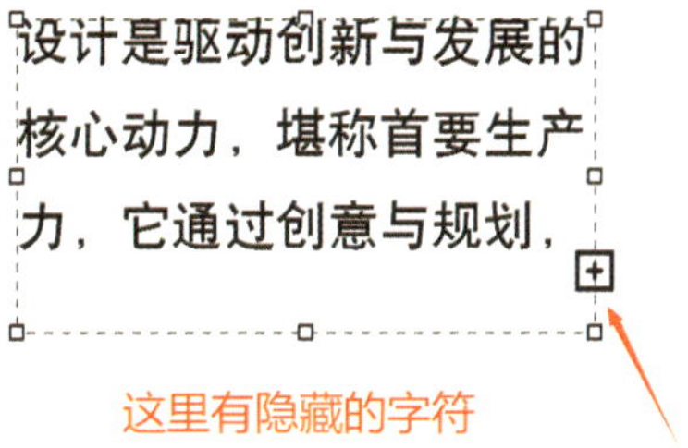
设计是驱动创新与发展的
核心动力，堪称首要生产
力，它通过创意与规划，
这里有隐藏的字符

图 4-4-7　调整文本框

（1）左缩进

在左缩进输入框中输入数值，调整段落左面缩进字符，如图 4-4-8 所示。

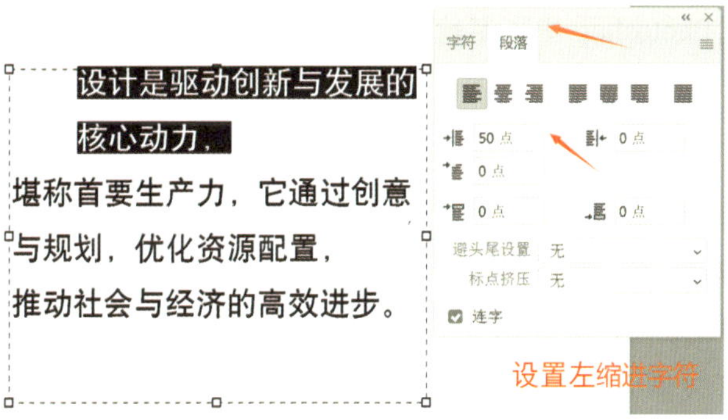
设计是驱动创新与发展的
核心动力，
堪称首要生产力，它通过创意
与规划，优化资源配置，
推动社会与经济的高效进步。
字符
段落
50 点
0 点
0 点
0 点
0 点
避头尾设置
无
标点挤压
无
连字
设置左缩进字符

图 4-4-8　左缩进调整

（2）右缩进

在右缩进输入框中输入数值，调整段落右面缩进字符，如图 4-4-9 所示。

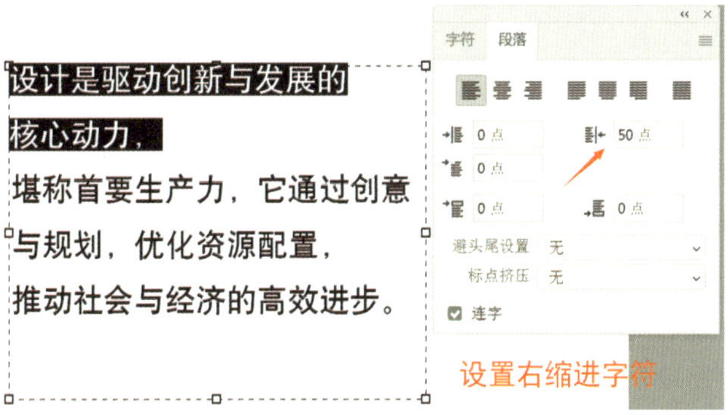
设计是驱动创新与发展的
核心动力，
堪称首要生产力，它通过创意
与规划，优化资源配置，
推动社会与经济的高效进步。
字符
段落
0 点
50 点
0 点
0 点
0 点
避头尾设置
无
标点挤压
无
连字
设置右缩进字符

图 4-4-9　右缩进调整

（3）首行缩进字符

在首行缩进输入框中输入数值，调整段落首行缩进字符，如图 4-4-10 所示。

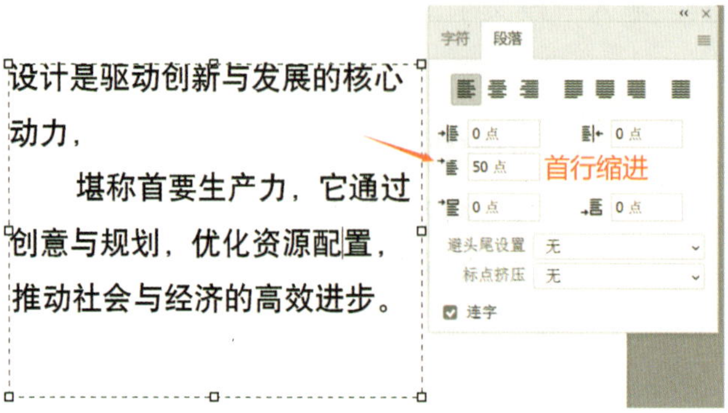

图 4-4-10　首行缩进调整

随堂测试

1. 请判断对错：Photoshop 中文字输入不兼容其他软件所形成的文本。（　　）
2. 请判断对错：Photoshop 中文字面板只有一种打开方式。（　　）

单元作业

利用本章节所学习的内容完成一个学生社团招聘海报（扫码获取示例）。

单元测试

扫码获取试题。

基础模块

项目 5

Photoshop 色彩与通道

◎ 授课目标

了解 Photoshop 调色的基本方法，掌握利用通道调色的基本技巧。

◎ 育人目标

1. 学会利用通道调色的灵活性与可控性，实现创意化的色彩设计，增强作品的感染力与文化内涵。

2. 培养严谨的色彩管理意识与规范化的工作流程，为职业发展奠定坚实基础。

任务 5.1　认识通道

【课堂讨论】

为什么不同色彩模式下，色彩的现实效果有差异？

微课视频

5.1.1　通道原理

“通道”是 Photoshop 中的一个经典功能，但很多同学在使用这个功能的时候会发现比较抽象和难以理解。那接下来，我们就来对这个“通道”进行一番庖丁解牛吧。

不止在 Photoshop 中，在很多其他的图形创意软件中都会有“通道”这个功能。“通道”中包含的是一张图的色彩信息。我们则可以通过修改色彩信息来进行图像的编辑，这就是通道的作用。

通道是怎么表示色彩信息的呢？

通道是通过将一张图片的色彩进行归纳分层并分别显示来表示色彩信息的。我们可以理解为通道就是用来装载色彩的管道，不同的颜色分层被注入了特定的管道。

那通道是通过什么原理来对色彩进行分层的呢？

在了解这个问题之前，我们可以回忆一下之前课程中提到的“色彩模式”，我们现在最常用的为 RGB 和 CMYK 两种色彩模式。这两种模式对应了现在主流的图像呈现媒介，一个是电子屏幕，一个是印刷品。

电子屏幕显示颜色主要依靠的是屏幕下的发光二极管，这些发光单元可以发出红（R）、绿（G）、蓝（B）三种颜色光，显示的颜色就是这三色光通过光混合形成的，如图 5-1-1 所示。

现在主流的印刷品都是采用的四色印刷工艺。印刷机中预先注入了青（C）、洋红（M）、黄（Y）、黑（K）四色油墨，当我们使用放大镜观看印刷的图片时，就会发现每一张图都是由这四个不同颜色的网点叠印在一起形成的，如图 5-1-2 所示。

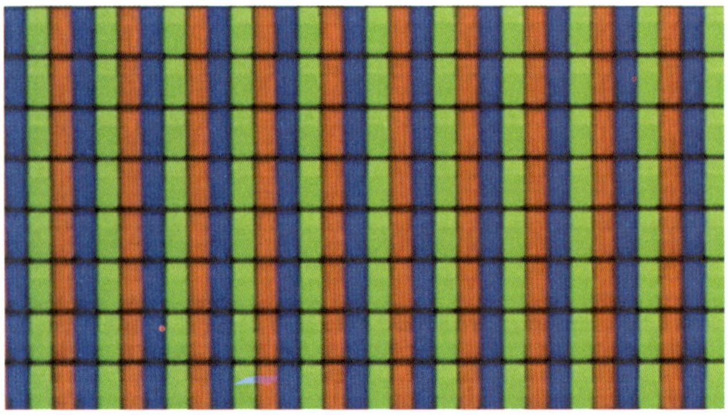

图 5-1-1　电子屏幕的显色原理

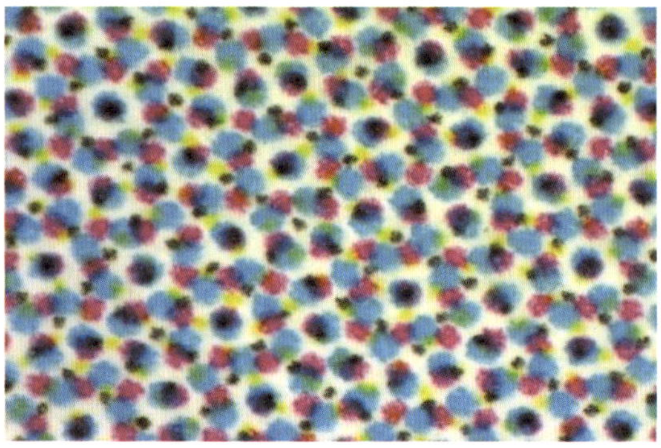

图 5-1-2　印刷品的显色原理

基于这些原理，当我们打开通道面板，在 RGB 颜色模式下，它就会默认显示 RGB、红、绿、蓝 4 个通道，如图 5-1-3 所示；在 CMYK 模式下，则会显示 CMYK、青色、洋红（也叫品红）、黄色、黑色 5 个通道，如图 5-1-4 所示。

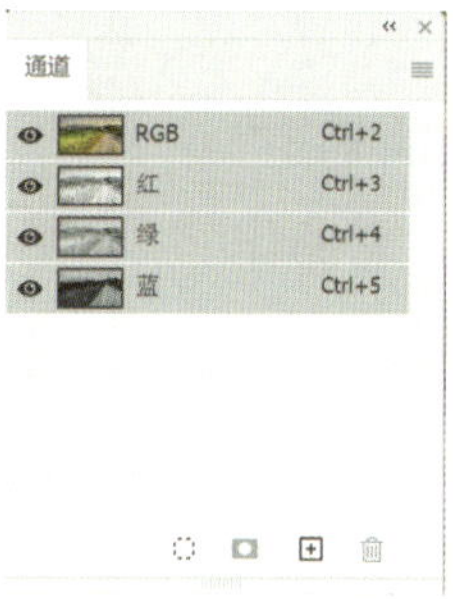

图 5-1-3　RGB 通道

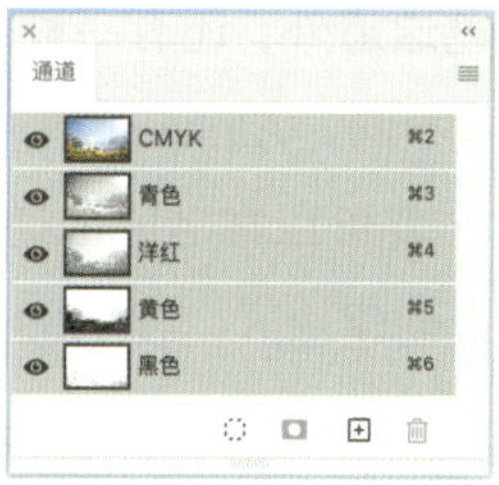

图 5-1-4　CMYK 通道

5.1.2　通道种类

两种不同的颜色模式，对应不同的显示媒介和显色原理，当然其中各个通道之间的作用效果也会有一些不同。

第一个通道，也就是显示为“RGB”或“CMYK”的，为复合通道，该通道用来记录图像的所有颜色信息，即我们看到的完整图像。在“复合通道”下方的几个通道为颜色通道，用来分别记录颜色信息。按照对应的显色原理，RGB 模式下显示为“R（红）”“G（绿）”“B（蓝）”3 个通道，CMYK 模式下显示为“C（青）”“M（洋红）”“Y（黄）”“K（黑）”4 个通道，如图 5-1-5 所示。我们看到的所有的颜色都是各个通道按照特定的分量注入像素之后混合形成的。

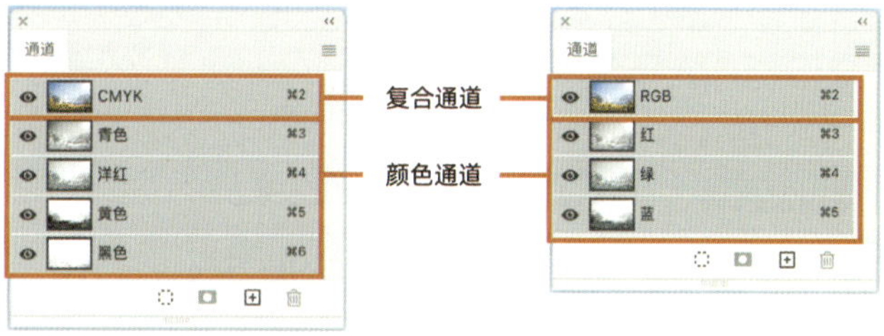

图 5-1-5　复合通道与颜色通道

每一个颜色通道对应的颜色，可以称为“原色”。我们在拾色器中选取某一点的色彩，就能看到这个颜色的 RGB 数值或 CMYK 数值，这些数值就是原色的“分量”，如图 5-1-6 所示。

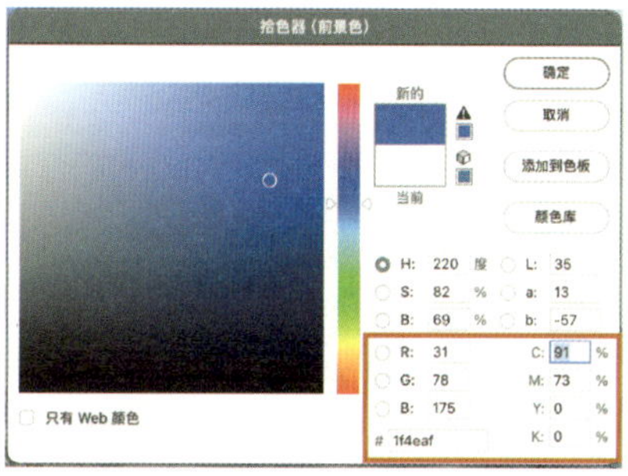

图 5-1-6　拾色器中的通道数

所有的颜色通道都显示为黑白色。这其实是用灰度来表示该种“原色”分量的一种直观方式。在RGB模式下，显示颜色越“白”，则表示该“原色”分量越多，若显示为纯黑色，则表示该“原色”分量为0。而在CMYK模式下，显示颜色越“黑”，表示该“原色”分量越多，若显示纯白色，则表示该“原色”分量为0。

除了复合通道与颜色通道外，还有一种通道名为“Alpha通道”如图5-1-7所示。与前者不同，Alpha通道并不显示颜色，它的作用主要是标示选区。操作者可以在Alpha通道中绘画、填充颜色、填充渐变、应用滤镜等来创建选区。在Alpha通道中，也只显示黑白灰色。显示白色部分为被选中部分，黑色则是选区以外的区域。而中间调的灰色，则对应的是半透明的选区。

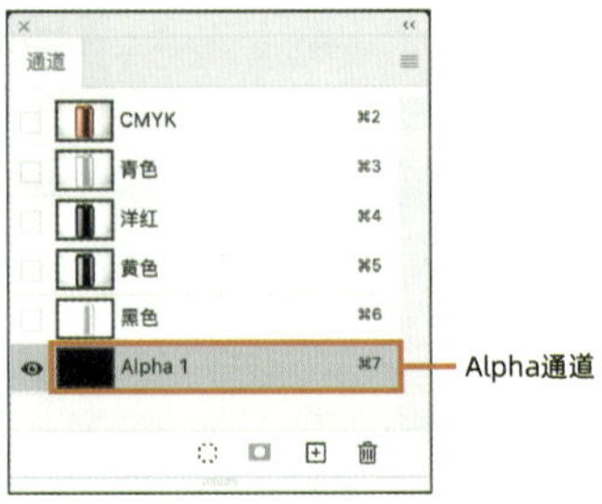

图 5-1-7 Alpha 通道

随堂测试

1. 在RGB颜色模式中，关于通道的正确说法是（ ）。

A. 每个颜色通道代表一种基本颜色　　B. 通道用于存储图像的透明度信息

C. 通道不能被编辑或删除　　D. 通道的数量是固定的，不能增加

2. 在Photoshop中，如果你想要创建一个精确的选区，以下哪种方法最有效？（ ）

A. 使用魔棒工具　　B. 使用通道来区分颜色差异

C. 手动绘制选区　　D. 使用形状工具

任务 5.2 使用通道调整颜色

微课视频

【课堂讨论】

使用通道调色的优势有哪些？

5.2.1 通道调色原理

因为通道是装载色彩信息的容器，所以它的第一作用就是调整图片颜色。其调色的原理在于通过调整某一个通道“原色”的分量来使整张图片发生色彩的变化，以达到目标效果。

在调色前，我们先了解一下 RGB 与 CMYK 两种颜色模式下，各通道混合的效果，如图 5-2-1 所示。

图 5-2-1 RGB 和 CMYK 两种颜色模式下各通道混合的效果

在 RGB 模式下，红与绿混合成黄色，红与蓝混合成品红色，绿与蓝混合成青色。在 CMYK 模式下，青与品红混合成蓝色，青与黄混合成绿色，品红与黄混合成红色。同时我们也可以发现，RGB 模式下的颜色整体上要比 CMYK 模式下的颜色更鲜亮。

屏显状态下，颜色是通过屏幕发光来显示颜色的，所以 RGB 模式下的原色叠加之后呈现的是光混合状态，光越多，色彩越明亮。所以当 3 个通道数值都为 255（各通道的最高数值）时，显示的颜色为明度最高的白色。CMYK 模式下的颜色混合更像是颜料调和的效果，随着颜色混合的增多，色彩纯度和明度就会降低，所以当 4 个通道数值都为 100 时（各通道的最高数值），显示为近乎黑的颜色。所以 RGB 模式下，色彩显示更为鲜艳，而 CMYK 模式下，色彩则偏灰暗。

当我们要调整图片的颜色，一般是通过调整色相、明度、纯度来实现。在 Photoshop 中能达到调色目的的工具有很多，通道是其中的最有效、最自然的一种。

5.2.2 整体色调调整

步骤 1：在 Photoshop 中打开图片。执行“窗口”→“通道”命令，通道面板就出现了。打开“通道”面板，在“通道”面板中单击选择某个通道，画面就会显示通道的灰度图像，如图 5-2-2 所示。

图 5-2-2 图像的复合通道和单通道显示效果

步骤 2：选中“RGB”复合通道，执行“图像”→“调整”→“曲线”命令。单击“通道”选项，选择“绿色”通道，向斜上方拉动曲线，单击“确定”之后，图片的颜色就变得更绿了，如图 5-2-3 所示。

图 5-2-3 调整通道曲线

其原理是：拉动曲线，可以调整图的明度。在 RGB 模式下“通道”中提高明度，意味着该通道的颜色成分增多，所以色彩会倾向于该颜色。如果提高了“红色”通道的明度，图片的色彩就会偏向红色，如图 5-2-4 所示。

图 5-2-4 单通道提升后的效果

如果同时调整两个通道，就会出现混合的色调。例如，同时提高“红色”与“蓝色”通道的明度，图片的色彩会倾向于品红色，如图 5-2-5 所示。

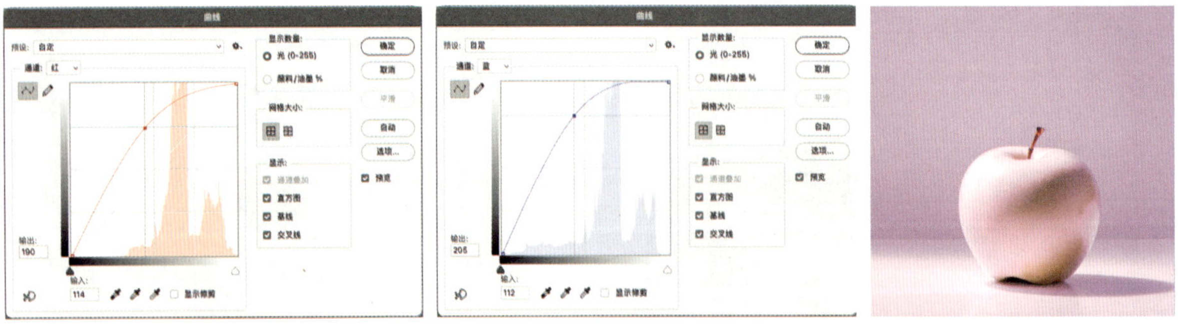

图 5-2-5 双通道提升颜色混合后的效果

随堂测试

1. 在 Photoshop 中，RGB 模式下，如果你想要增加图像中的蓝色成分，你应该（　　）。

A. 提高蓝色通道的明度　　B. 降低蓝色通道的明度

C. 降低绿色通道的明度　　D. 提高红色通道的明度

2. 当你在通道调色时，RGB 模式下，降低红色通道的明度通常会对图像产生什么影响？（　　）

A. 图像变得更暖　　B. 图像变得更冷

C. 图像变得更暗　　D. 图像变得更亮

任务 5.3　多张图像合成

微课视频

【课堂讨论】

合成 CMYK 图像与合成 RGB 图像的操作原理一样吗？

通道可以实现多张图像的合成。只要图像满足 2 个条件，即可进行合成，达到一种神秘虚幻的效果：图像必须调整成灰度模式；图像尺寸必须相同。4 张图可以合成一个 CMYK 图像，3 张图可以合成一个 RGB 图像。

步骤 1：在 Photoshop 中分别打开图 5-3-1、图 5-3-2、图 5-3-3。分别执行“图像”→“模式”→“灰度”命令，并根据提示扔掉图片的颜色信息，如图 5-3-4 所示，调整后的效果如图 5-3-5 所示。

图 5-3-1　图片素材 1

图 5-3-2　图片素材 2

图 5-3-3　图片素材 3

图 5-3-4　执行灰度模式

图 5-3-5　灰度模式下的图片素材

步骤 2：选择一张图，并在“通道”面板右上方菜单中执行“合并通道”命令，如图 5-3-6 所示。在弹出的“合并通道”窗口中设置“模式”为“RGB 颜色”，然后单击“确定”按钮，如图 5-3-7 所示。

图 5-3-6　合并通道

图 5-3-7　合并 RGB 通道

步骤 3：在弹出的“合并 RGB 通道”窗口中，指定“红”“黄”“蓝”三色通道的图像来源，单击“确定”按钮，此时会出现一个合成后的图像，如图 5-3-8 所示。将不同的图片放置在不同的通道中，最终形成的图片效果也会不同。

图 5-3-8　合并 RGB 通道后的效果

随堂测试

1. 在 Photoshop 中通过“合并通道”实现多图合成时，必须满足的前提条件是（　　）。

A. 图像需为 CMYK 模式且分辨率一致

B. 图像需为灰度模式且尺寸相同

C. 图像需保留颜色信息且图层数量匹配

D. 图像需添加 Alpha 通道且背景透明

2. 若想通过“合并通道”生成一张 RGB 图像，至少需要准备多少张灰度模式图片？（　　）

A. 2 张　　　　B. 3 张

C. 4 张　　　　D. 5 张

任务 5.4　通道混合器

【课堂讨论】

通道混合器的使用优点有哪些？

微课视频

前面两个任务所讲述的调整通道操作旨在从整体上控制某一个通道来达到颜色变化的目的。但在很多工作场景中，仅需要对局部进行色彩调整，这时就要用到通道混合器。通道混合器是一个非常实用的工具。以图 5-4-1 为例，图像是一幅风景画，画面中草地的颜色偏黄，如果我们想要将草地颜色变得更绿，可以执行以下操作。

图 5-4-1　图片素材

在 Photoshop 中打开图 5-4-1。在“图层”面板下方找到并单击“调整图层”按钮，在弹出的菜单中选择“通道混合器”，如图 5-4-2 所示。随即在图片图层的上方会出现一个名为“通道混合器 1”的调整图层。在属性面板中也会出现对应的通道混合器调整面板，如图 5-4-3 所示。我们可以通过调整滑块位置来改变图像颜色。

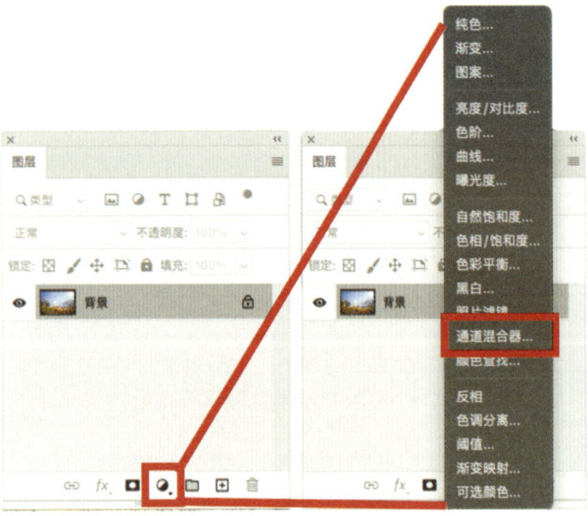

图 5-4-2 调出“通道混合器”面板

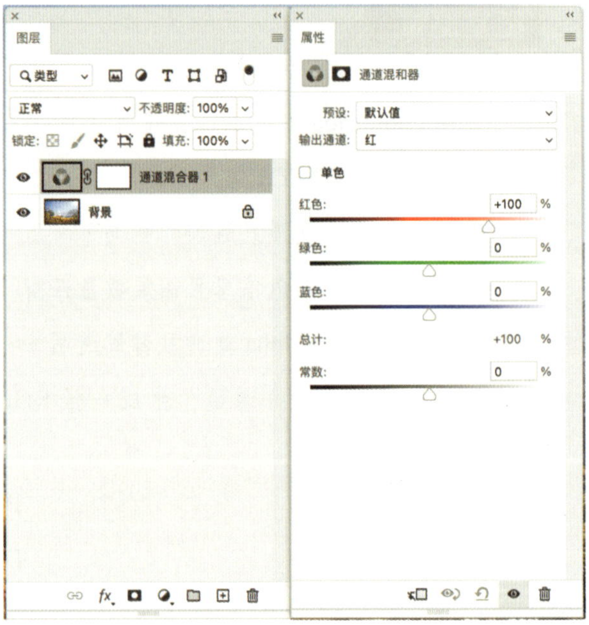

图 5-4-3 “通道混合器”面板

通道混合器的原理是将“输出通道”中的颜色注入目标通道中。通过改变通道里的“原色”来使图像发生色彩变化。

如果要把草地的颜色变得更绿，则需要更多的绿色。所以在“输出通道”选项里，选择“绿”。而目标通道的选择需要考虑色彩之间的混合关系。按照 RGB 色彩之间的关系，黄色是由红色与绿色混合得来的，所以如果要将黄色变绿，则需要提高红和绿之间绿色的比重，所以需要在红色通道中注入更多绿色。将“红色”滑块向右滑动，或把数值设置为“+40”，如图 5-4-4 所示。此时草地就变成了绿色，如图 5-4-5 所示。

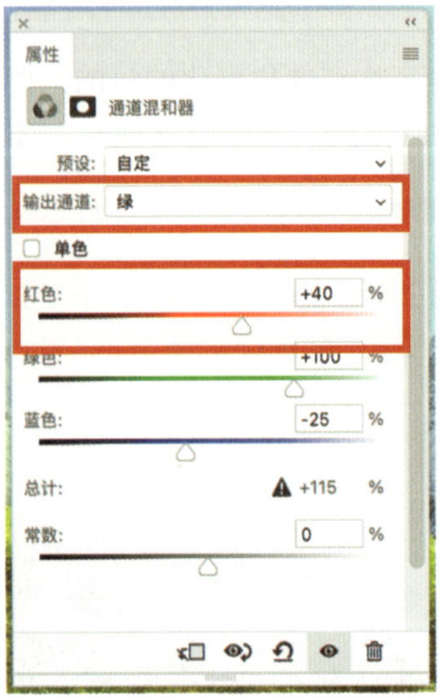

图 5-4-4 调整通道混合器参数

图 5-4-5 红色通道调色效果

但是天空也变成了偏绿的颜色。可将“蓝色”滑块向左滑动，或把数值设置为“−30”，以减少绿色对蓝色通道中颜色的影响，使图中的天空和山尽可能保持原有的色彩，如图 5-4-6 所示。

图 5-4-6 蓝色通道调色效果

根据图像素材与色调的不同，在使用“通道混合器”时，首先要对原图进行色彩的分析，这需要大家对不同色彩模式的显色原理以及色彩之间的混合关系有明晰的认识。此外，在调整过程中需要不断尝试效果，任何目标效果都不是一蹴而就的，有时还需要蒙版、滤镜的配合。

随堂测试

1. 通道混合器的核心功能是（　　）。

A. 直接修改图像的颜色模式（如 RGB 转 CMYK）

B. 通过混合不同原色通道的比例改变整体或局部色彩

C. 生成 3D 立体效果以增强视觉层次

D. 自动修复图像中的色彩偏差

2. 在使用通道混合器将偏黄的草地调整为更绿色时，应如何设置参数？（　　）

A. 输出通道选“绿色”，增加红色通道的绿色数值

B. 输出通道选“红色”，增加绿色通道的红色数值

C. 输出通道选“蓝色”，减少绿色通道的蓝色数值

D. 输出通道选“黄色”，减少红色通道的黄色数值

任务 5.5 使用通道建立选区

微课视频

【课堂讨论】

使用通道建立选区的常见错误操作有哪些？

利用通道建立选区，其原理是利用通道中的色彩范围来确定选区边缘。不同于选框、套索、钢笔工具只能创建形状相对简单、边缘轮廓明确的选区，通道可以创建细节较多的复杂选区。在日常的工作场景中，通道可以用来选取诸如毛发和一些边界比较模糊的图像。

Alpha 通道是完成这些工作的关键。Alpha 通道与颜色通道一样，只能显示灰度图像，但与“颜色通道”中灰度图像表示颜色分量不同，Alpha 通道使用灰度图像来表示选区。显示白色部分为选区内部，黑色则代表选区外部。中间调的灰色则是一种非完全选区，通常可以建立一种边缘模糊的选区。

通道可以建立选区，选区也可以变成 Alpha 通道。这就是“抠图”的基本操作方法。

5.5.1 使用 Alpha 通道建立选区

方法 1：在“通道”面板下方右侧的按钮中，选择“+”按钮即可快速创建 Alpha 通道，如图 5-5-1 所示。选中新建的 Alpha 通道，画布显示纯黑色，代表着该 Alpha 通道中没有内容。此时我们可以使用画笔、渐变等工具在通道中绘制图形，如图 5-5-2 所示。

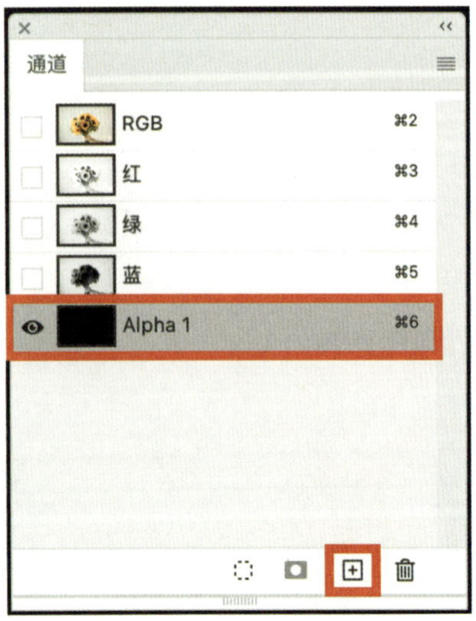

图 5-5-1 创建通道

图 5-5-2 在 Alpha 通道中绘制图形

当我们按 Ctrl 键，同时单击建立好的 Alpha 通道，一个边缘羽化的选区就建立好了，如图 5-5-3 所示。

方法 2：在 Photoshop 中打开图 5-5-4，执行“选择”→“主体”命令，快速创建主体物的选区。此时单击左侧工具栏中的“选框”工具，再将鼠标移至选区，单击鼠标右键选择“存储选区”命令。随即弹出“存储选区”窗口，如图 5-5-5 所示。我们可以对选区进行命名，如果不命名则会显示为默认的“Alpha+数字”的名称。单击“确定”按钮，选区就保存好了。此时我们可以发现，在通道面板中，多出了一个 Alpha 通道，如图 5-5-6 所示。单击这个通道，可以发现画面中有一片白色区域，这片白色就是选区了，如图 5-5-7 所示。

图 5-5-3　创建 Alpha 通道选区

图 5-5-4　图片素材

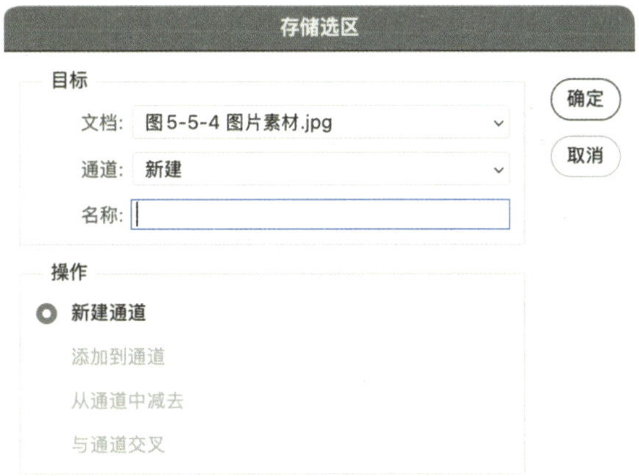

图 5-5-5　存储选区

图 5-5-6　新生成 Alpha 通道

图 5-5-7　Alpha 通道选区

5.5.2　使用颜色通道建立选区

对于一些边缘比较复杂、色彩层次丰富的形体，如果要对其建立选区，通道是最有效的工具。以图 5-5-8 为例，具体方法如下。

步骤 1：在 Photoshop 中打开图 5-5-8，再打开通道面板。在 3 个颜色面板中找到对比最强烈的一个。

图 5-5-8　图片素材

步骤 2：选择“红色”通道，如图 5-5-9 所示。单击鼠标右键，选择“复制通道”命令执行复制操作。再选择“红 拷贝”通道，按“Ctrl+L”快捷键调整色阶，如图 5-5-10 所示。调整“色阶”滑块，减少图像的色阶层次，增加黑白对比，突出主体物的轮廓。

步骤 3：使用黑色画笔，将中间零星的白色涂抹成黑色，如图 5-5-11 所示。按 Ctrl 键并单击“红 拷贝”通道，建立选区。此时选中的是通道中的白色区域。再按“Ctrl+Shift+I”快捷键，反向选择选区，选中黑色部分。此时选区就建立好了。

图 5-5-9　红色通道

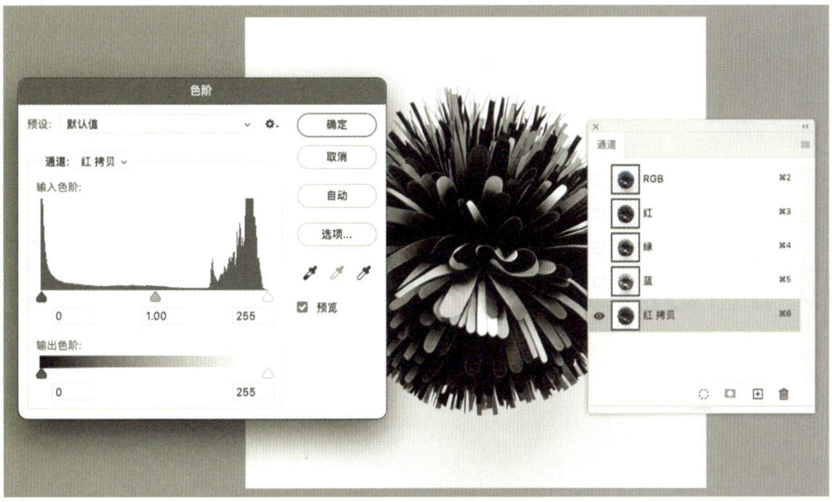

图 5-5-10 调整通道色阶

图 5-5-11 将画面中零星白色涂抹成黑色

步骤 4：选择 RGB 复合通道。切换到“图层”面板，单击选择图片图层。按“Ctrl+J”快捷键，画面中的主体物就被复制出来了。

随堂测试

1. 在 Photoshop 中，以下哪种类型的通道最适合用于创建具有透明背景的对象选区？（　　）

A. 颜色通道　　B. 专色通道

C. Alpha 通道　　D. 快速蒙版

2. 在 Photoshop 中，使用通道建立选区的主要优势是什么？（　　）

A. 可以创建更复杂的选区　　B. 可以加快图像处理速度

C. 可以减少图像文件的大小　　D. 可以自动对选区进行羽化处理

单元作业

风景照片调色：请将提供的风景照片改成秋天的颜色（扫码获取素材）。

单元测试

扫码获取试题。

项目 6

Photoshop 滤镜应用

◎ 授课目标

了解 Photoshop 常用滤镜的基本功能，能够综合使用滤镜完成特效处理。

◎ 育人目标

1. 能够将滤镜技术与创意构思相结合，通过参数调整、蒙版控制、滤镜组合等手段，将抽象的艺术灵感转化为具象的视觉特效，实现图像的个性化艺术表达。

2. 通过滤镜的高效处理特性，提升图像编辑的效率与规范性，适应数字化创意产业对快速迭代与高质量输出的要求，为职业发展奠定技术与创意的双重基础。

任务 6.1　滤镜介绍

【课堂讨论】

使用滤镜库的预置滤镜的优势有哪些？

微课视频

在 Photoshop 软件中，滤镜分为内置滤镜和外挂滤镜。内置滤镜是 Photoshop 自带的，而外挂滤镜则需要安装在软件中才能使用，比如 Neural Filters（神经网络）滤镜。内置滤镜主要用于创建图像特效和编辑图像，如生成粉笔画、图章、纹理、波浪等效果，或减少图像杂色、提高清晰度。滤镜技术在 Photoshop 中扮演着创新与变革的关键角色，体现了科技进步对艺术创作的深刻影响，它们不仅丰富了视觉表达，更促进了不同文化背景下审美的交流。接下来我们依次将几款常用滤镜作用于不同的图片素材，观察其效果上的区别。

6.1.1　滤镜库中的滤镜

（1）照亮边缘

打开一张油画素材，执行“滤镜”→“滤镜库”→“风格化”→“照亮边缘”命令。调整边缘宽度为 2，边缘亮度为 6，平滑度为 5，如图 6-1-1 所示，则得到一张霓虹灯效果、底为深色但边缘明亮的效果图。不同效果可以通过调整数值来实现。如果单击右下角“+”按钮进行二次照亮，则意味着重复一遍该滤镜动作，照亮边缘的效果显著很多，如图 6-1-2 所示。

图 6-1-1　滤镜照亮边缘效果

图 6-1-2　第二次添加照亮边缘效果

（2）海洋波纹

打开一张新的素材图：彩色夕阳照耀着水乡。在“滤镜库”中单击子菜单“扭曲”，选择“海洋波纹”。调整波纹大小为 15，波纹幅度为 9，如图 6-1-3 所示，则得到一张表面被水波扭曲后斑驳陆离的风格图，效果强度可以通过数值的调整来实现。

图 6-1-3　滤镜海洋波纹效果

（3）画笔描边

在“滤镜库”中，执行“扭曲”→“画笔描边”→“喷溅”命令，调整喷色半径为 18，平滑度为 5，单击“确定”按钮，如图 6-1-4 所示，得到一张用喷溅效果进行画笔描边的风格化图片。

图 6-1-4　滤镜画笔描边喷溅效果

（4）粉笔和炭笔

在“滤镜库”中，执行“素描”→“粉笔和炭笔”命令，调整炭笔区为 6，粉笔区为 6，描边压力为 1，单击“确定”按钮，如图 6-1-5 所示，观察发现，原图经过粉笔和炭笔的风格化后，有了新的绘画效果。

图 6-1-5　滤镜粉笔和炭笔效果

（5）颗粒

在“滤镜库”，执行“纹理”→“颗粒”命令，调整强度为 40，对比度为 50，观察图片表面产生了颗粒状的效果。单击右下角 ⊞ 按钮可得到叠加效果，单击 🗑 按钮可删除叠加效果，如图 6-1-6 所示。

图 6-1-6 滤镜颗粒效果

6.1.2 滤镜库以外的滤镜

除了滤镜库以外，在“滤镜”菜单下还有几款重要滤镜单独存在于子菜单下，如风格化、像素化、模糊、扭曲等。

（1）风格化→风

打开一张插花素材图，执行“滤镜”→“风格化”→“风”命令，如图 6-1-7 所示。通常，风效果用于在图像中创建细小的水平线以及模拟刮风的效果，有风、大风、飓风等不同强度的风效果，方向可以设置从右或从左，如图 6-1-8 所示。

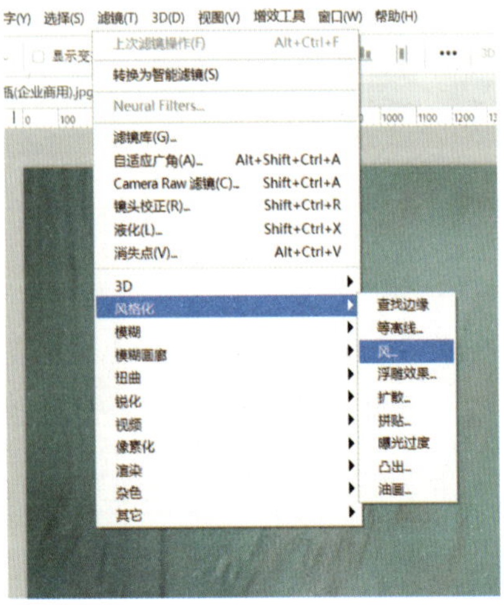

图 6-1-7 滤镜风效果

图 6-1-8 滤镜风效果参数设置

（2）风格化→浮雕效果

打开一张插花素材图，执行“滤镜”→“风格化”→“浮雕效果”命令，在新弹出的面板上可以调整角度、高度、数量，从而改变图片效果，如图 6-1-9 所示。

（3）像素化→马赛克

打开一张插花素材图，执行“滤镜”→“像素化”→“马赛克”命令。该菜单可通过调节“单元格大小”改变作用于图片效果的强度，如图 6-1-10 所示。

图 6-1-9　滤镜浮雕效果

图 6-1-10　滤镜马赛克效果

（4）像素化→铜版雕刻

打开一张插花素材图，执行“滤镜”→“像素化”→“铜版雕刻”命令。在弹出的面板中可选择精细点、中等点、粒状点、粗网点等类型。选择“精细点”，效果如图 6-1-11 所示。

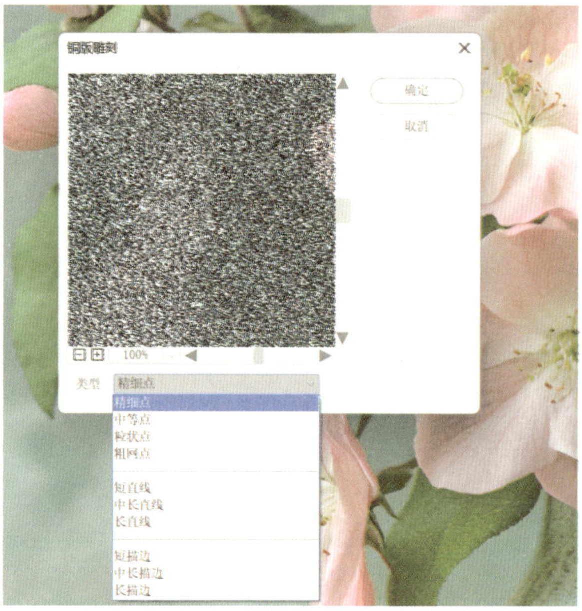

图 6-1-11　滤镜铜版雕刻效果

（5）模糊→表面模糊

打开一张人物写真照，执行“滤镜”→“模糊”→“表面模糊”命令，在弹出的面板上可以改变半径至合适大小，使人物皮肤变得细腻；改变阈值使人像轮廓模糊，但整体清晰，如图 6-1-12 所示。该滤镜时常被用于模糊人物脸部毛孔，得到“磨皮”的效果。

（6）模糊→高斯模糊

打开一张人物写真照，执行“滤镜”→“模糊”→“高斯模糊”命令，调整半径使整体画面模糊，如图 6-1-13 所示。该滤镜时常用来模仿摄影的景深效果。

图 6-1-12　滤镜表面模糊效果

图 6-1-13　滤镜高斯模糊效果

（7）模糊→动感模糊

打开一张机车素材图，并复制原图备用。执行“滤镜”→“模糊”→“动感模糊”命令，在弹出的面板上调整角度至 −30 度，调整距离至 183 像素，单击“确定”按钮，得到一张自右下至左上模糊的图片，整幅图已经无法辨认物体。为该复制图层添加蒙版，选择画笔工具擦出中间人物骑车部分，则人物骑车变得清晰可辨而周围模糊，随即得到飞驰的赛车效果图，如图 6-1-14 所示。

图 6-1-14　滤镜动感模糊效果

（8）扭曲→波纹

打开一张星空素材图，执行“滤镜”→“扭曲”→“波纹”命令，调整数值大小改变图片效果，如图 6-1-15 所示。

图 6-1-15　滤镜波纹效果

（9）扭曲→波浪

打开一张星空素材图，执行“滤镜”→“扭曲”→“波浪”命令，在新弹出的面板上，通过调整波长、波幅等改变作用于图片的效果强度，可以创建出各种形状的波浪效果，如图 6-1-16 所示。此效果与滤镜库里的“海洋波纹”效果有异曲同工之处，如图 6-1-17 所示。

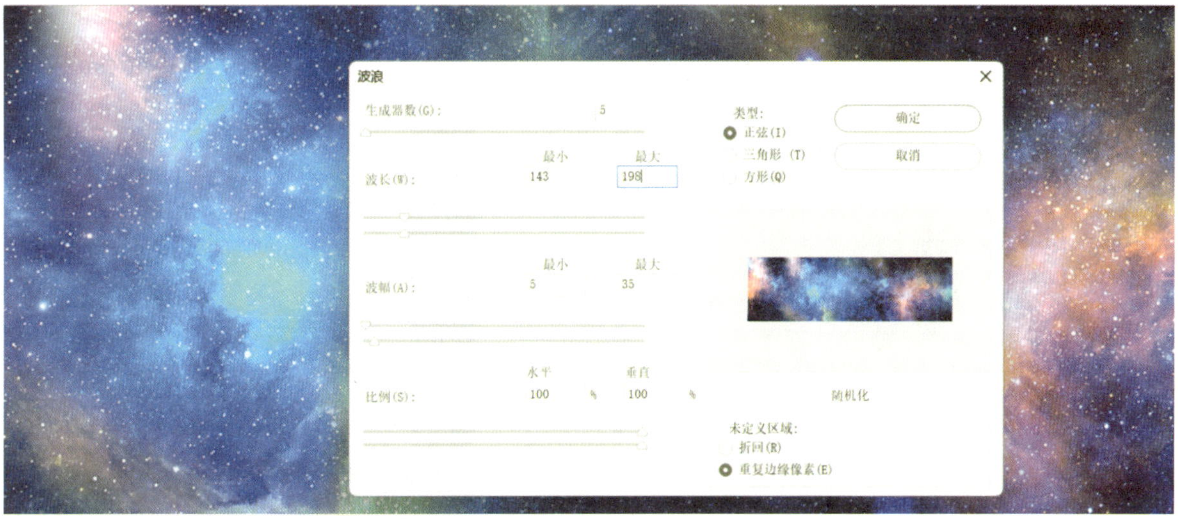

图 6-1-16　滤镜波浪参数设置

图 6-1-17　滤镜波浪效果

（10）像素化→晶格化

“滤镜”菜单下的“像素化”效果主要包含彩块化、点状化、晶格化、马赛克等，具体表现为该滤镜可将图像中的颜色分解为随机分布的网点、马赛克或彩云状。以“晶格化”为例：打开一张机车素材图，执行“滤镜”→“像素化”→“晶格化”命令，在弹出的对话框中，通过改变单元格大小调整画面效果强度，如图 6-1-18 所示。

图 6-1-18　滤镜晶格化效果

6.1.3　“转换为智能滤镜”工具介绍

在 Photoshop 中，普通的滤镜是通过修改像素来生成效果的，智能滤镜则是一种非破坏性的滤镜，可以将滤镜效果应用于智能对象上，而不会修改图像的原始数据。简单来说，智能滤镜在使用时可以随时取消、修改，是可逆的，但普通滤镜则不可逆。接下来我们通过具体案例来认识“智能滤镜”。

首先打开一张彩色玻璃素材图，执行“滤镜”→“转换为智能滤镜”命令，如图 6-1-19 所示，此时普通图层转为智能对象。

接下来我们通过具体操作观察智能滤镜和普通滤镜的区别。执行“滤镜”→“像素化”→“马赛克”命令，调整单元格大小为 18，单击“确定”按钮。此时图层面板上出现“智能滤镜”并显示为马赛克效果，如图 6-1-20 所示。

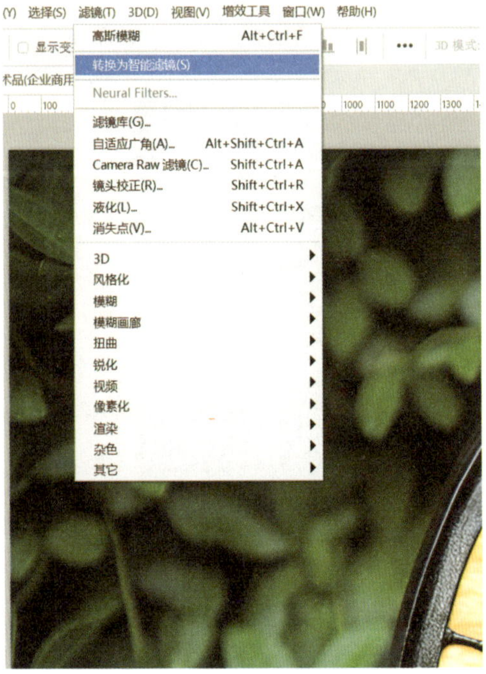

图 6-1-19　转换为智能滤镜

图 6-1-20　智能滤镜马赛克效果

单击 按钮，弹出“混合选项”面板，可修改滤镜的具体作用模式，我们在此调整模式为深色，单击“确定”按钮，如图 6-1-21 所示。也可通过 按钮开关观察滤镜前后效果。此处是智能滤镜与普通滤镜区别的主要部分，即智能滤镜具有可逆性。

图 6-1-21　“混合选项”面板及按钮

知识拓展

扫码了解 Photoshop 的 Neural Filters 滤镜。

随堂测试

1. 使用（　　）滤镜可以对图像进行收缩、膨胀扭曲以及旋转等变形处理？该滤镜主要用于照片人物的瘦身和瘦脸处理。

A. 海洋波纹　　B. 液化

C. 动感模糊　　D. 纹理

2. 关于滤镜的应用，下列说法正确的有（　　）。

A. 同一图层可以应用多种滤镜　　B. 同一图层只能应用一次滤镜

C. 同一图层可以重复应用同一种滤镜　　D. 同一图层只能应用一种滤镜

任务 6.2　Camera Raw 介绍

微课视频

【课堂讨论】

Camera Raw 滤镜除了调色之外，还能做出什么效果？

Camera Raw 最初是 Adobe 公司开发的一款插件，后来集成到 Photoshop 等软件中。它就像是一座桥梁，能让摄影师和图像处理人员打开并处理相机原始数据文件，也就是常说的 RAW 文件。在 Photoshop 的菜单栏中，执行“文件”→“打开为”命令，然后在文件类型中找到你要打开的 Camera Raw 文件（通常是 CR2、NEF、ARW 等格式，不同相机的 RAW 文件后缀不同），选中文件后单击“打开”，Photoshop 会自动调用 Camera Raw 进行处理。Camera Raw 不仅是图像处理工具，还体现了科技进步对摄影艺术的巨大推动作用。本节我们将探索这一强大功能背后的科技原理，学习如何以工匠精神精细调整每一张照片，展现真实与美的和谐统一。通过掌握 Camera Raw，我们不仅提升技能，更传承追求卓越和创新的价值观，为社会贡献高质量的视觉文化作品。

接下来我们通过具体案例，学习如何在 Photoshop 中使用 Camera Raw 滤镜对图片进行调整。打开一张 RAW 格式的人物摄影图片，软件中自动弹出 Camera Raw 面板，单击按钮可改变预览模式（左右预览、上下预览），如图 6-2-1 所示。观察该摄影照片，发现主要有以下 3 个问题：图像偏色严重、曝光不正确、图像需要二次水平垂直校正。接下来我们就在 Camera Raw 中进行调整。

图 6-2-1 素材的预览模式

首先，我们在编辑面板的“基本”参数中，修改曝光、对比度、高光、阴影等数值，对原图初步进行曝光方面的参数校正，如图 6-2-2 所示。

图 6-2-2 基本参数调整

同时，可以在“基本”参数中，使用吸管工具，吸取原图中原本应该是白色的墙面，得到计算机自动计算得出的相对正确白平衡参数，效果如图 6-2-3 所示。

图 6-2-3　用吸管工具自动调整白平衡参数

此时观察效果图发现，被调整后的图片颜色过于寡淡，因此，我们需要增加一些饱和度数值，让照片色彩更加饱满，如图 6-2-4 所示。经过前面几步的调整，图片的基本调整已经完成，接下来可以进行二级调色，如将衣物袖口、领口的橙色调整为原图的红色等。

图 6-2-4　调整色彩饱和度

单击“混色器”，打开参数面板，在色相目录下调整红色、橙色、洋红色的参数，使领口和袖口的橙色偏暗红色，得到图 6-2-5。

图 6-2-5　调整混色器的色相

调整完后又发现，袖领口的颜色过于亮，颜色明显溢出，需要单独调整，因此，我们可以单击“混色器”下面的“明亮度”，单独降低红色的明亮度，使之靠近布料衣物应有的颜色质感，如图 6-2-6 所示。

图 6-2-6　调整混色器的明亮度

调整完衣服颜色后发现，刚才调整衣袖时，人物唇部、手部暗处、脖颈暗处的红色一起被调整，出现了不应有的过深、饱和度过高，需要单独进行调整，结合以前学过的知识，我们需要使用蒙版工具来调整。在 Camera Raw 的右边单击蒙版工具，单击“主体”，如图 6-2-7 所示。

图 6-2-7 进入蒙版工具面板

单击“蒙版 1”下面“主体 1”右边的 3 个点，执行“蒙版交叉对象”→“选择人物”命令，至此，我们就创建了精确的、人物单独的蒙版，如图 6-2-8 所示。

图 6-2-8 创建人物蒙版

在面板上可以看到，我们还可以在人物蒙版中单独勾选面部皮肤、身体皮肤、唇，其他不需要选中，如图 6-2-9 所示，在此蒙版基础下调整阴影、白色、饱和度等得到合适的人物皮肤效果，如图 6-2-10 所示。通过以上步骤可以得知，在 Camera Raw 的蒙版工具下，我们可以智能创建人物、天空等蒙版，甚至可以单独、智能创建脸部、头发、皮肤与衣物的蒙版。

图 6-2-9 选择人物身图部分蒙版

图 6-2-10 调整皮肤饱和度

至此，这张人物摄影照片的调色部分就基本完成了，剩下的细节，同学们可根据自己的不同审美喜好进行细化。在调色结束后，我们还需要对画面进行垂直矫正。单击 Camera Raw 右边的“裁剪”工具，进入新的面板，单击“角度”旁边的尺子按钮，如图 6-2-11 所示，沿着画面上的玻璃柜边缘拉一条完整的长直线，松开鼠标后系统就会自动进行垂直矫正，如图 6-2-12 所示。

图 6-2-11 选择拉直工具

图 6-2-12 垂直矫正

总结，在 Camera Raw 滤镜中，我们完成对所选人物摄影照片的曝光、调色、裁剪等一系列调整，对比如图 6-2-13 所示。因此，Camera Raw 在摄影后期工作中有着举足轻重的作用。

图 6-2-13　调整前后效果对比

拓展案例

扫码观看“商业摄影精修处理”案例讲解视频。

随堂测试

1. 请判断对错：Camera Raw 滤镜可以调整图像色温、饱和度、对比度等。（　　）

2. 请填空：当使用 Camera Raw 滤镜调整图片时，我们常使用 ＿＿＿＿＿＿ 这一参数来调整照片亮度。

任务 6.3 自适应广角、消失点滤镜介绍

微课视频

【课堂讨论】

请讨论昏暗照片调整色彩的方法。

6.3.1 自适应广角滤镜介绍

Adobe Photoshop 中的自适应广角滤镜主要用于校正广角镜头拍摄时产生的镜头扭曲，如建筑物向内倾斜或水平线弯曲等问题。该滤镜通过分析镜头特性来调整图像，使其恢复自然视觉效果。我们打开一张有广角畸变的照片素材，执行“滤镜”→“自适应广角”命令，如图 6-3-1 所示。

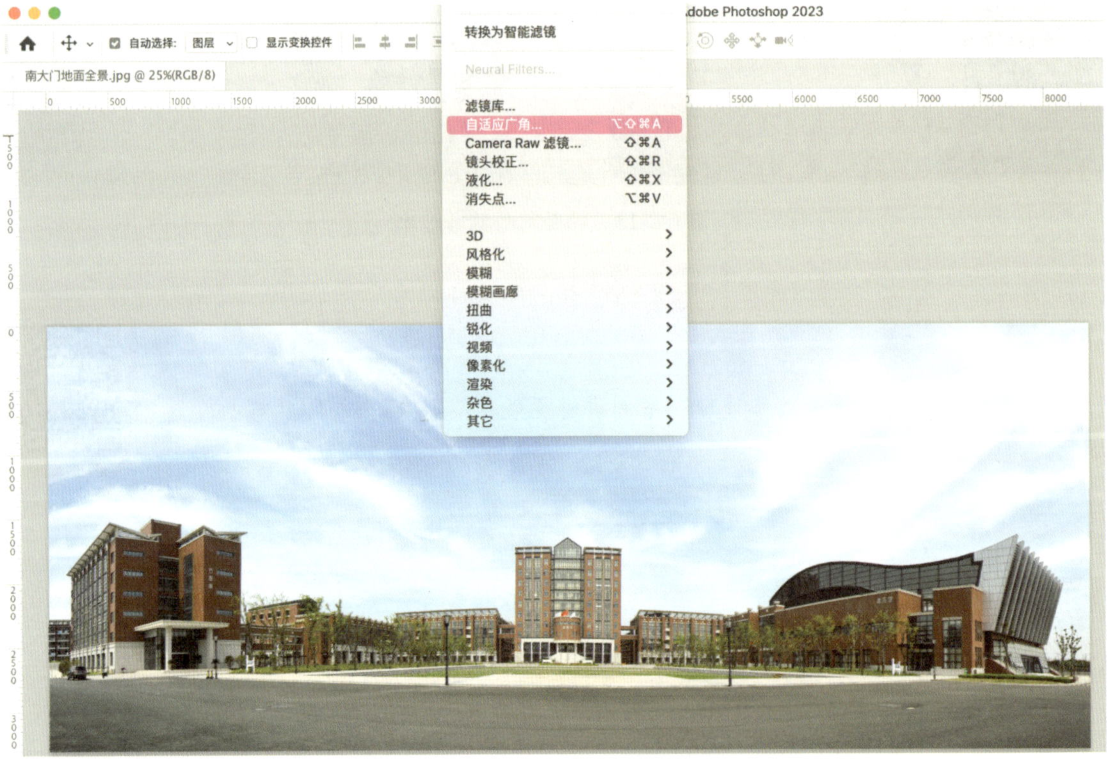

图 6-3-1　滤镜自适应广角

在新弹出的调整面板的左边，单击约束工具，观察素材照片中的建筑，找出有明显畸变效果的建筑，在其中一栋建筑的屋顶上单击，沿着建筑物顶部拉出直线，按住 Shift 键变成吸管工具，单击刚才拉出的直线，如图 6-3-2 所示，完成第一次地平线找平后发现，刚才画直线的建筑已经水平矫正，之后可换一栋仍有畸变的建筑重复刚才的拉直操作。

图 6-3-2　地平线找平

经过多次拉直调整后，素材照片上的建筑基本完成广角矫正，但矫正后，画布出现了透底现象，单击工具栏中的裁剪工具，裁剪出全景照片，如图 6-3-3 所示。

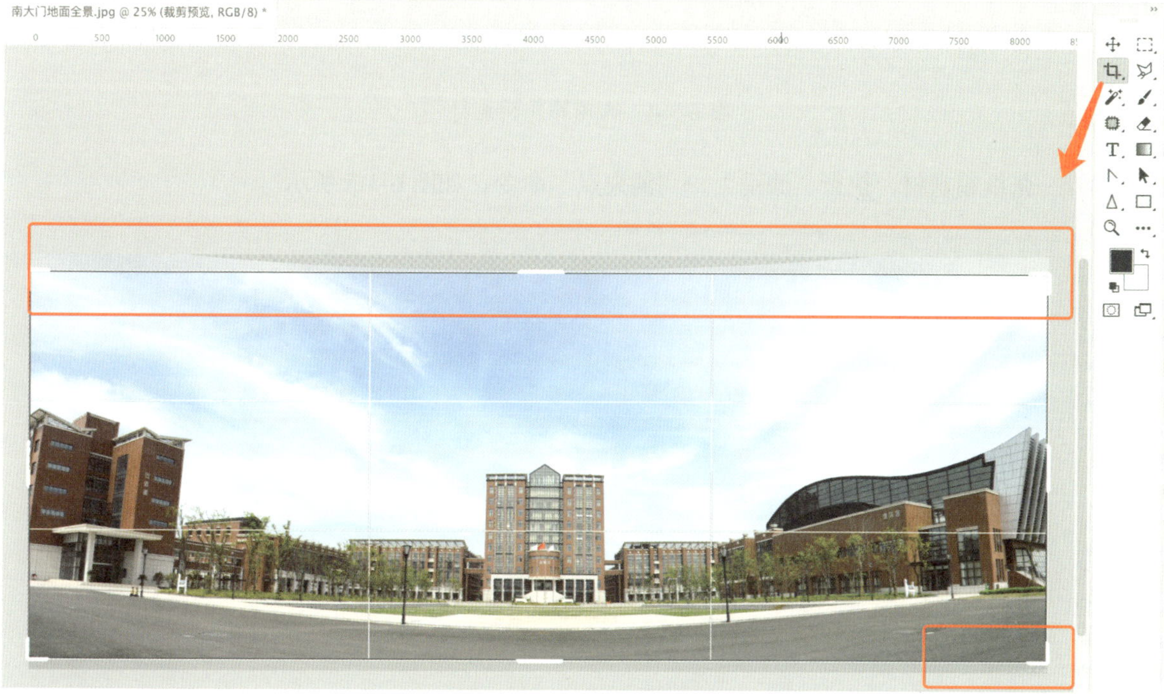

图 6-3-3　裁剪全景照片

6.3.2 消失点滤镜介绍

消失点滤镜是 Photoshop 中一个强大的工具，主要用于处理包含透视平面的图像，如建筑物的侧面、墙壁、地面或任何矩形对象。通过消失点滤镜，用户可以在图像中指定平面，然后进行绘画、仿制、拷贝、粘贴以及变换等编辑操作。所有编辑操作都将采用所处理平面的透视，使得编辑结果更加逼真。

我们首先以包装设计中的一个步骤——给纸盒替换贴图，来详细了解“消失点”滤镜。

打开一张贴图素材，在工具栏单击矩形选框工具，全选该素材并复制，如图 6-3-4 所示。值得注意的是，如果此时不先复制素材，后续在“消失点”步骤操作时，将无法返回素材页面进行复制操作，所以复制必须提前完成。

图 6-3-4　选择并复制素材

打开一张纸箱素材，执行“滤镜”→“消失点”命令，如图 6-3-5 所示。

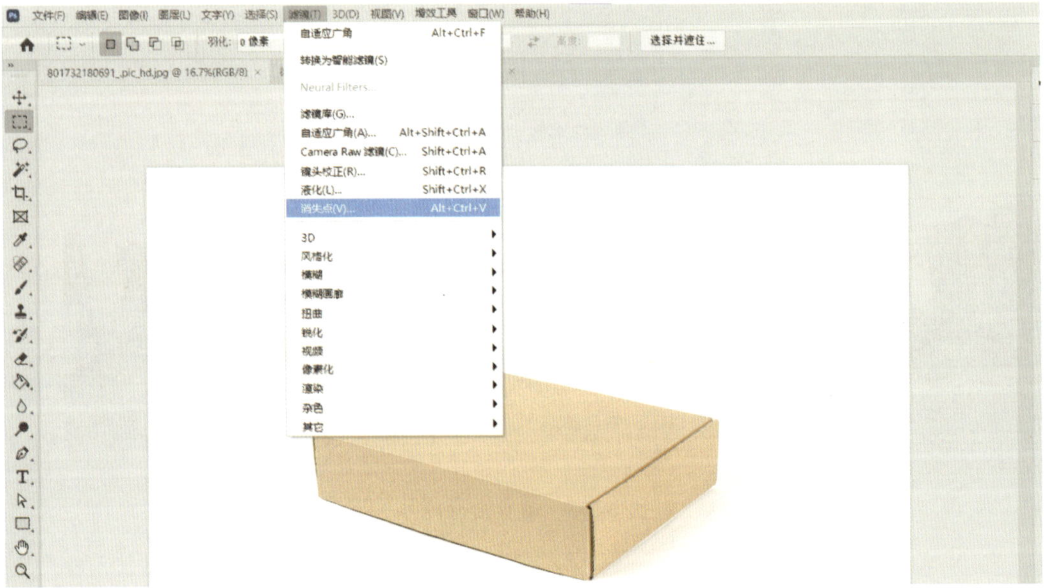

图 6-3-5　滤镜消失点命令

单击创建平面工具，沿着纸盒右侧面绘制一个矩形，适当调整网格大小，在中间面与面的转折处，按住 Alt 键，向左拖动网格，从右侧面覆盖正侧面，如图 6-3-6 所示。

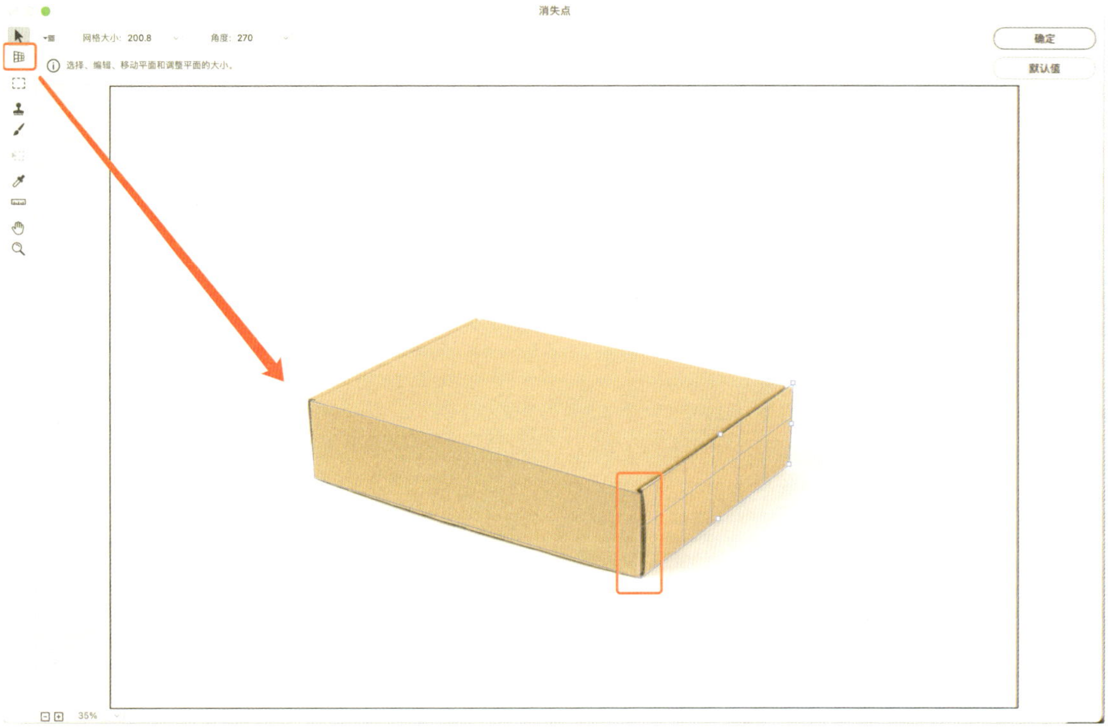

图 6-3-6　调整网格大小

使用“Ctrl+V”快捷键，将贴图粘贴到纸箱上，调整位置如图 6-3-7 所示，完成包装设计中的替换包装贴图环节。

图 6-3-7　将图片粘贴进网格

随堂测试

1. 下面哪种滤镜可以根据透视复制物体或改变物体的位置？（　　）

A. 液化　　B. 消失点

C. 扭曲　　D. 镜头矫正

2. 在拍摄风景或建筑物时，广角镜头拍摄的照片都有镜头畸变的情况，（　　）命令可以对镜头产生的畸变进行处理，得到一张完全没有畸变的图片。

A. 控制景深　　B. 营造氛围

C. 光圈优先　　D. 自适应广角

单元作业

请综合使用滤镜功能修复照片（扫码获取素材）。

单元测试

扫码获取试题。

项目 7

Photoshop 绘图与修图

◎ 授课目标

能够使用绘图与修图工具完成综合案例的处理。

◎ 育人目标

1. 能够将技术操作与创意构思相结合，将数字化工具转化为艺术表达的媒介。

2. 探索绘图与修图的创新性应用，形成个性化的创作风格，培养数字化时代的创新思维与适应能力。

任务 7.1 利用消失点修补图像

微课视频

【课堂讨论】

利用消失点命令能够制作哪些效果？

消失点是 Photoshop 里一个比较高级的工具，主要用于在具有透视效果的图像中进行修补，比如在有建筑物、地板等有规则网格的场景中。上一章中对消失点滤镜进行了介绍，这里我们通过下面的案例进行巩固提升。

打开素材，在菜单栏中执行“滤镜”→“消失点”命令，选用创建平面工具，勾勒边缘如图 7-1-1 所示。

图 7-1-1 使用创建平面工具勾勒边缘

按住 Ctrl 键拖动网格线到楼体左侧，并调整节点如图 7-1-2 所示。

图 7-1-2　调整网格线

用编辑平面工具将透视网格向上拖拽，如图 7-1-3 所示。

图 7-1-3　向上拖拽网格线

用选框工具选取要加高的楼体部分，如图 7-1-4 所示。

消失点
羽化：1
不透明度：100
修复：关
移动模式：
确定
复位
在平面中单击并拖移可选择该平面上的区域。按住 Alt 键拖移选区可将区域复制到新目标。按住 Ctrl 键拖移选区可用源图像填充该区域。

图 7-1-4　框选要加高的楼体

按住 Alt 键，向上拖动选取图像，便可复制带有透视的图像，完成楼层加高的处理，如图 7-1-5 所示。

图 7-1-5　向上拖拽选择的楼体

随堂测试

1. 利用消失点命令能完成以下哪项工作？（　　）

A. 给公路加透视文字　　　　B. 羽化选区

C. 给图片调色　　　　D. 放大或缩小图片

2. 请判断对错：消失点工具是利用透视原理完成图片调色的工具。（　　）

任务 7.2　电商产品精修

微课视频

【课堂讨论】

关于电商产品精修，我们主要完成哪些部分的处理？

用 Photoshop 进行电商产品精修能精准优化产品细节、提升质感与视觉美感，有效增强产品吸引力，助力电商平台提升商品竞争力并促进销售转化。我们通过下面的案例进行学习。

打开素材，把文件尺寸修改为 28cm × 21cm，分辨率调整为 300dpi。

选择钢笔工具，属性栏中选择“形状”模式，填充选择“无填充”，描边用白色，数值为 4 像素，羽化值为 4.3 像素，如图 7-2-1 所示。

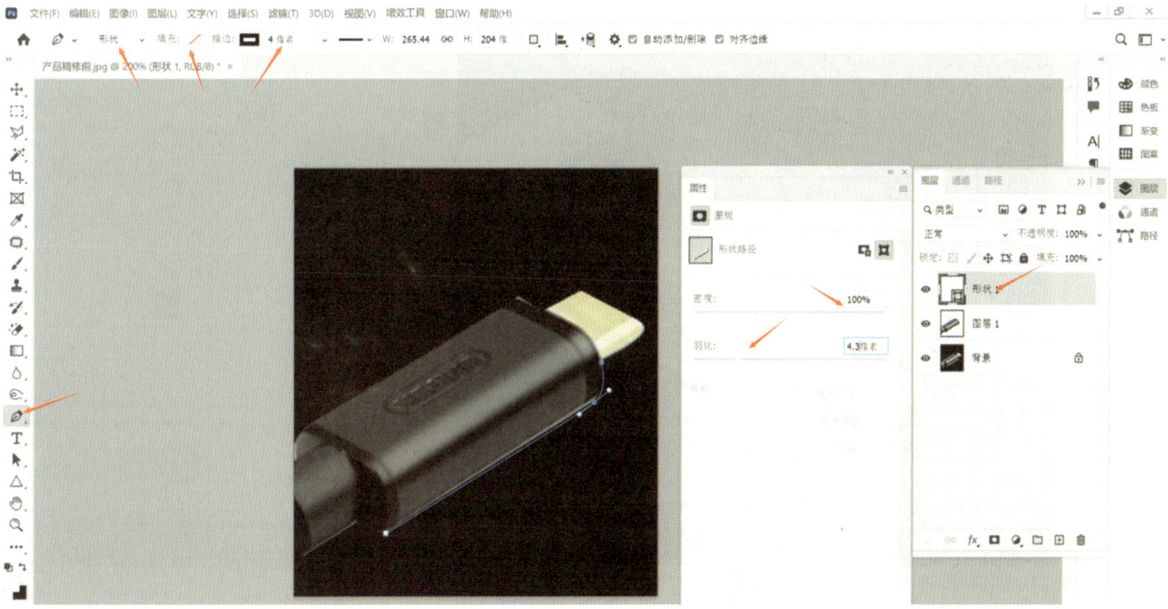

图 7-2-1　绘制形状

选择钢笔工具，勾勒出数据线侧面，填充选择渐变，编辑颜色从深灰到浅灰，羽化值为 3.9 像素，如图 7-2-2 所示。

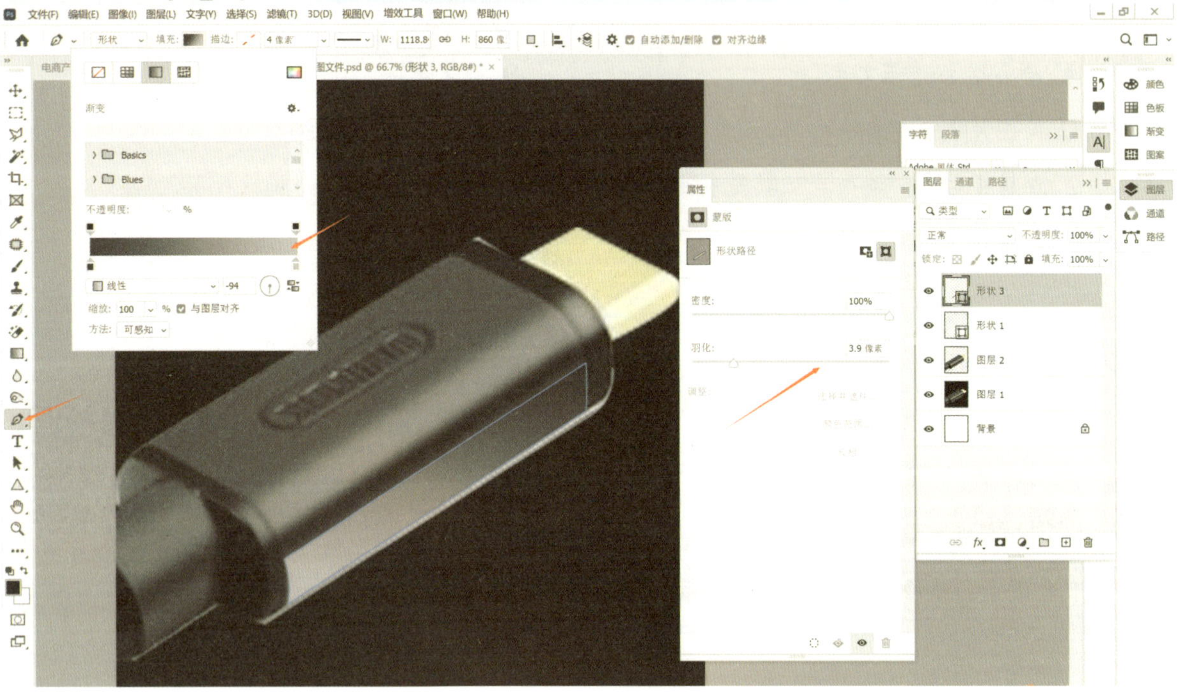

图 7-2-2 绘制数据线侧面

选择钢笔工具，勾勒出数据线高光范围，填充白色，羽化值为 30 像素，如图 7-2-3 所示。

图 7-2-3 绘制数据线高光

选择钢笔工具，画出数据线转折暗面，描边为 15 像素，羽化值为 8 像素，如图 7-2-4 所示。

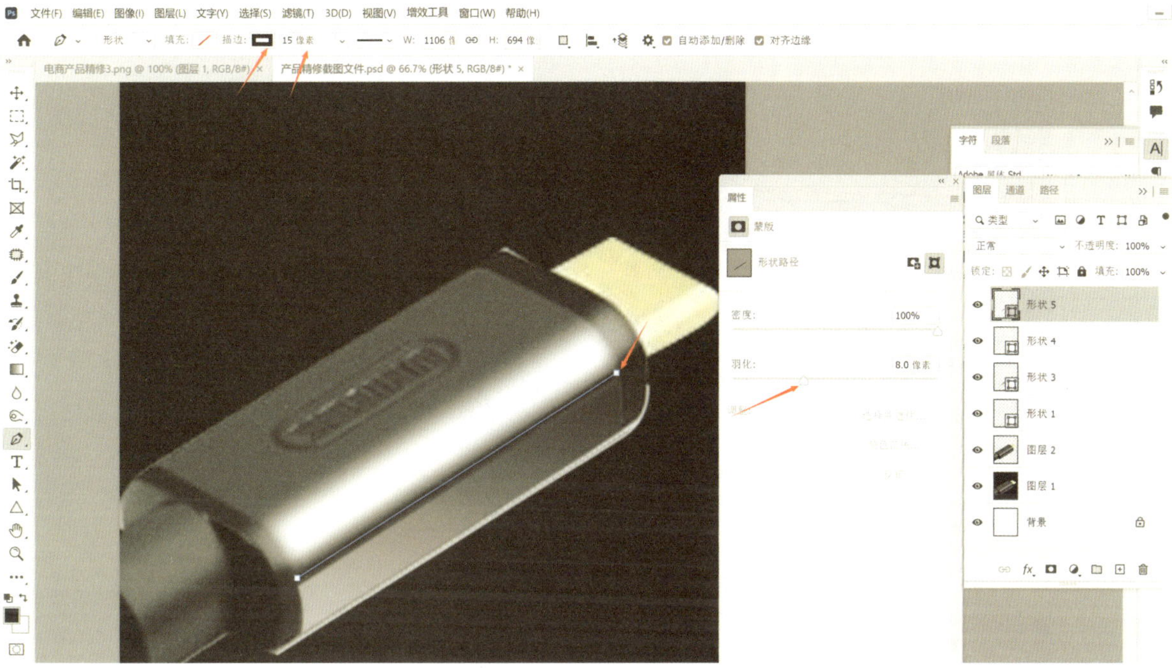

图 7-2-4　画出数据线转折暗面

选择钢笔工具，勾勒数据线上部边缘，描边为白色、8 像素，羽化值为 5 像素，如图 7-2-5 所示。

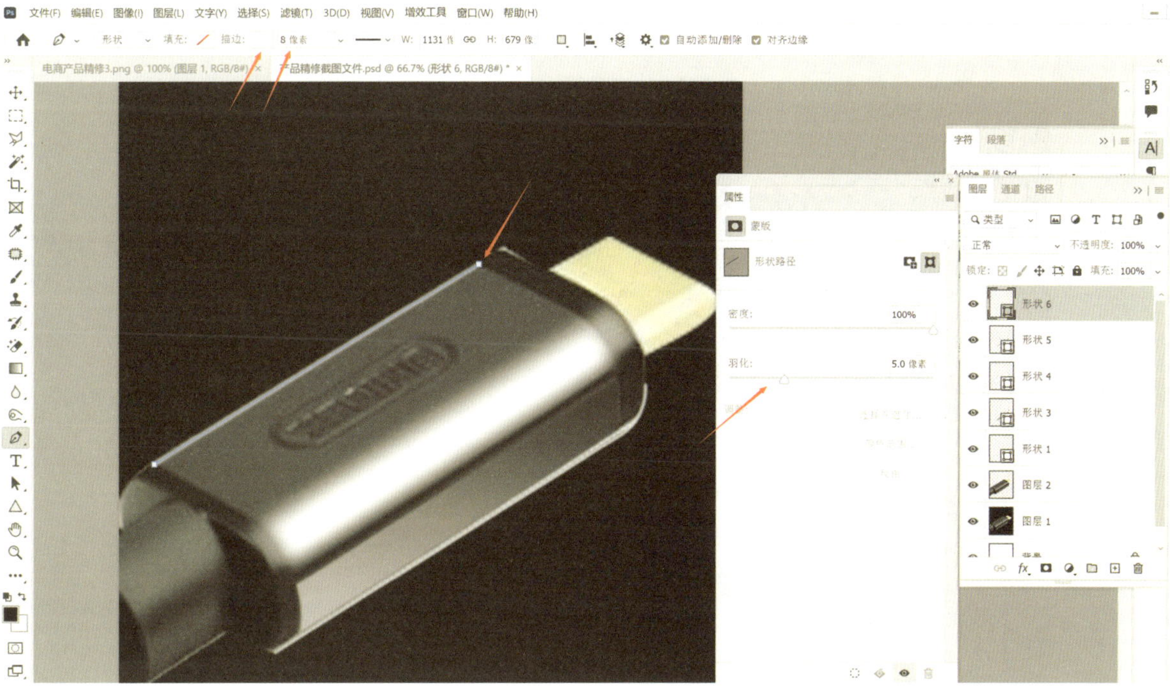

图 7-2-5　绘制数据线上部边缘

选择钢笔工具，属性栏中选择“路径”模式，勾勒选区路径，如图 7-2-6 所示。

图 7-2-6　调用钢笔工具绘制路径

按“Ctrl+Enter”快捷键，使路径转变为选区，新建一个图层，渐变填充黑灰到浅灰，如图 7-2-7 所示。

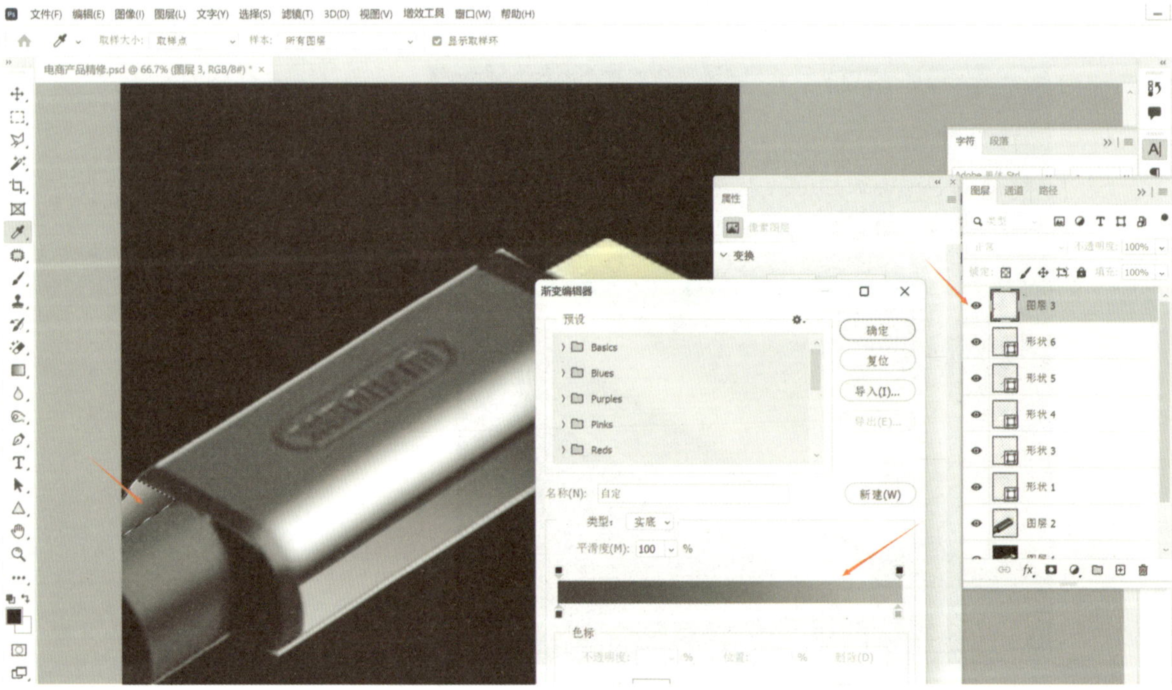

图 7-2-7　渐变填充选区

调用钢笔工具勾勒轮廓，按“Ctrl+Enter”快捷键使其变成选区，新建图层，编辑渐变色，完成渐变填充，如图 7-2-8 所示。

图 7-2-8 渐变填充选区

把数据线下面的圆形接头再绘制出来，选择滤镜中的添加杂色，使产品更有质感，如图 7-2-9 所示。

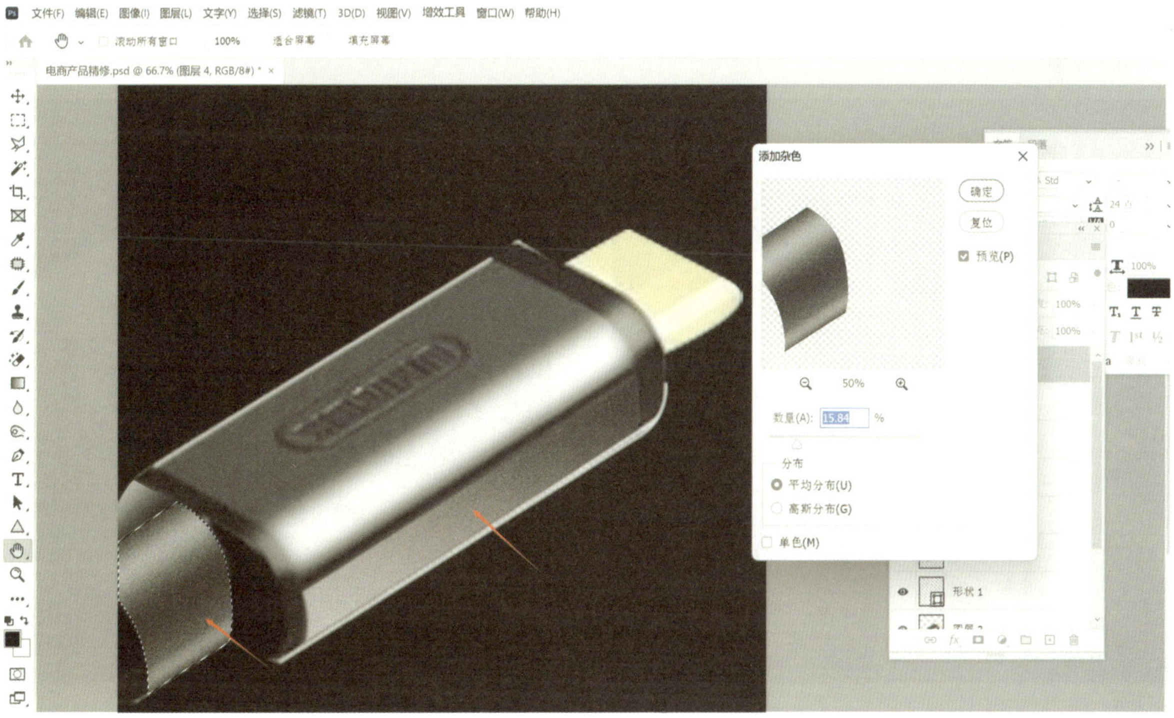

图 7-2-9 添加杂色效果

用钢笔工具勾勒数据线接头轮廓，转换成选区后，新建图层，并完成渐变填充，如图 7-2-10 所示。

图 7-2-10　渐变填充选区

用前面的方法绘画出高光和数据线上部的明暗，并执行“添加杂色”命令，如图 7-2-11 所示。

接下来绘制 USB 插头，用钢笔工具勾勒轮廓，转换成选区后，新建图层填充颜色，如图 7-2-12 所示。

图 7-2-11　添加杂色效果

图 7-2-12　绘制数据线插头

调用钢笔工具，属性栏选择“形状”模式，描边为黑色、9 像素，羽化值为 16 像素，如图 7-2-13 所示。

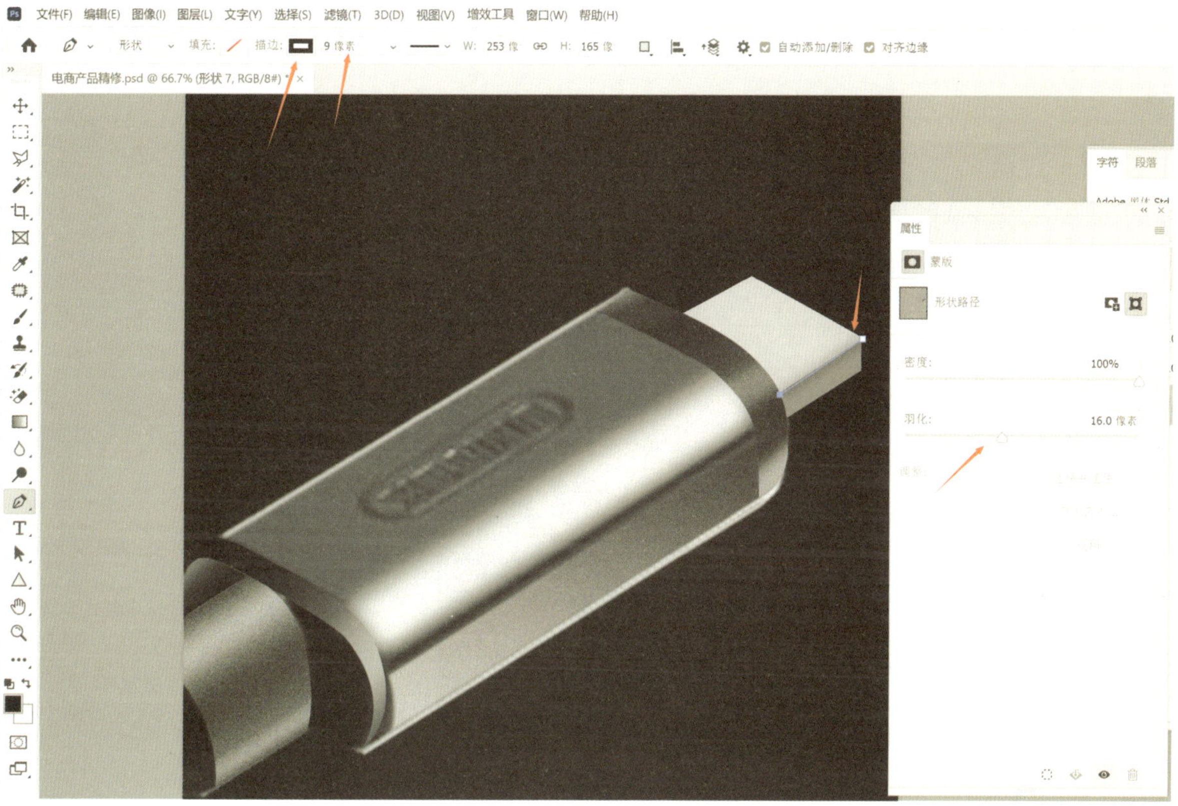

图 7-2-13　绘制数据线插头侧面

调用圆角矩形工具，属性栏半径为 30 像素，按“Ctrl+Enter”快捷键转换成选区，新建图层，填充浅灰色，按“Ctrl+T”快捷键调整角度，如图 7-2-14 所示。

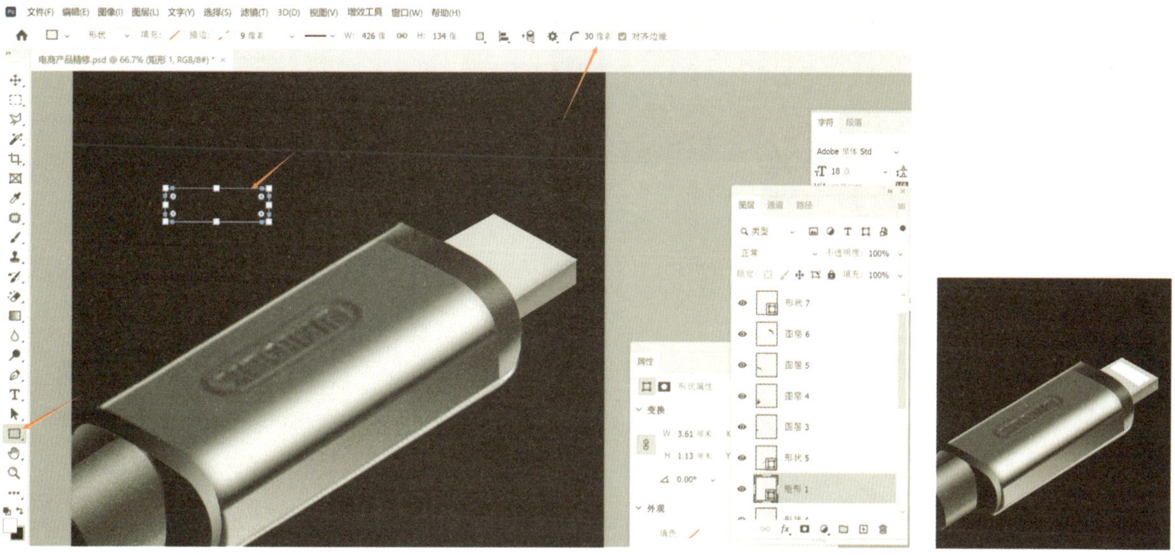

图 7-2-14　绘制数据线插头

用圆角矩形工具，新建图层，绘制一个圆角矩形，属性栏中选择“像素”。用移动工具调整图层顺序，将数据电路板图片图层放置在圆角矩形的图层上面，然后单击鼠标右键，选择“建立剪切蒙版”（剪切蒙版允许用户将一个图层的内容限制在另一个图层的形状内），如图 7-2-15 所示。

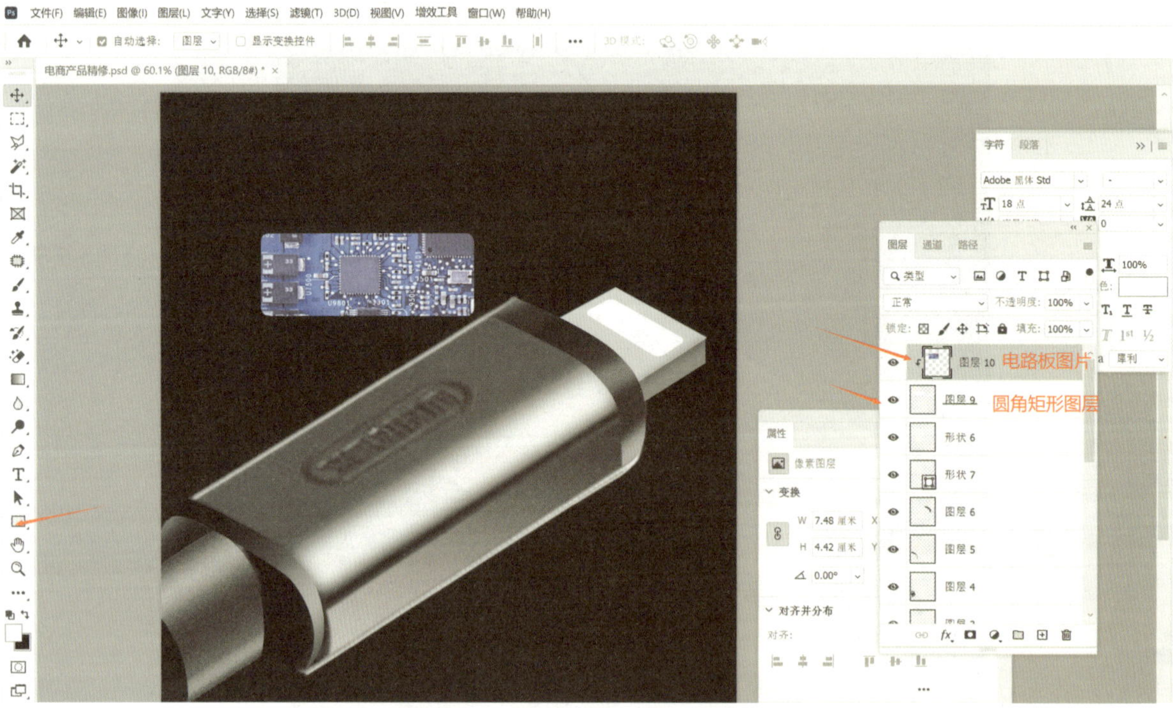

图 7-2-15 插入电路板图片素材

按“Ctrl+T”快捷键，调整图片角度。双击电路板图层，添加图层效果，选择内阴影，参数如图 7-2-16 所示。

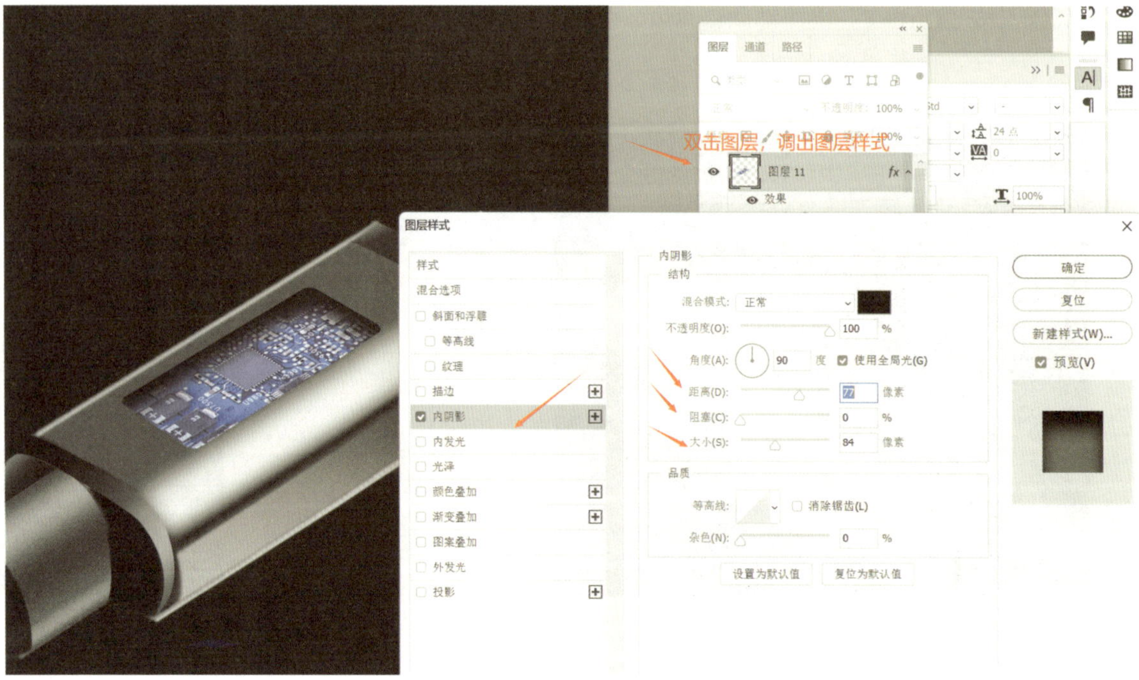

图 7-2-16 添加电路板图层内阴影

新建图层，选择画笔工具，将前景色编辑成蓝色，笔刷大小为 900 像素，绘制一点，如图 7-2-17 所示。

将笔刷大小调整成 500 像素，前景色调整成浅蓝，再绘制一点；将笔刷大小调整成 250 像素，前景色为白色，再绘制一点，如图 7-2-18 所示。

按“Ctrl+T”快捷键，配合 Shift 键，将圆点压扁形成科技线，如图 7-2-19 所示。

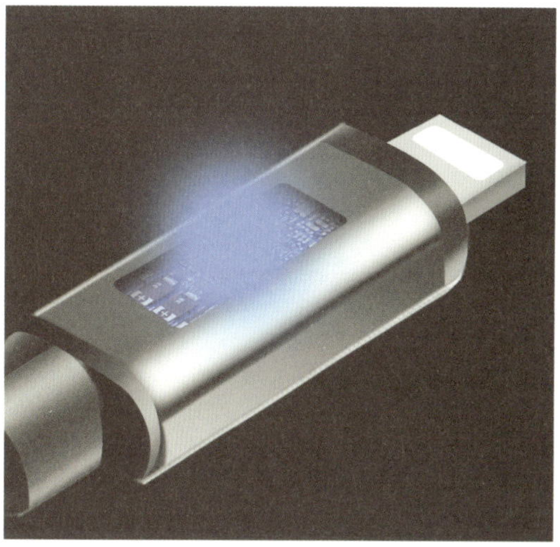

图 7-2-17 绘制一个蓝色点

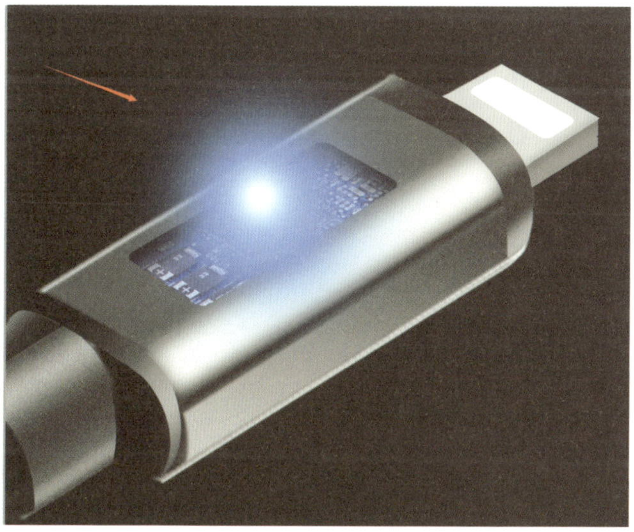

图 7-2-18 绘制浅蓝色点和白色点

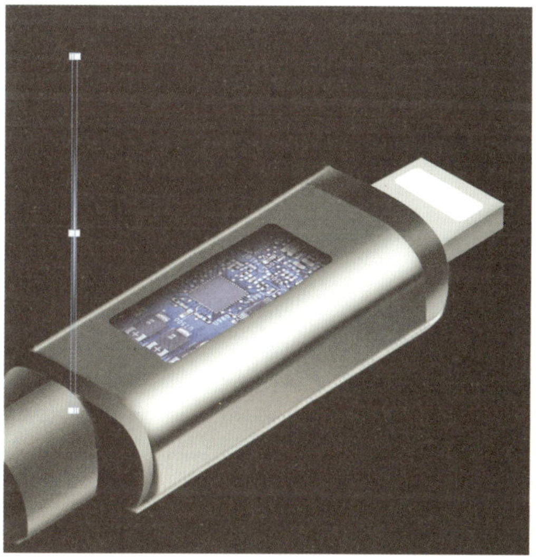

图 7-2-19 将圆点压扁形成科技线

将科技线复制摆放在不同位置上，增强科技感，如图 7-2-20 所示。

处理完成前后的效果对比，如图 7-2-21 所示。

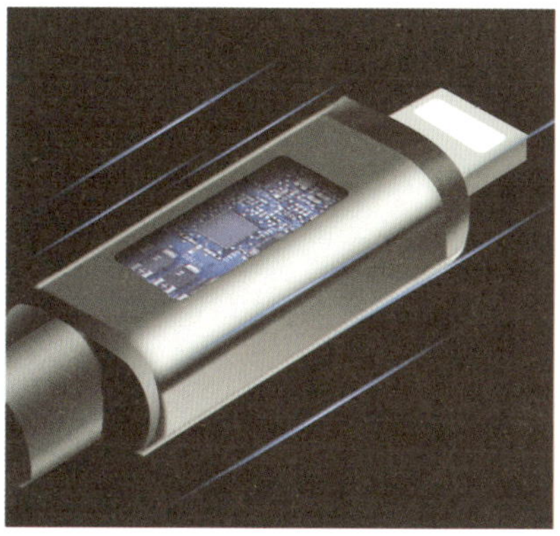

图 7-2-20 添加科技线后的效果

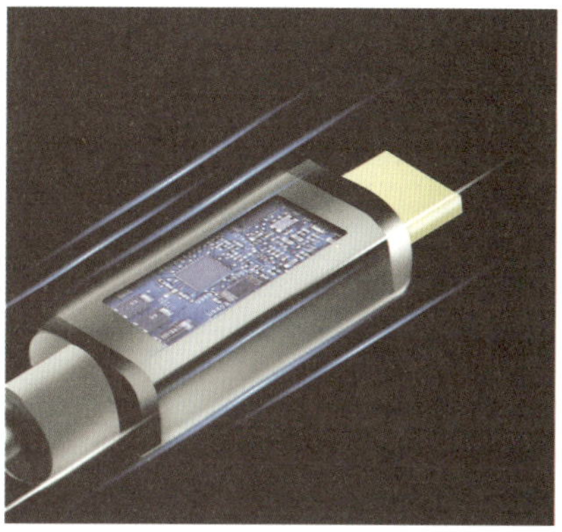

图 7-2-21 电商产品精修前后对比

拓展案例

扫码观看“珍贵民俗图片资料修缮”案例讲解视频。

随堂测试

1. 羽化工具的主要作用是（ ）。

A. 调整选区内部的颜色饱和度

B. 使选区边缘呈现渐变透明效果

C. 锐化选区边界以增强清晰度

D. 将选区的几何形状改为圆形

2. 在Photoshop中，“添加杂色”滤镜的主要作用是（ ）。

A. 平滑图像并减少噪点

B. 在图像中添加随机的颗粒状噪点

C. 增强图像边缘的清晰度

D. 创建动态模糊效果

单元作业

综合运用绘图与修图技巧完成图片的修复（扫码获取素材）。

单元测试

扫码获取试题。

项目 8

Photoshop 图片合成

◎ 授课目标

能够使用图片处理技巧完成图片合成效果的案例操作。

◎ 育人目标

1. 锻炼构图设计、光影协调与细节处理的逻辑思维，提升对视觉美学的感知力与创新表达能力。

2. 能够将多元素材自然融合，创作出符合商业需求或艺术理念的合成作品，为广告、电商等领域的实践奠定坚实基础，成为兼具技术与艺术素养的数字化创意人才。

任务 8.1 玻璃效果书法与水珠纹理的创意融合

微课视频

【课堂讨论】

简述书法艺术在数字创作中的应用。

在 Photoshop 中，利用图层混合、光影塑造等核心技法，可以实现玻璃效果与书法艺术的完美融合，并结合水珠纹理的动态韵律，赋予静态文字以流动的生命力与艺术张力。我们通过下面的案例进行学习。

首先新建画布（1080 像素 ×660 像素），拖入所有的素材，如图 8-1-1 所示。

图 8-1-1 新建画布→拖入素材

将“建筑背景”图层混合模式改为“叠加”，对底部的玻璃水珠素材进行饱和度调整，参数如图 8-1-2 所示。

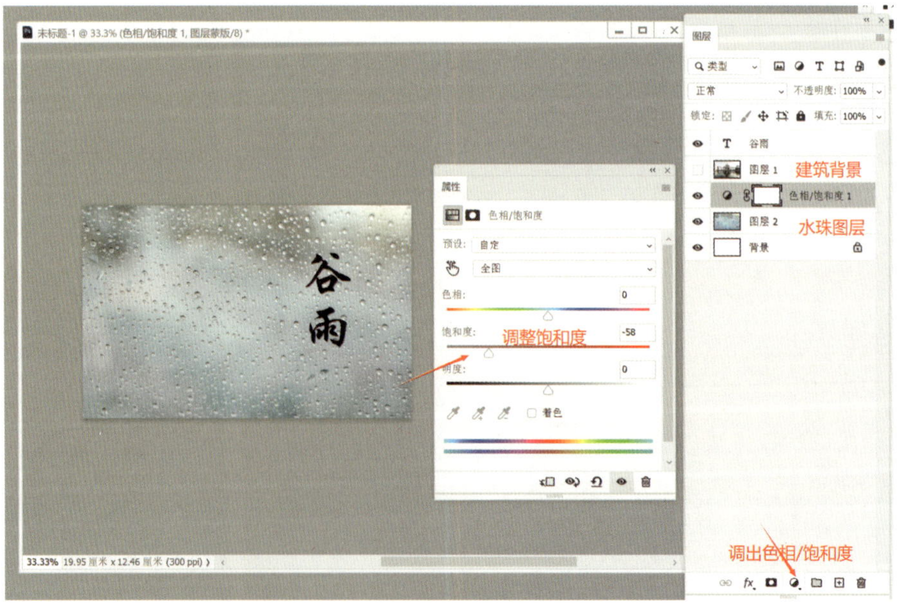

图 8-1-2 调整玻璃水珠饱和度

接下来添加“图像”→“调整”→“曲线”进行提亮，然后再添加一层进行加强对比使玻璃质感更加通透，如图 8-1-3 所示。

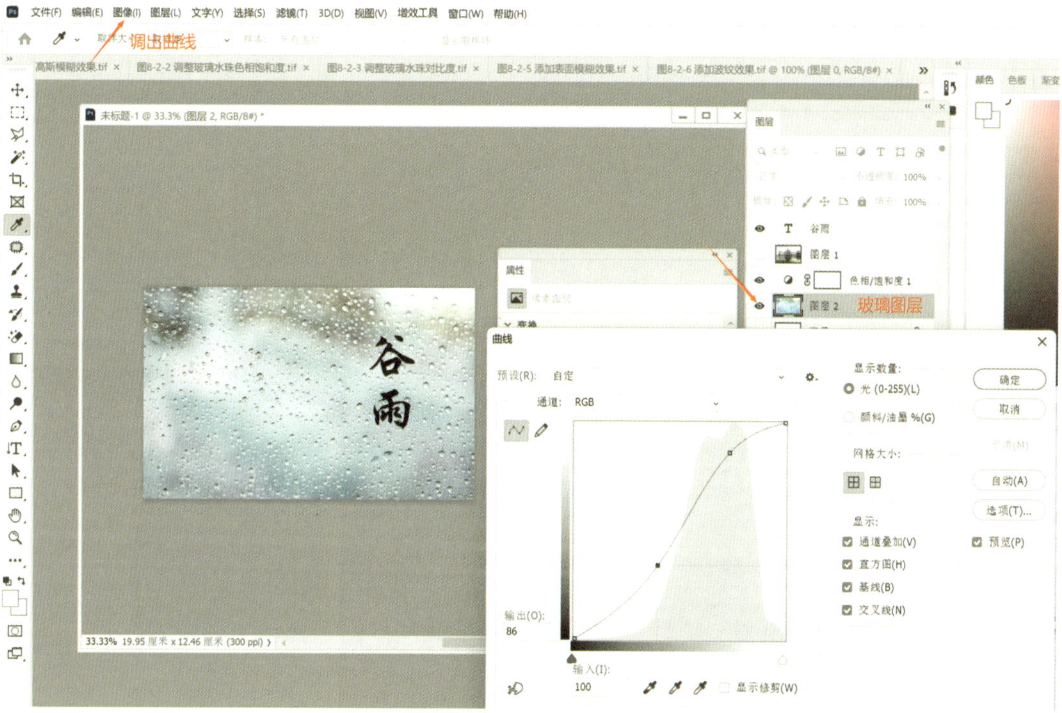

图 8-1-3 调整玻璃水珠对比度

然后对背景素材添加“高斯模糊”，半径设置为 4.6 像素，如图 8-1-4 所示。

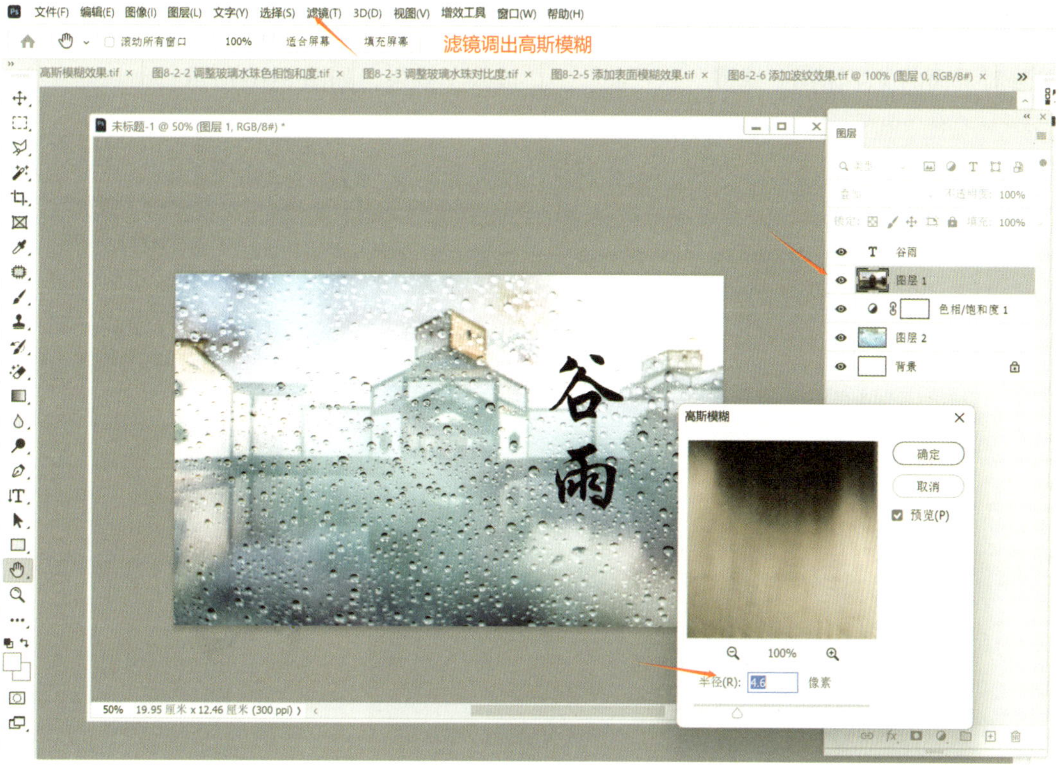

图 8-1-4 添加高斯模糊效果

选择文字图层栅格化，模式为“叠加”。复制一层背景水珠层创建剪切蒙版，添加“表面糊”，并调整阈值参数，如图 8-1-5 所示。

图 8-1-5　添加表面模糊效果

接着对下面的文字添加“滤镜”→“曲”→“波纹”效果，如图 8-16 所示。

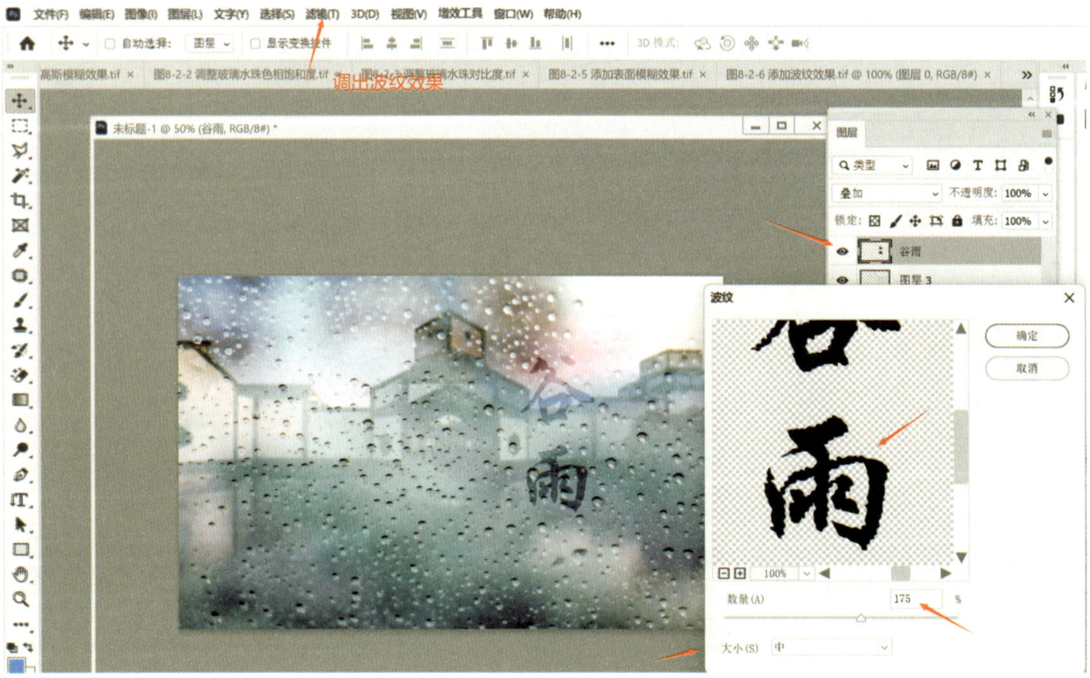

图 8-1-6　添加波纹效果

最后对文字添加“投影”效果，参数如图 8-1-7 所示，完成后效果如 8-1-8 所示。

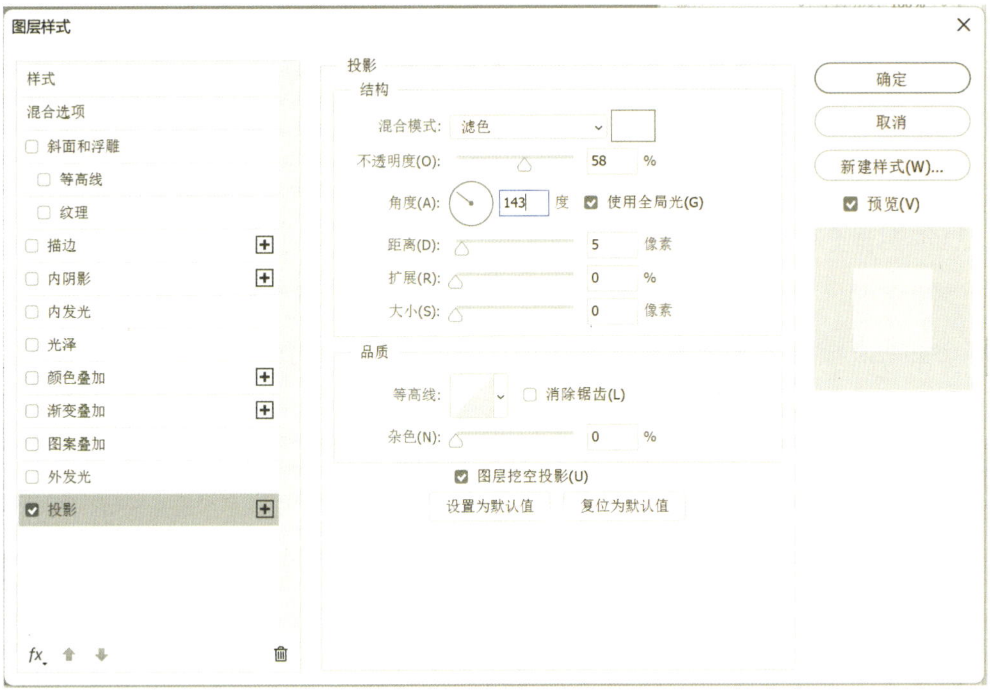

图 8-1-7 添加投影效果

图 8-1-8 完成后效果

拓展案例

扫码观看“相框实景合成”案例讲解视频。

随堂测试

1. 在 Photoshop 中，为文字图层添加“投影”效果的正确操作路径是（　　）。

A. 图层→图层样式→混合选项→投影　　B. 滤镜→扭曲→投影

C. 图像→调整→投影　　D. 选择→修改→投影

2. 为了制作看起来真实的水珠，下列哪项参数调整是必须的？（　　）

A. 增加亮度　　B. 调整水珠的阴影和高光

C. 应用色彩平衡　　D. 减少对比度

任务 8.2　“茶”字书法与中国风海报设计

微课视频

【课堂讨论】

简述创意书法在海报设计中的应用。

打开 Photoshop，按“Ctrl+N”快捷键新建一个 794 像素 ×1092 像素的文档，把抠好的茶壶图片放入到画面中。按“Ctrl+G”快捷键组成一组，然后将其复制一层。然后将“茶”字素材置入画面中，调整一下位置，将字放到茶壶的后面，如图 8-2-1 所示。

图 8-2-1　把书法“茶”字与茶具结合

接下来给书法字体做一些笔触效果，让其显得更飘逸。这里需要注意的是要根据笔画的走势和顺序添加笔触。在导入笔刷素材后，调整位置和方向，创建蒙版，用橡皮擦工具擦除多余的地方，做出飞白的效果，并填充与“茶”字一样的颜色（使用“Alt+Shift+Delete”快捷键锁定透明像素填充前景色），如图 8-2-2、图 8-2-3 所示。

图 8-2-2　导入笔刷素材

图 8-2-3　擦除多余笔画并填充颜色

“茶”字的笔触效果添加完成后，按“Ctrl+E”快捷键将所有关于“茶”字的图层合并。按“Alt+Delete”快捷键将“茶”字填充为黑色，如图 8-2-4 所示。

图 8-2-4　合并“茶”字相关图层并填充黑色

置入一张材质素材图，按“Ctrl+T”快捷键调整大小，制作图案字。按住 Alt 键，同时单击图层键，创建剪切蒙版，给字体添加材质效果，将图层混合模式改为“点光”，如图 8-2-5 所示。

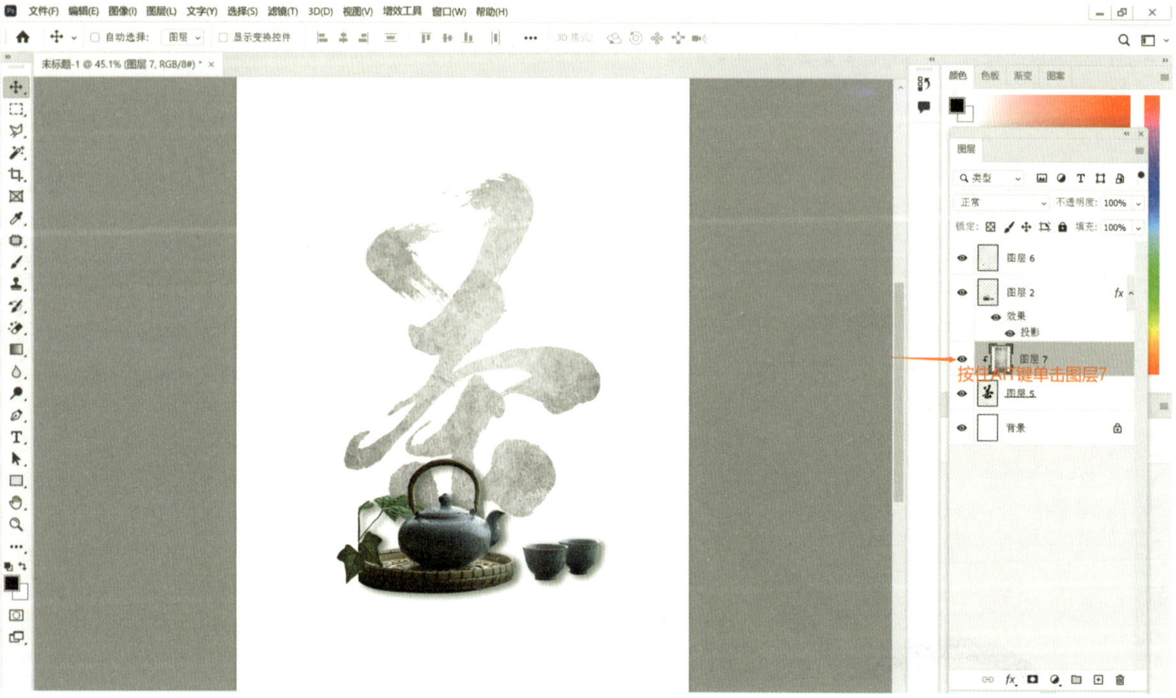

图 8-2-5　给文字添加效果和材质

图 8-2-5 给文字添加效果和材质（续）

导入一张具有空间感的背景图片放在最下方，如图 8-2-6 所示。

图 8-2-6 添加背景图

最后进行细节的调整，案例就完成了。

随堂测试

1. 在设计中国风海报时，以下哪种元素是最能体现中国传统文化的？（　　）

A. 使用大胆的几何图形　　B. 采用传统中国水墨画风格

C. 应用西方的抽象艺术风格　　D. 集成现代摄影元素

2. 在进行“茶”字书法创作时，哪种笔触技巧是首先需要掌握的？（　　）

A. 抽象笔触　　B. 对称绘制

C. 稳重的起笔与收笔　　D. 无序的涂鸦风格

任务 8.3　电商海报立体设计与快速出图

微课视频

【课堂讨论】

提升电商海报的视觉效果与转化率

在营销中，一张兼具创意与效率的电商海报往往能瞬间抓住消费者的眼球，成为提升转化率的关键。下面我们通过一个案例来学习 Photoshop 的立体设计技巧，解锁海报的层次感与视觉冲击力。

首先，按“Ctrl+N”快捷键新建文档，拖入产品图片，调整位置和大小；新建图层，使用选框工具选择画布，填充深灰色，渐变处理。背景图层应简洁，以免影响浏览。

拖入文案，水平居中到画布，单击图层面板下方的“图层样式”按钮，给文字添加“投影”效果，如图 8-3-1 所示。

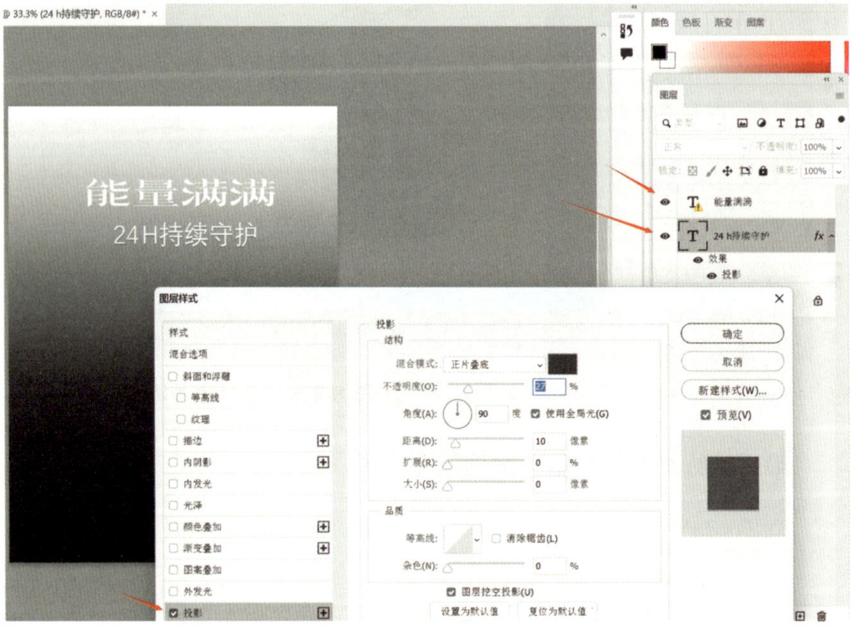

图 8-3-1　加入投影效果

拖入数据线图片，调整位置，单击图层面板右下角“添加蒙版”按钮，用画笔工具将多余的部分擦掉。添加数据线这样的配件，能在二维平面上创造一些空间感。

使用圆角矩形工具创建矩形，填充白色；按“Ctrl+J”快捷键复制，按“Ctrl+T”快捷键调整大小和旋转角度，做出钟表的样子，如图 8-3-2 所示。

拖入气泡球和文案，按“Ctrl+T”快捷键调整大小和位置；给文字图层“添加蒙版”，使其更加有层次感，如图 8-3-3 所示。

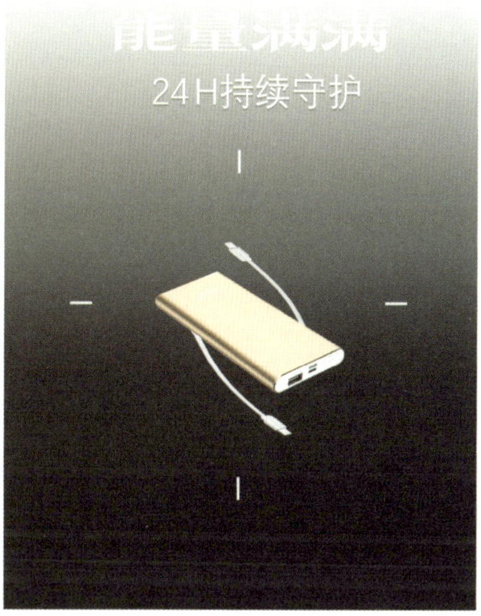

图 8-3-2 创建白色矩形

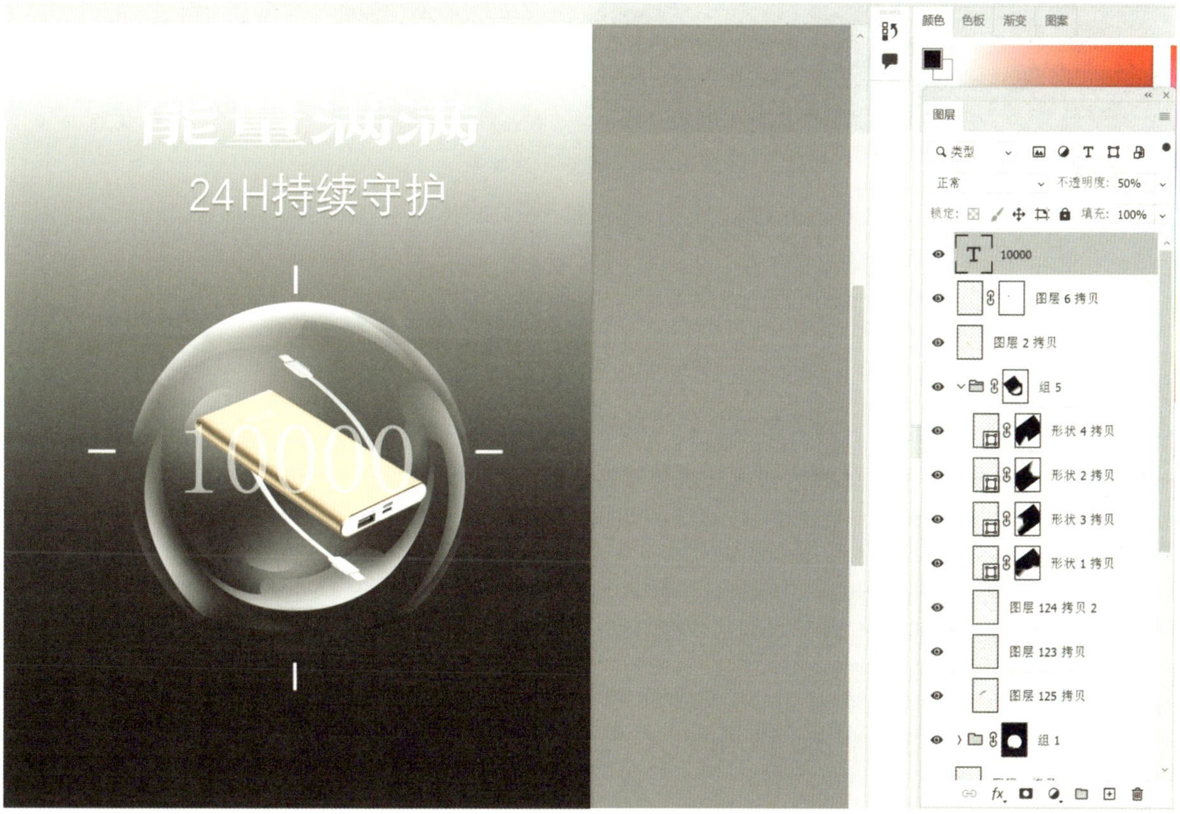

图 8-3-3 加入气泡和文案

再次回到数据线填充上方新建图层，按“Ctrl+Alt+G”快捷键创建剪切蒙版，绘制阴影，设置“不透明度”为 10% 增加立体感。按“Ctrl+J”快捷键复制产品，向下稍微移动，填充黑色，设置“高斯模糊”13px，降低图层“不透明度”为 30%，得到产品的投影。按“Ctrl+M”快捷键创建曲线，整体稍微压暗，提升质感，如图 8-3-4 所示。

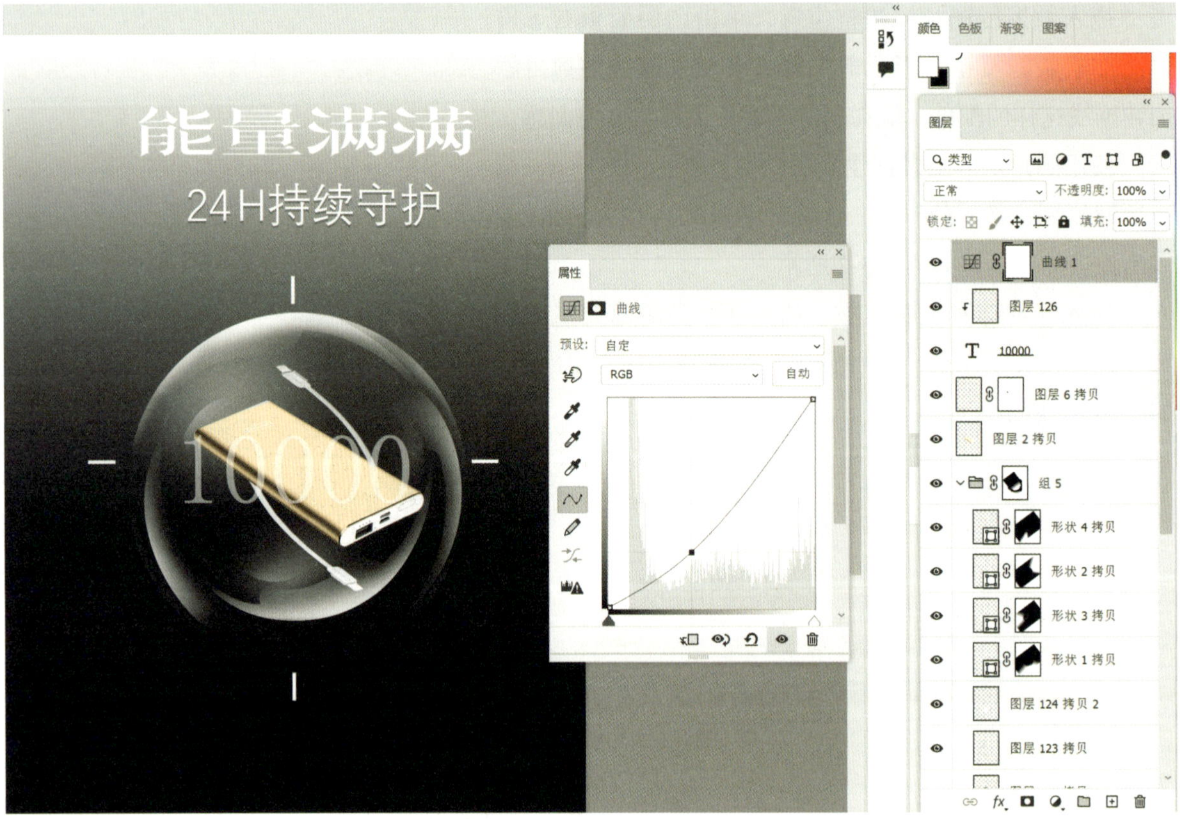

图 8-3-4　调整气泡效果

随堂测试

1. 请判断对错：设计电商海报应使用复杂的字体以吸引注意。（　　）
2. 请判断对错：立体感的创造只依赖于高级的图形处理技术。（　　）

单元作业

制作电商详情页（扫码获取示例）。

单元测试

扫码获取试题。

项目 9

Photoshop 插画绘制

◎ 授课目标

熟练掌握绘画工具组的使用技巧，能够完成扁平插画的绘制。

◎ 育人目标

1. 掌握 Photoshop 插画绘制的核心技法，熟练运用软件工具实现从创意构思到细节刻画的全流程创作，提升对构图、色彩、光影的把控能力。

2. 培养以数字工具为载体的艺术创作能力与商业实践素养，为职业发展与个人艺术表达奠定坚实基础。

任务 9.1 扁平卡通人像绘制

微课视频

【课堂讨论】

除图层的混合样式，还有其他制作噪点肌理的方法吗？

在这个追求个性化表达的时代，扁平卡通风格因其简洁明快的视觉语言和充满张力的表现力，正成为社交媒体、品牌 IP、表情包设计的宠儿。下面，我们通过一个案例来解锁用 Photoshop 绘制扁平卡通人像的创作密码。

执行“文件”→“新建”命令，打开新建面板，创建一个 1500 像素 ×1500 像素的文档。分辨率设置为 300 像素 / 英寸，单击“创建”按钮，如图 9-1-1 所示。

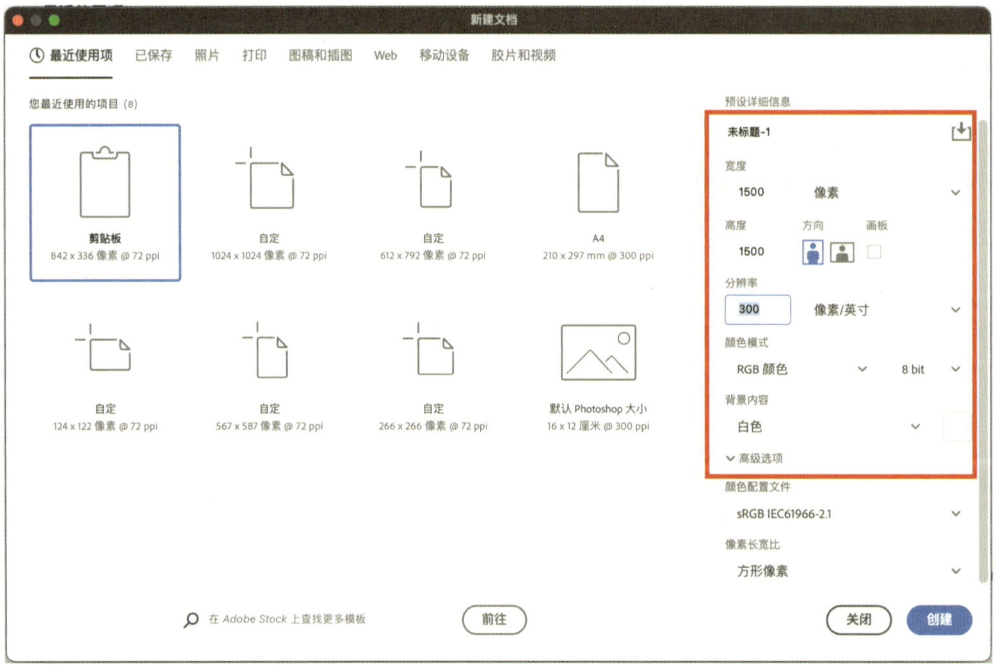

图 9-1-1 新建画布

在左侧工具栏选择椭圆工具。然后按住 Shift 键，同时按住鼠标右键拖动，绘制一个正圆形，用来绘制人物的脸部，如图 9-1-2 所示。

然后找到右侧面板中的属性面板，也可以通过执行“窗口”→“属性”命令来调出属性面板。

在属性面板下方找到“外观”设置选项，调整圆形的颜色与描边样式。单击“填色”选项，设置一个与肤色接近的颜色，或者将拾色器的 CMYK 的色值设为“C：0 M：29 Y：29 K：0”，并去除描边颜色，得到一个接近肤色的圆形，如图 9-1-3 所示。

图 9-1-2　绘制人脸

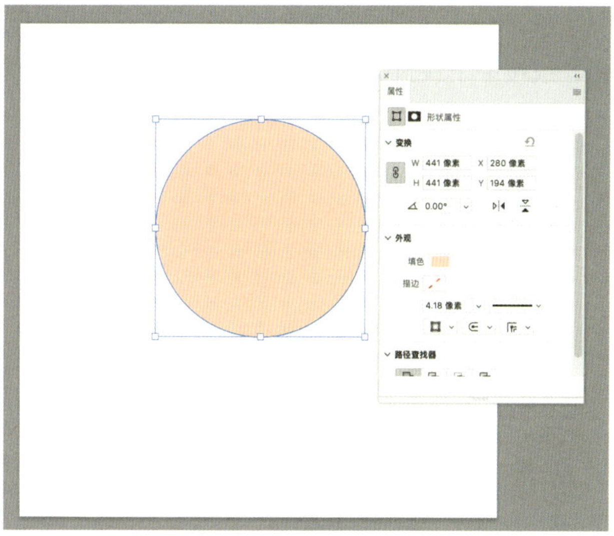

图 9-1-3　填充肤色

使用左侧工具栏中的直接选择工具，来调整整体的轮廓，使之更像一个人脸，如图 9-1-4 所示。

再使用自由变换功能（快捷键为“Ctrl+T”），对人物脸部进行微调。

使用左侧工具栏的矩形工具，绘制人物的脖子，如图 9-1-5 所示。绘制完之后，关注右侧图层面板中的图层顺序，并为图层命名，如图 9-1-6 所示，以便后续操作中迅速检索并定位到图层。

图 9-1-4　调整脸型

图 9-1-5　绘制脖子

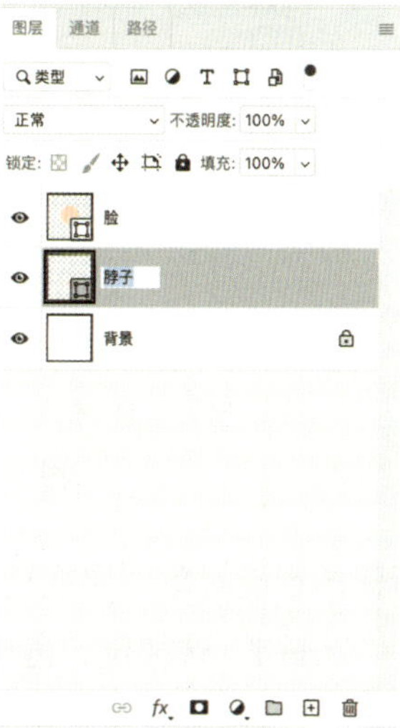

图 9-1-6　给图层命名

在“脖子”图层上方绘制耳朵。依然使用椭圆工具来绘制。单击左侧工具栏中的移动工具按钮，或按一下快捷键“V”，单击绘制好的圆形，再按住 Alt 键同时拖动圆形，复制出一个圆，作为耳垂。再使用“Ctrl+T”快捷键微调外观，如图 9-1-7 所示。

图 9-1-7　绘制耳朵

在图层面板中同时选中刚刚绘制完成的两个圆形。单击鼠标右键，选择“转换为智能对象”命令。这样耳朵就成为一个单独的图层，便于后续的修改和绘制，如图 9-1-8 所示。

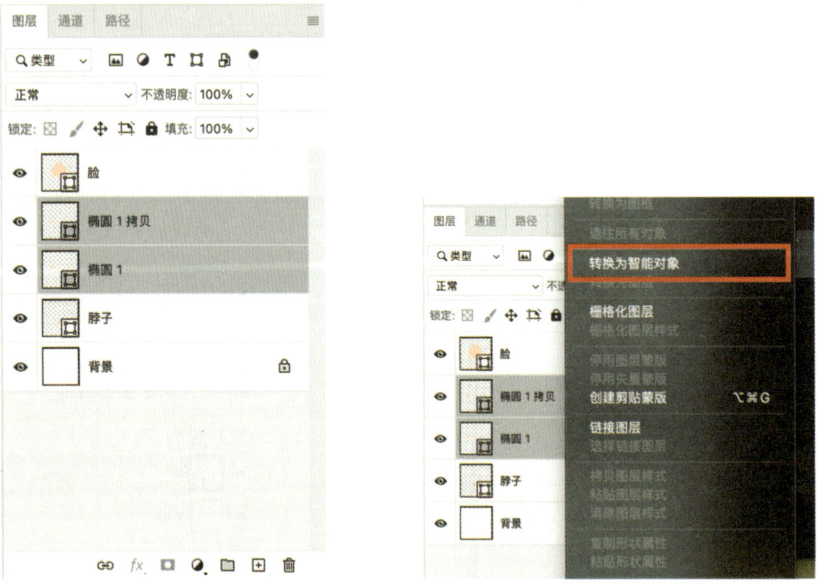

图 9-1-8　把耳朵转换为智能对象图层

将刚刚新建的智能对象图层拖动到图层面板下方的“+”号按钮上，这样就复制出了一个新的图层。然后按“Ctrl+T”快捷键，再单击鼠标右键，选择“水平翻转”命令。再拖动到脸的另一侧，如图 9-1-9 所示。这样耳朵的外形就绘制完成了。

图 9-1-9　复制另一侧耳朵

接下来绘制人物的衣服。使用椭圆工具绘制一个椭圆放到脖子的下方。但是在图层面板中，需要将衣服的图层放置到脖子的上层。然后将圆形的颜色改为蓝色，如图 9-1-10 所示。

图 9-1-10　绘制衣服

再使用矩形工具绘制衣服的领子。在属性面板中调整矩形的圆角数值，可以将数值输入为 40 像素，领子就变成了一个圆角的矩形。再改变衣领的颜色，如图 9-1-11 所示。

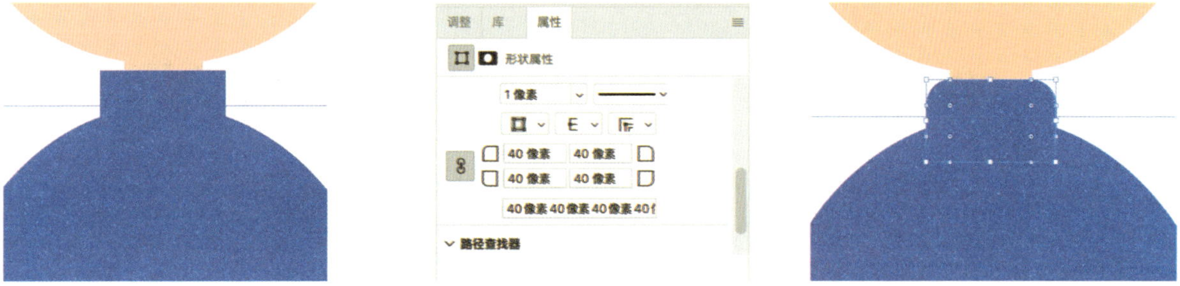

图 9-1-11　绘制衣领

使用钢笔工具绘制人物的发型。分别绘制头发、刘海与鬓角。注意要将身后的头发的图层放置到最底层，如图 9-1-12 所示。

接下来绘制人物的眼睛。方法类似，使用椭圆工具分别绘制眼珠、虹膜与瞳孔。虹膜的颜色设置成渐变，瞳孔设置成黑色，如图 9-1-13 所示。

复制眼珠的图层，将颜色调整成与发色接近的颜色。再将复制出的图层调整到眼珠图层的下方，这样，睫毛就绘制完成了。眼睛的基本形状就绘制好了，如图 9-1-14 所示。

图 9-1-12 绘制发型

图 9-1-13 绘制眼睛

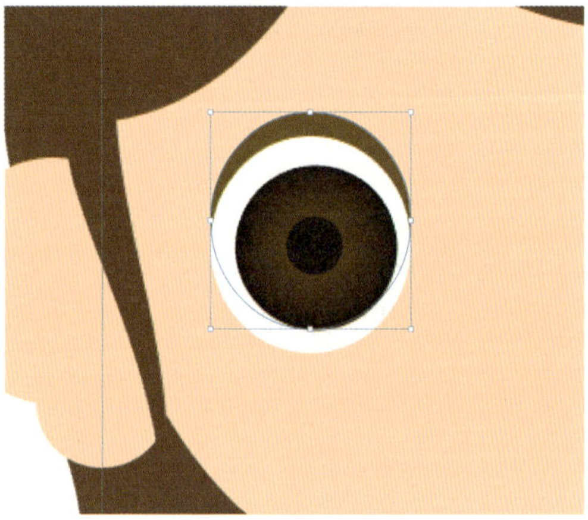

图 9-1-14 绘制睫毛

选中眼睛的所有相关图层，使用“Ctrl+G”快捷键进行编组，并复制。拖动到脸部的另一侧，这样，两只眼睛就绘制好了，如图 9-1-15 所示。

在对应的眼睛的图层组里，新建一个图层，使用白色画笔，绘制眼睛的高光，如图 9-1-16 所示。

图 9-1-15 编组后复制另一侧眼睛

图 9-1-16 绘制眼睛高光

使用钢笔工具绘制人物的眉毛。绘制好一侧之后，复制到另一侧即可，图 9-1-17。

使用钢笔工具勾勒出人物的嘴巴和鼻子，以及其他的一些细节，如图 9-1-18 所示。

图 9-1-17　绘制眉毛

图 9-1-18　绘制嘴巴和鼻子

接下来，继续添加一些细节纹理。我们从头发开始入手。找到头发的图层，单击图层面板下方的“+”号按钮，新建图层。用鼠标右键单击新建的图层，选择“创建剪贴蒙版”命令。然后使用画笔工具，调整画笔的硬度，将硬度调整成最低。选择一个相较于原本发色明度更高，纯度更高的颜色。沿着头发的边缘进行涂抹，以增加质感，如图 9-1-19 所示。

图 9-1-19　调整头发质感

画完之后，选择该图层，调整图像的“混合样式”，选择“溶解”。此时，头发边缘的颜色会有明显的颗粒感，如图 9-1-20。

使用同样的方法来绘制头发的暗部。刘海与鬓角的明暗质感，此时需要注意的是图层的堆叠顺序，如图 9-1-21 所示。

使用相同的方法绘制头发的丝缕细节，以及脸部与服装的细节，如图 9-1-22 所示。

图 9-1-20 修改图层模式增强头发质感

图 9-1-21 调整头发质感

图 9-1-22 绘制脸部和服装细节

随堂测试

1. 在 Photoshop 中，使用形状工具绘制图形时，如果想要绘制一个正圆形，需要同时按住哪个键？（ ）

A. Shift　　B. Ctrl

C. Alt　　D. Command

2. 在 Photoshop 中，使用“溶解”图层样式时，通常用于创建哪种效果？（ ）

A. 渐变效果　　B. 噪点效果

C. 阴影效果　　D. 光泽效果

任务 9.2 拟物化收音机图标绘制

微课视频

【课堂讨论】

调整图层样式能实现哪些效果？

数字界面往往追求个性与温度，拟物化图标以其对现实世界的细腻复刻与艺术化重构，成为连接用户情感与功能交互的桥梁。下面我们以绘制拟物化收音机图标为例，一步步揭秘如何用数字画笔赋予图标立体的触感与生动的灵魂。

打开软件，执行“文件”→“新建”命令，新建一个 1500 像素 ×1500 像素的文档，分辨率设置为 300 像素 / 英寸。

图 9-2-1 绘制收音机外形

使用左侧工具栏中的矩形工具，按住 Shift 键，创建一个正方形。在右侧属性面板中调整图形的外观。填充一个灰色作为收音机的底色，并去掉描边。将圆角设置为 90 像素，如图 9-2-1 所示。

调整之后，在图层面板中，拖动刚刚绘制的图形至“+”上，复制一个。将新复制的圆角矩形去掉填充颜色，并添加灰色描边，再调整描边粗细。分别命名两个图层，如图 9-2-2 所示。

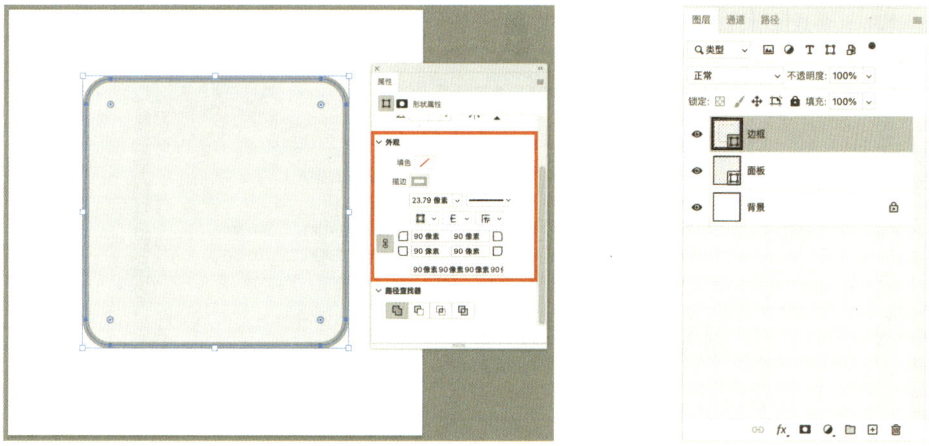

图 9-2-2 绘制收音机边框

接下来绘制音箱喇叭。使用矩形工具绘制一个长条形矩形，并放置到音箱的正面。在属性面板上调整外观。使用移动工具选中新绘制的长条形，按住“Alt+Shift”键并拖动，复制出一个新的长条形。使用同样的方法再复制出多个，形成喇叭的孔洞阵列，如图 9-2-3 所示。

图 9-2-3　绘制收音机喇叭

按 Ctrl 键，同时选中最上方与最下方的长条形状，然后按“Ctrl+T”快捷键进行水平方向的缩小变化。调整成收音机喇叭网面效果，如图 9-2-4 所示。

使用矩形工具在喇叭下方绘制一个宽一些的长方形，拖动四角上的圆点调整长方形的圆角。将圆角调整成合适大小，如图 9-2-5 所示。

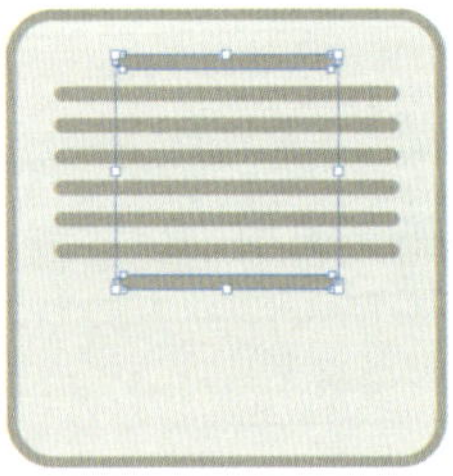

图 9-2-4　绘制喇叭

图 9-2-5　调整圆角

使用矩形工具在新绘制的圆角矩形上方再绘制一个细一些的长条矩形。并设置成较深的灰色。作为收音机上的滑块轨道，如图 9-2-6 所示。

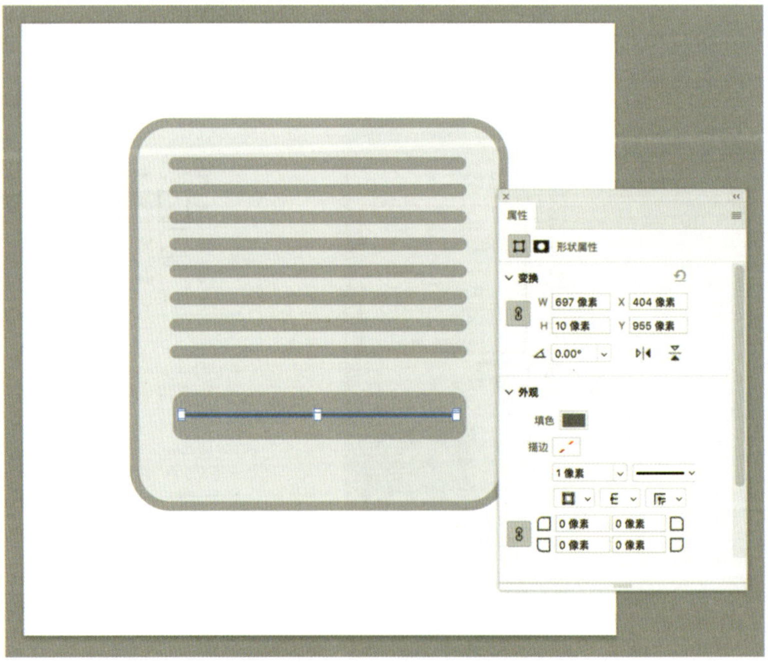

图 9-2-6　绘制滑块轨道

选择喇叭孔洞的图层，并双击图层以调出图层样式面板。在右侧“样式”选项栏中找到“斜面和浮雕”，并勾选。在左侧主面板中调整“深度”“大小”“软化”。并调整阴影的颜色为灰色，图 9-2-7。

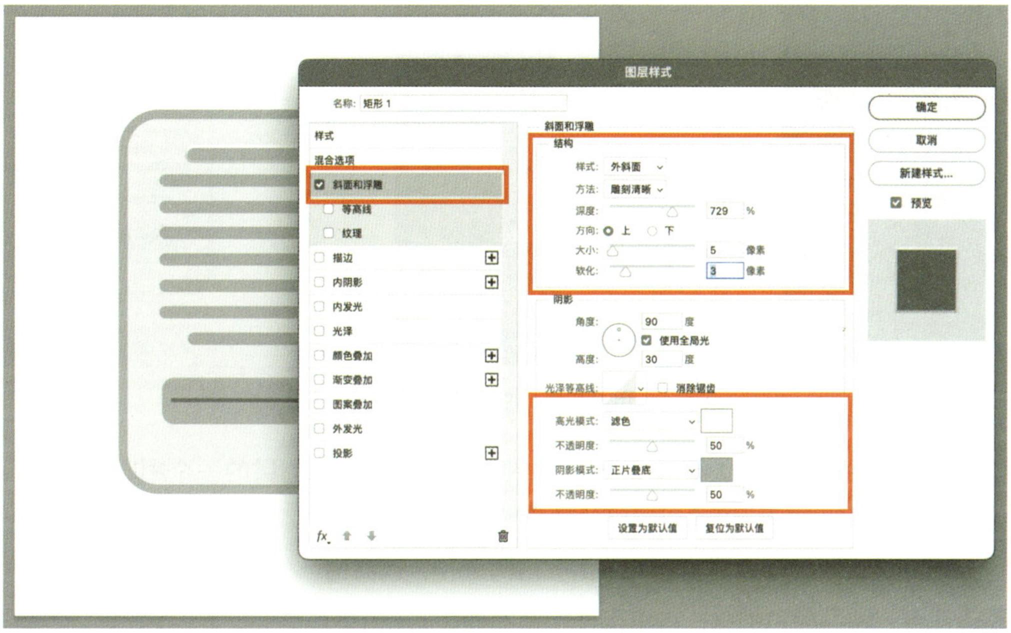

图 9-2-7　调整喇叭孔洞效果

再单击“内阴影”并勾选。选择混合模式为“正片叠底”，颜色选择黑色，调低不透明度。微调“角度”“距离”“阻塞”和“大小”到合适的样式。需要注意的是，不能勾选“使用全局光”。单击“确定”按钮后，一个单独的孔洞就设置好了，如图 9-2-8 所示。

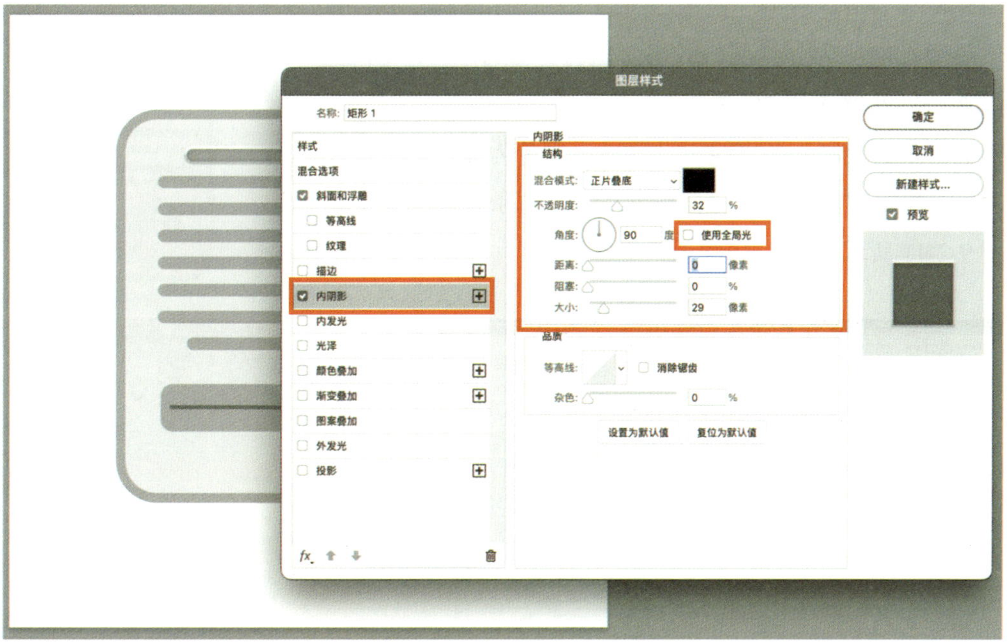

图 9-2-8　调整孔洞效果参数

在图层面板中选中刚刚设置好的图层，单击鼠标右键，选择“拷贝图层样式”命令。再同时选中其余的孔洞的图层。选中之后单击鼠标右键，执行“粘贴图层样式”命令。这样，喇叭孔洞的立体效果就做好了，如图 9-2-9 所示。

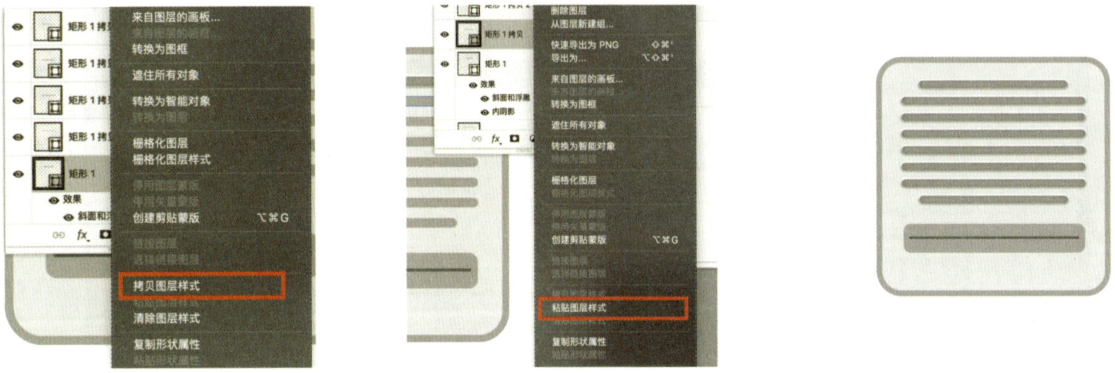

图 9-2-9　拷贝图层样式

接着再绘制一个喇叭里的纱网的效果。在图层面板中选择最上层的一个喇叭孔洞图层，并复制。然后双击新复制的图层，以改变图层的样式。

将“斜面和浮雕”效果取消勾选。单击“内阴影”，调高内阴影的不透明度，使其颜色加深。再单击并勾选左侧样式栏中的“描边”，将描边的大小设置为 1 像素。描边颜色设置成一个较深的灰色。

再单击并勾选左侧样式栏中的“颜色叠加”，设置一个深灰色，如图 9-2-10 所示。

图 9-2-10　绘制喇叭网纱

调整刚刚设置好的孔洞。使用“Ctrl+T”快捷键调整成合适大小。然后添加喇叭内部纱网的效果。执行“文件”→“新建”命令，新建一个 20 像素 ×20 像素大小的文档。在新建的文档中，使用“钢笔”工具绘制一条直线，设置描边颜色为深灰色。按住“Alt+Shift”快捷键向水平方向复制出 4 条，每条线间隔 4 个像素，如图 9-2-11 所示。

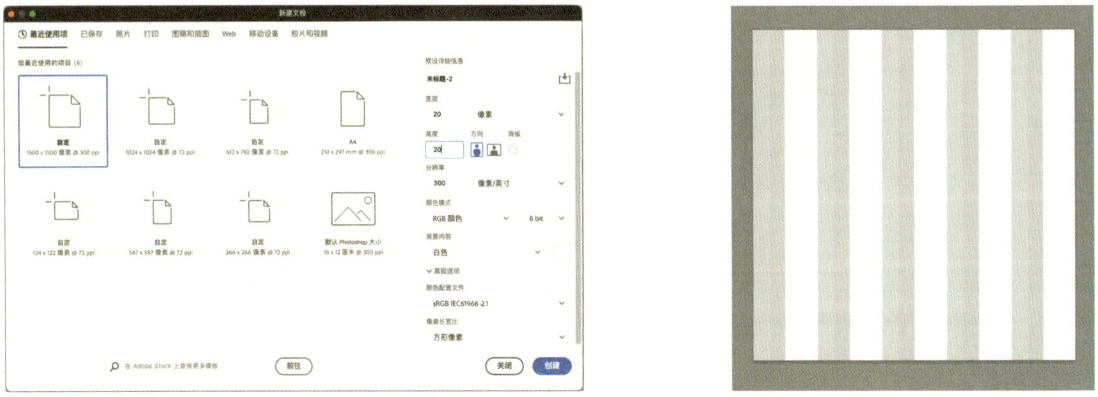

图 9-2-11　复制网纱

在“图层”面板中同时选中五条直线的图层，并复制。按“Ctrl+T”快捷键进行变换，旋转 90°，使画面形成纵横交错的网状结构。然后隐藏“背景”图层。

执行“编辑”→“定义图案”命令。此时可以在弹出的“图案名称”窗口中设定图案的名称，以便后续检索，如图 9-2-12 所示。

图 9-2-12　定义图案

回到收音机的文档中，找到之前设置好的小孔洞图层，双击调出图层样式面板。在左侧“样式”栏里勾选“图案叠加”，在右侧图案库中即可以看见新建的网纱图案。然后调整图案的不透明度，并缩放到合适大小，如图 9-2-13 所示。

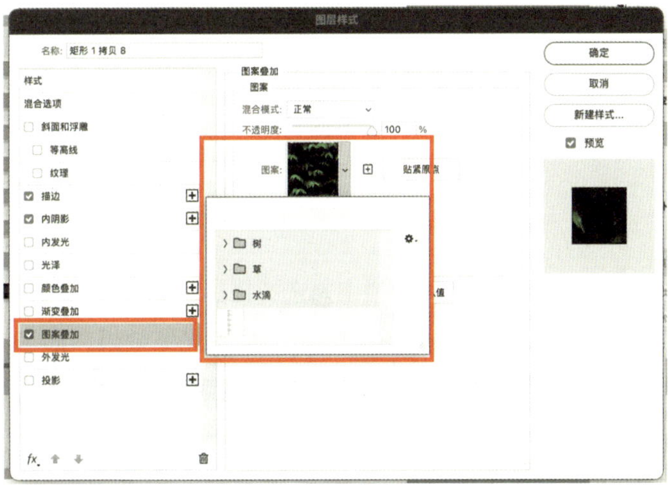

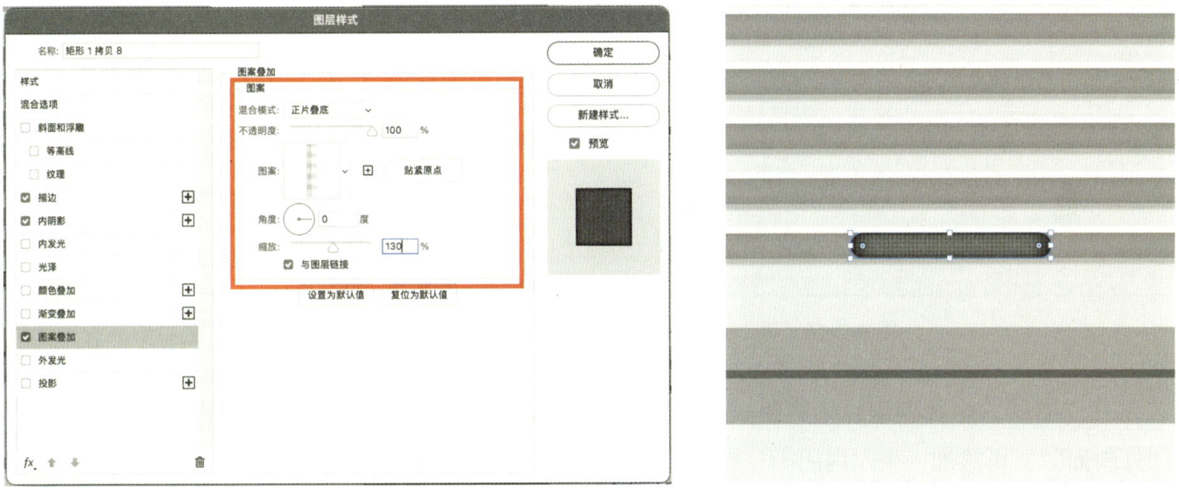

图 9-2-13　设置图案叠加效果

把新建的小孔洞放到合适的位置，并复制出若干个，摆放成适合的样式，如图 9-2-14 所示。

图 9-2-14 复制孔洞

接下来绘制调节旋钮面板的效果。在“图层”中找到目标图层，并双击。先设置“斜面和浮雕”效果。“样式”选择“内斜面”，“方法”选择“雕刻清晰”，“大小”设置到合适效果，“软化”调节至最低。再加深阴影颜色，如图 9-2-15 所示。

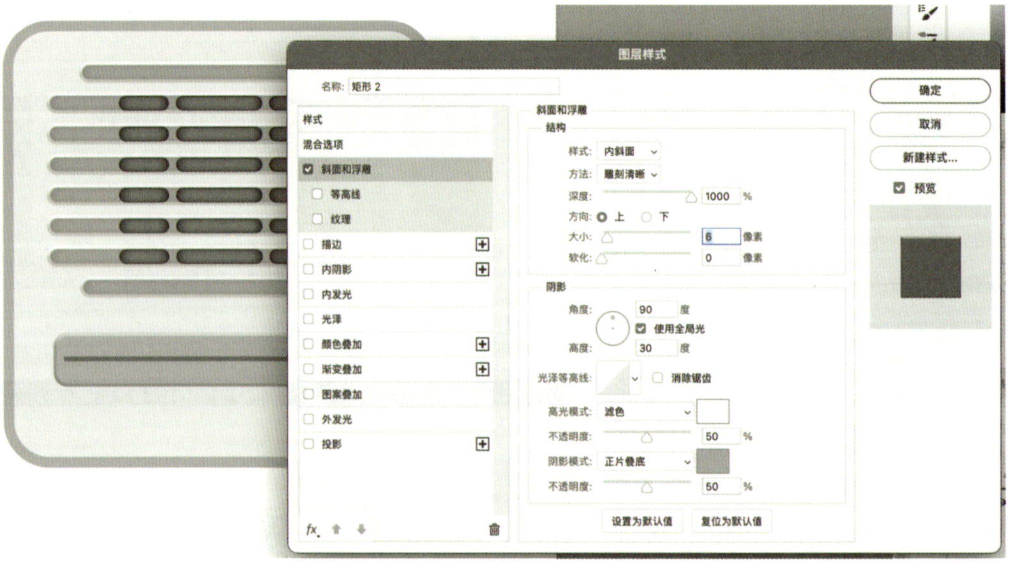

图 9-2-15 添加图层样式

再依次在“样式”栏中勾选“描边”和“渐变叠加”。在“渐变叠加”中设置一个高反差渐变色以模拟金属效果。再添加一个“内发光”效果，即可完成，如图 9-2-16、图 9-2-17 所示。

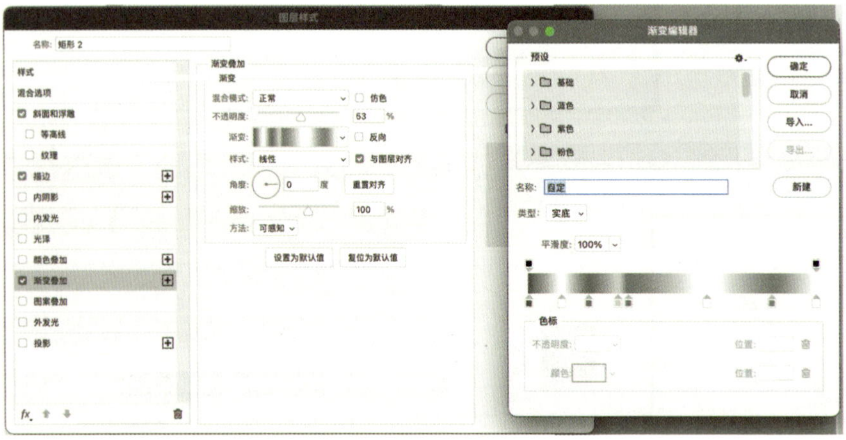

图 9-2-16 添加图层效果

图 9-2-17 旋钮面板最终效果

在“图层”中找到细长条旋钮轨道的图层并双击，创建“斜面和浮雕”效果，“样式”选择“外斜面”，再添加一个“内阴影”效果，如图 9-2-18 所示。

图 9-2-18 添加图层效果

接下来为这个金属条添加金属拉丝效果，使其更有质感。找到金属条的图层，单击下方“+”按钮在上方建立一个新的图层。再单击金属条图层，按住 Ctrl 键并单击金属条图层，此时会根据图层内部画面的形状自动建立选区。然后再单击刚刚新建的图层。执行“滤镜”→“渲染→“纤维”命令，创建一个纤维效果，如图 9-2-19 所示。

将新建的纤维的图层调整成“正片叠底”图层混合样式，并调整不透明度，形成一种隐隐约约的金属拉丝效果，如图 9-2-20 所示。

接下来绘制收音机的调节旋钮。使用椭圆工具，按住 Shift 键绘制一个正圆形。填充灰色，并去掉描边。然后复制一个，去掉填充颜色，并设置一个深灰色描边，如图 9-2-21 所示。

图 9-2-19 执行滤镜→渲染→纤维效果

图 9-2-20 制作金属拉丝效果

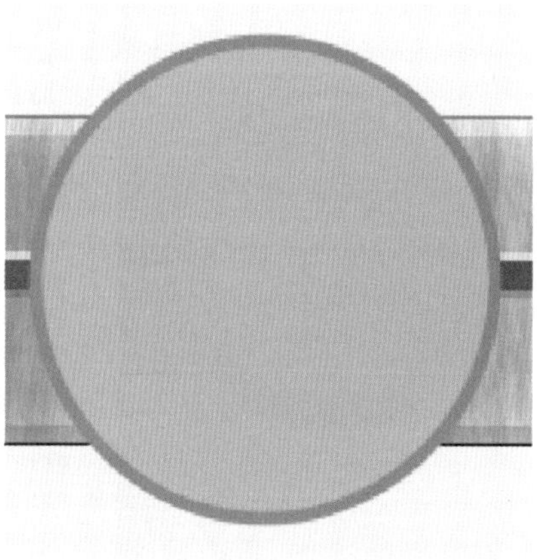

图 9-2-21 绘制旋钮

再将刚刚绘制的仅描边的圆形图层复制一层，将描边加粗，设置“描边选项”为虚线，即绘制出了旋钮上凹凸的表面形状。然后将这两个环状图形同时选中，单击鼠标右键，执行“创建智能对象”命令，如图 9-2-22 所示。

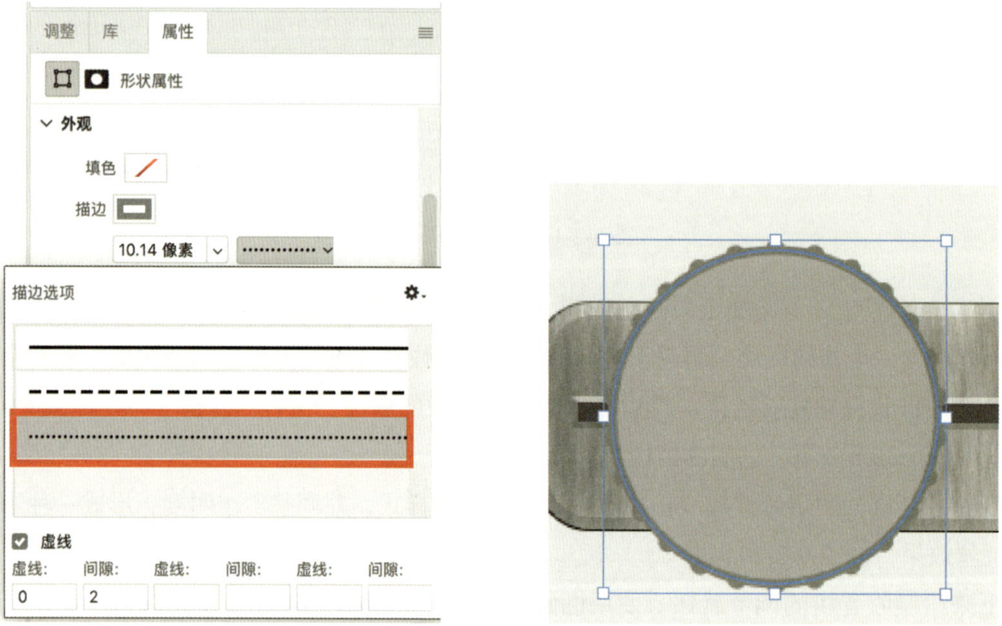

图 9-2-22　绘制旋钮边

选择灰色圆形图层，并双击，通过调整图层样式来设置旋钮表面效果。依次添加“斜面和浮雕”“描边”“内阴影”“渐变叠加”等效果，如图 9-2-23 所示。

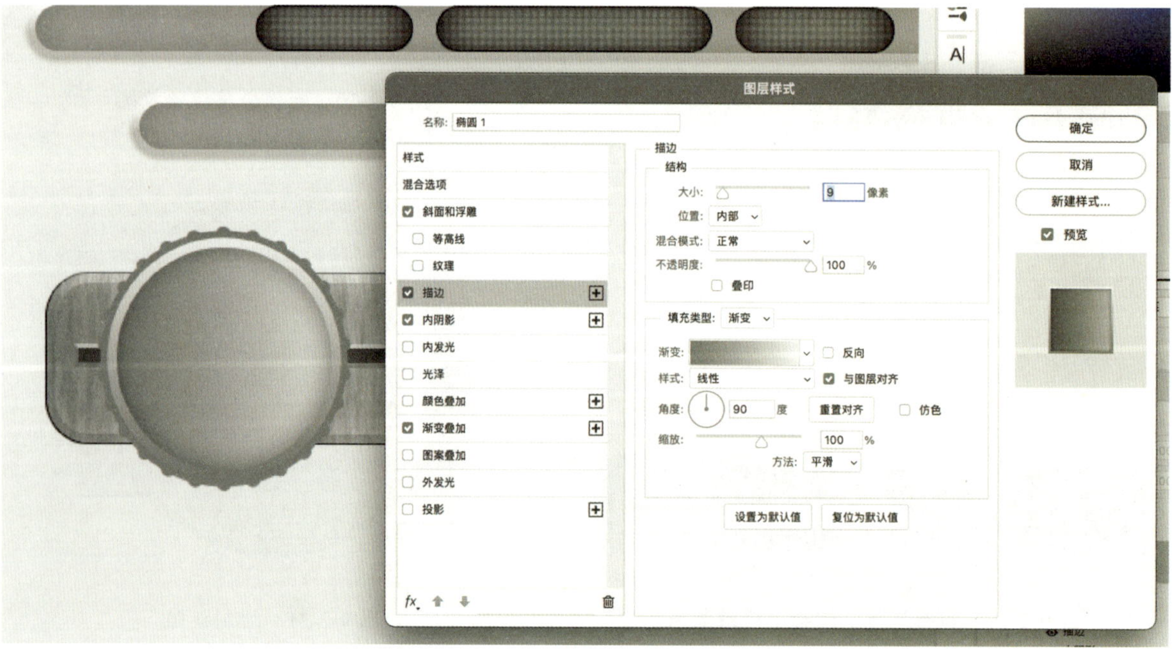

图 9-2-23　调整旋钮效果

然后来绘制旋钮上的高光效果。在圆形图层上方新建一个图层。使用圆形选框工具建立一个圆形选区，并在选区中填充白色。再使用橡皮工具擦除下半部分，即可快速塑造出高光效果，如图 9-2-24 所示。

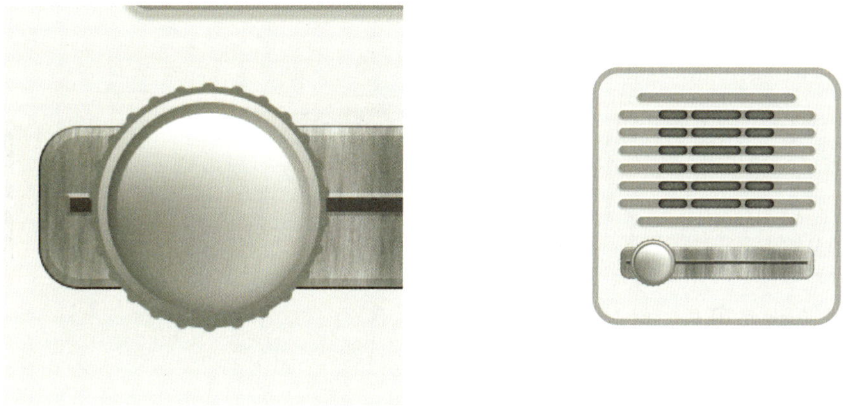

图 9-2-24　绘制旋钮高光

接下来绘制边框的效果。方法类似，依然是添加图层样式效果。方法与前文所提到的一致。也可参考教学视频。最后添加刻度和阴影效果，一个拟物化的收音机图标就完成了，如图 9-2-25 所示。

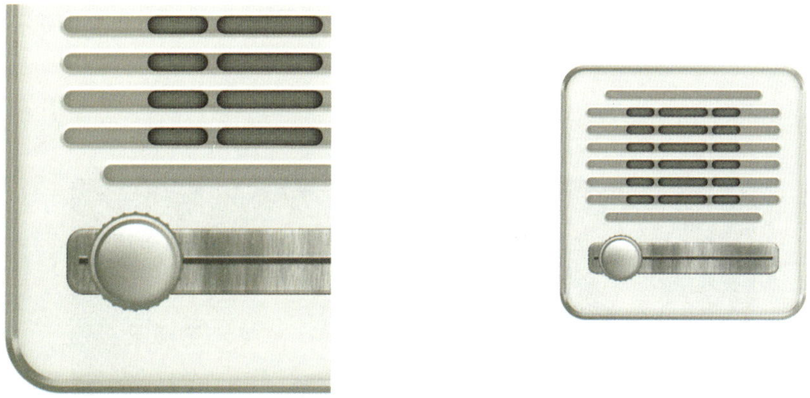

图 9-2-25　拟物化收音机效果

随堂测试

1. 在 Photoshop 中，“图层样式”对话框中的哪个选项可以用来给图层添加简单的光晕效果？（　　）

A. 内阴影　　B. 外发光

C. 颜色叠加　　D. 渐变叠加

2. 如果你想要模拟一种雕刻在金属上的文本效果，你应该在 Photoshop 的“图层样式”中选择哪种效果？（　　）

A. 斜面和浮雕　　B. 光泽

C. 颜色叠加　　D. 内发光

任务 9.3 摇滚音乐会海报绘制

微课视频

【课堂讨论】

在使用“填充和调整图层”时如何做到更精确？

一张优秀的海报不仅是视觉的盛宴，更是品牌与受众对话的桥梁。它能在瞬间传递核心信息，激发情感共鸣，甚至成为引爆传播的创意火种。下面，我们将以绘制摇滚音乐会海报为例，学习如何使用 Photoshop 绘制一幅吸睛的海报。

打开 Photoshop 软件，执行“文件”→“新建”命令，新建一个 1500 像素 ×1500 像素大小的文档，分辨率设置为 300 像素 / 英寸。将准备好的素材导入文档中，如图 9-3-1 所示。

图 9-3-1 打开素材

执行“滤镜”→“滤镜库”命令，在右侧的滤镜效果中寻找合适的滤镜效果。先选择“纹理”选项下的“颗粒”效果，如图 9-3-2 所示。

图 9-3-2　滤镜颗粒效果

在右侧的调整面板中调整颗粒的强度与对比度，使之达到目标效果，如图 9-3-3 所示。

在滤镜库右下角位置找到一个“+”按钮，此按钮为添加滤镜效果按钮。单击按钮，然后选择“素描”→“半调图案”效果。图案类型选择“直线”，如图 9-3-4 所示。

图 9-3-3　调整效果参数

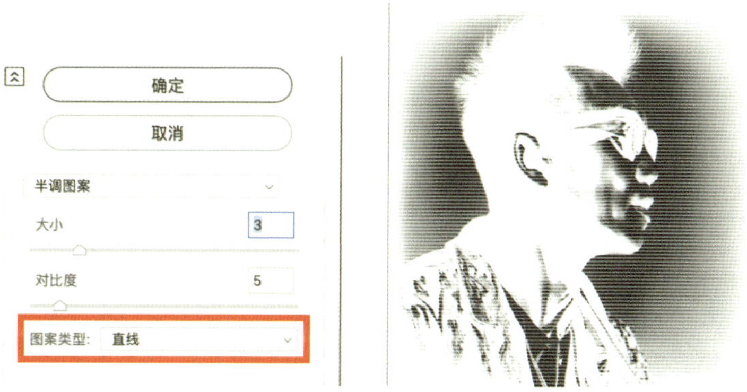

图 9-3-4　添加滤镜半调图案效果

再添加一个滤镜效果，选择“艺术效果”→“胶片颗粒”，并调整相应的数值到合适的效果，如图 9-3-5 所示。

图 9-3-5　添加滤镜胶片颗粒效果

找到图层面板下方的“创建新的填充或调整图层”按钮，在弹出的菜单中选择“渐变映射”命令，如图 9-3-6 所示。

在属性面板里设置“渐变映射”效果。单击渐变颜色条，调出“渐变编辑器”，根据需要设置参数。设置之后，图像也会呈现相应的渐变效果，如图 9-3-7 所示。

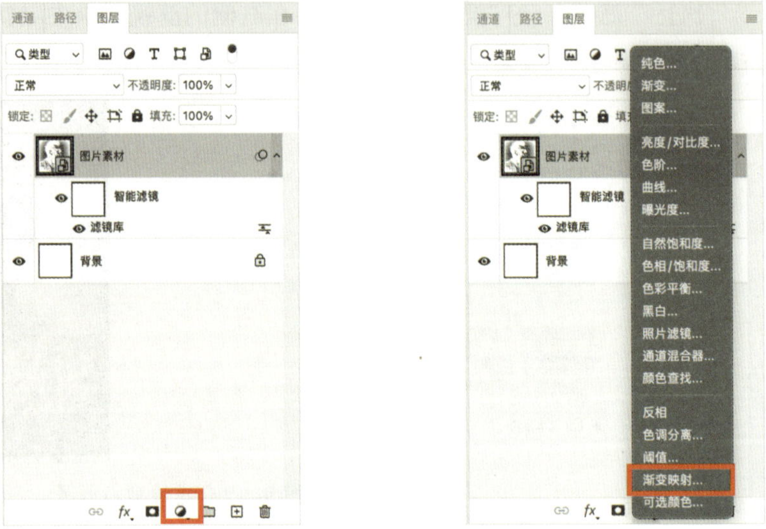

图 9-3-6　添加渐变映射

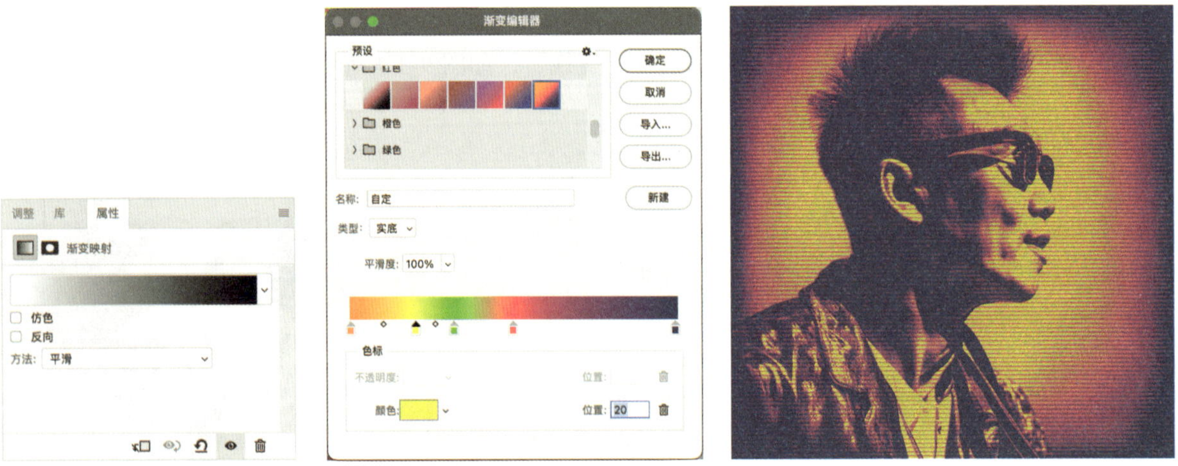

图 9-3-7　设置渐变映射参数

将人像素材图层与渐变映射图层同时选中，单击鼠标右键，执行“转换为智能对象”命令。然后单击图层左侧的眼睛图标，隐藏图层。然后开始设置文字。

使用文字工具输入文字“ROCK&ROLL”。调整文字的颜色与大小。选中文字，通过“Alt+光标键”来调整字间距。再用鼠标右键单击文字图层，执行“转换为智能对象”命令，如图 9-3-8 所示。

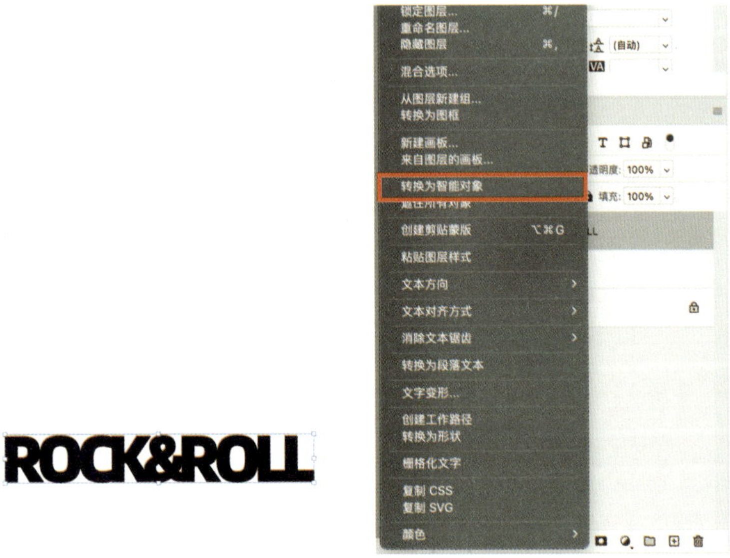

图 9-3-8　输入文字→转换为智能对象

使用“Ctrl+T”快捷键进入自由变换模式，再在文字本体上单击鼠标右键，选择“透视”命令，调整出一个透视效果，如图 9-3-9 所示。

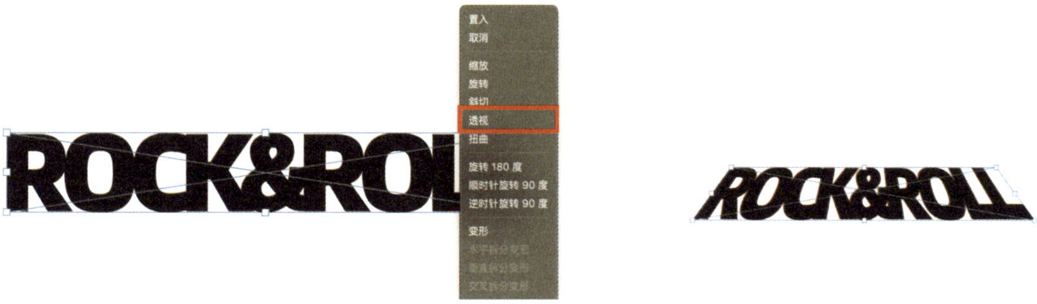

图 9-3-9　制作透视效果

执行“滤镜”→“模糊”→“高斯模糊”命令，设置一个模糊效果，如图 9-3-10 所示。

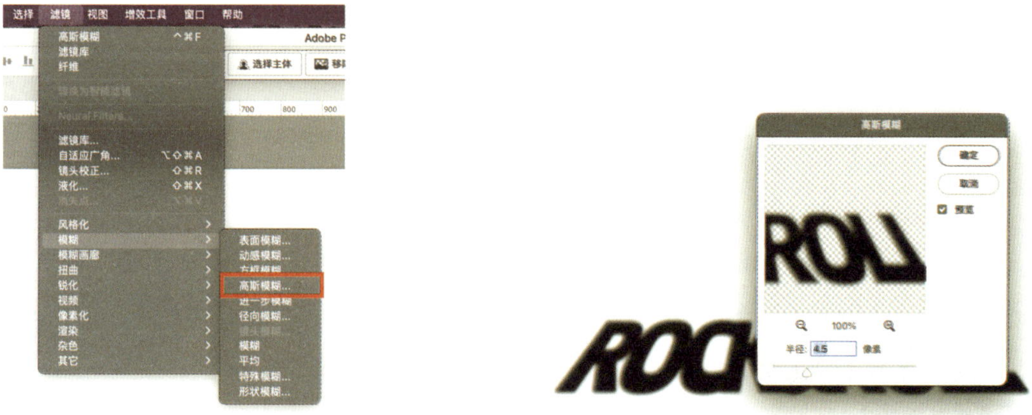

图 9-3-10　滤镜高斯模糊效果

再执行“滤镜”→“模糊”→“动感模糊”命令，设置一个动感模糊效果。将模糊角度设置成 90°，模糊的距离设置到合适的大小即可，如图 9-3-11 所示。

可以执行多次同样的“动感模糊”命令。由于文字图层设置成了“智能对象”，所以执行滤镜效果时，滤镜会自动变成“智能滤镜”，可以在图层面板中显示，并可以随时修改设置，如图 9-3-12 所示。

图 9-3-11　滤镜动感模糊效果

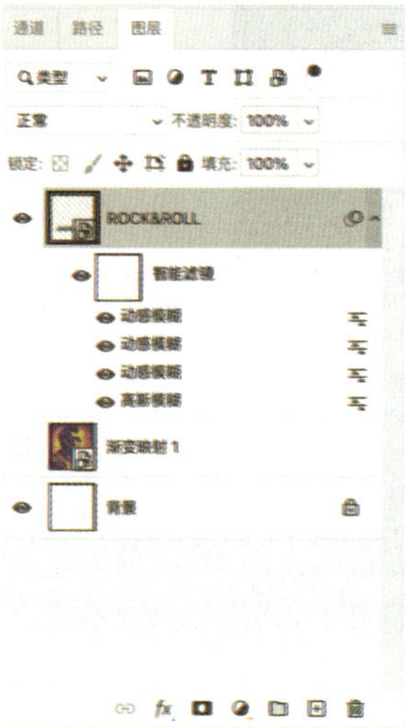

图 9-3-12　图层面板显示的智能滤镜效果

将文字图层复制两个，复制后可以发现，滤镜效果也会被一同复制。使用左侧工具栏中的移动工具在画板中把 3 个文字图层从上到下依次排列，如图 9-3-13 所示。

在图层面板中选择位于中间的文字，将动感模糊效果隐藏。这步操作是为了增加文字的辨识度。通过再次微调几个文字的位置之后，即可清晰地辨别出文字内容，如图 9-3-14 所示。

图 9-3-13　按照顺序排列 3 个文字图层

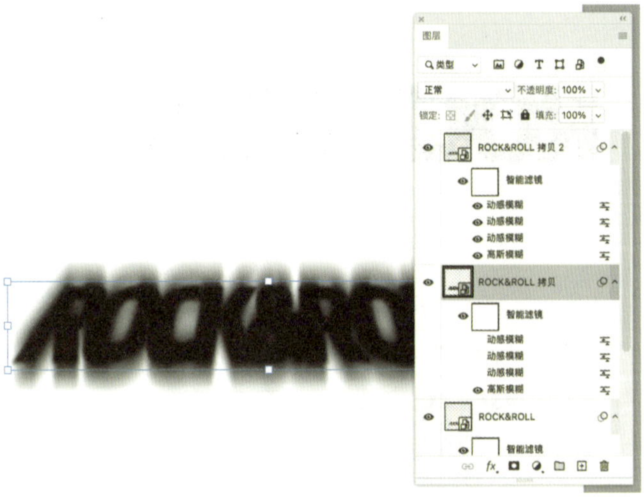

图 9-3-14　调整文字的位置

在所有图层的最上层，添加一个“渐变映射”图层，如图 9-3-15 所示。

使用“Ctrl+Shift+Alt+E”快捷键，自动将可见图层复制并合并成一个单一图层。按下之后，在所有图层的上方就多了一个新的图层，图层内容即为画板中此时显示的图像，如图 9-3-16 所示。

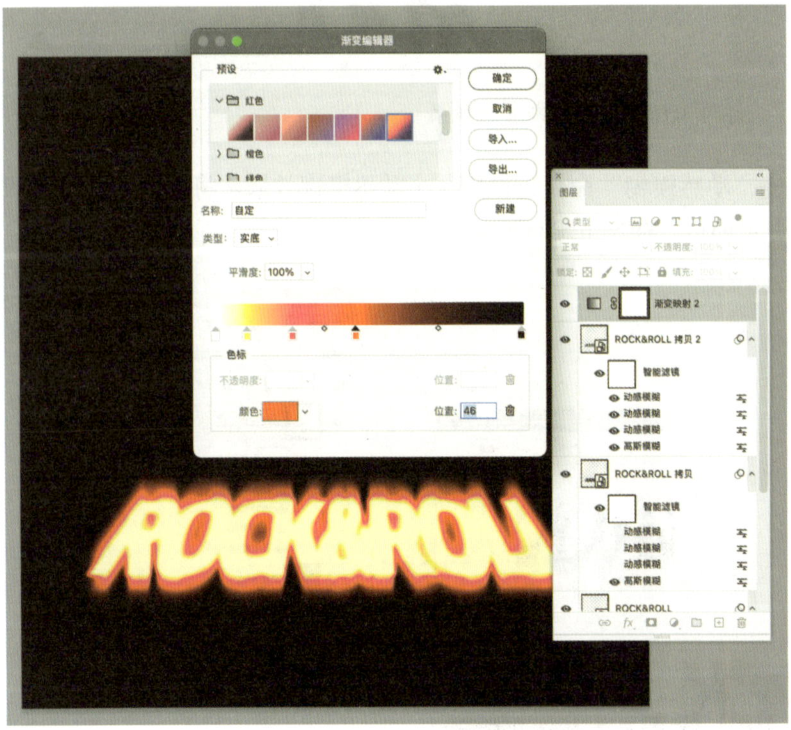

图 9-3-15　添加渐变映射效果

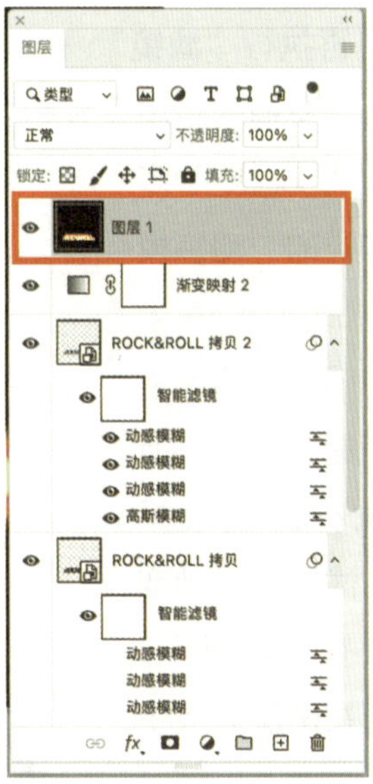

图 9-3-16　添加渐变映射后的图层

隐藏所有文字图层，将人像图层显示出来。再把刚才新建的图层的混合模式设置成“浅色”。可以发现文字与图形融合在一起了，如图 9-3-17 所示。

调整人像大小，调整好图与文字的位置关系，添加一个背景颜色，海报即完成了，如图 9-3-18 所示。

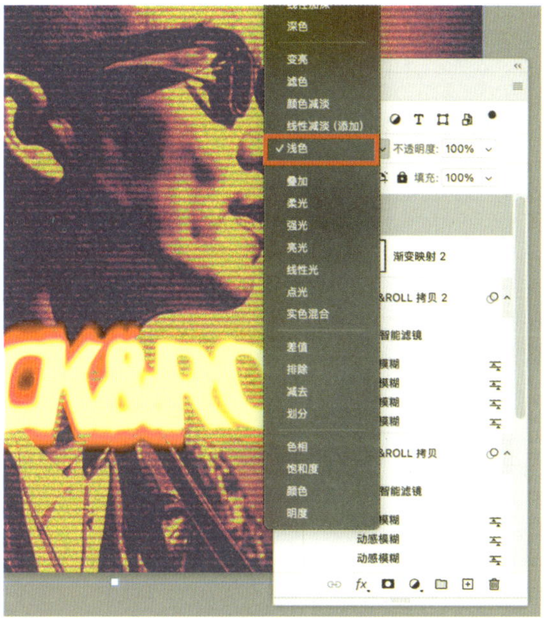

图 9-3-17　调整图层混合模式

图 9-3-18　海报完成后的效果

随堂测试

1. 在 Photoshop 中，调整图层可以用来做什么？（　　）

A. 只能对单个图层应用颜色调整

B. 允许对多个图层进行非破坏性的颜色调整

C. 仅能添加图层样式效果

D. 仅能用于创建选区

2. 如果你想要更改一个调整图层的效果，以下哪项操作是正确的？（　　）

A. 双击图层面板中的调整图层缩略图

B. 直接在图层面板中单击调整图层的名称

C. 选中调整图层后，从菜单栏选择“图像”→“调整”

D. 以上都是

单元作业

为“五四青年节”团日活动绘制一张扁平风格插画海报（扫码获取示例）。

单元测试

扫码获取试题。

项目 10

Photoshop 特效处理

◎ 授课目标

了解 Photoshop 滤镜功能，掌握特效处理的技巧。

◎ 育人目标

培养以 Photoshop 滤镜为核心工具的视觉创新能力与技术实践素养。

任务 10.1　制作爆炸效果海报

【课堂讨论】

爆炸特效还可以如何运用 Photoshop 中的哪些工具来实现？

微课视频

爆炸特效作为影视与平面设计中常见的视觉元素，其核心价值在于通过动态能量释放的视觉效果强化画面张力。尤其在太空题材创作中，爆炸产生的光热辐射与碎片飞溅效果，能够有效渲染宇宙空间的恢宏氛围与战斗场景的激烈程度。下面我们利用太空素材来制作一张呈现爆炸效果的海报。

打开素材图片，选择太空素材。单击鼠标右键将图片转换为智能对象，以便在对效果不满意的时候进行调节，避免重复操作，如图 10-1-1 所示。

执行“滤镜”→“风格化”→“凸出”命令，“大小”的数值越小，方块就越多，“深度”数值越大，方块就越突出。单击“确定”按钮，初步的效果就出来了，如图 10-1-2 所示。

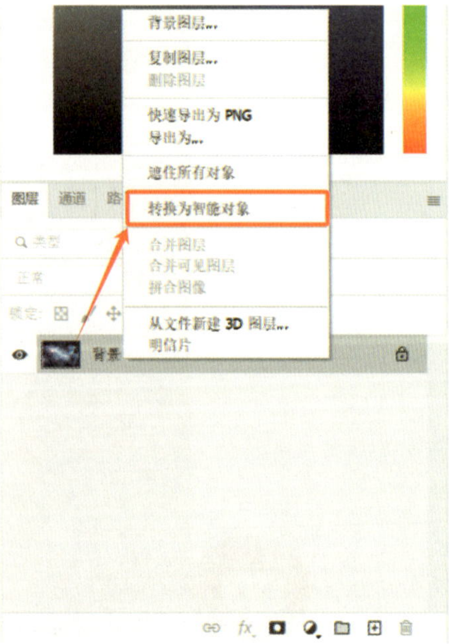

图 10-1-1　将素材转换为智能对象

图 10-1-2　滤镜凸出效果

通过曲线调整颜色，参数如图 10-1-3 所示。

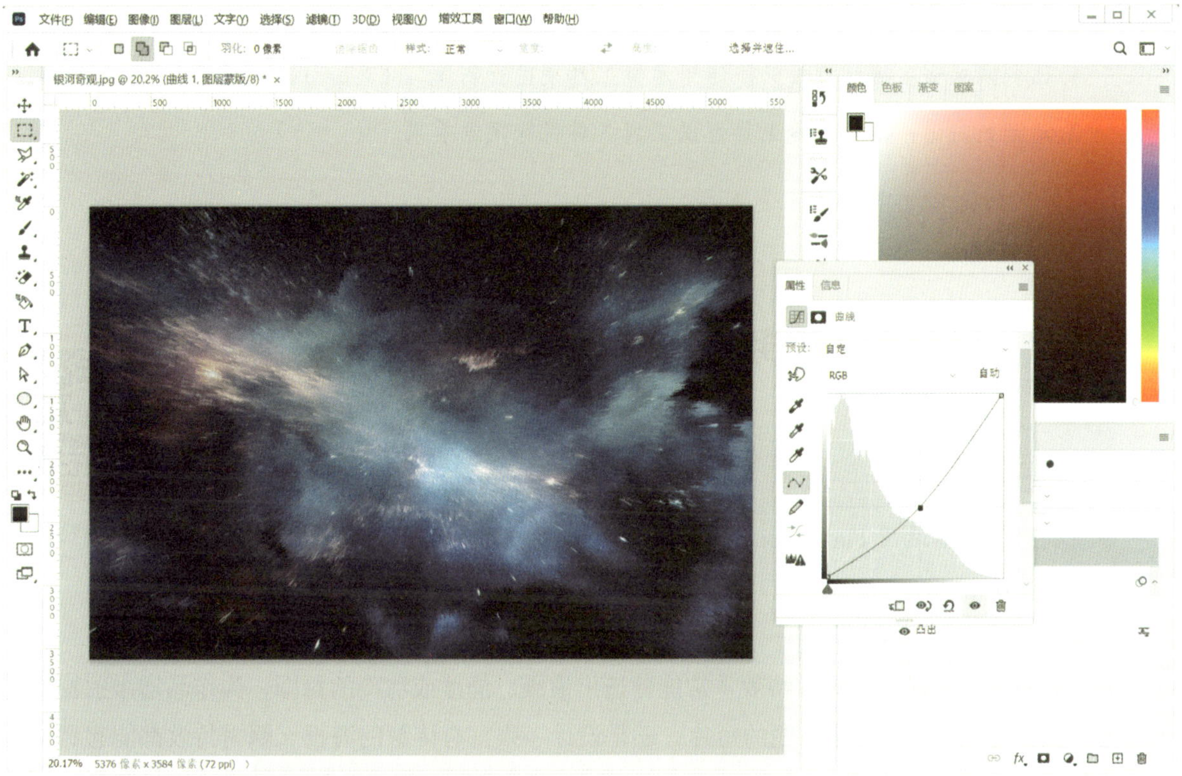

图 10-1-3　通过曲线调整颜色

再加上一点主题文字细节，效果就完成了，如图 10-1-4 所示。

尝试一下智能滤镜中的各种选项，做几个效果比较一下，力求呈现更完美的效果，如图 10-1-5 所示。

图 10-1-4　添加主题文字

图 10-1-5　凸出滤镜“金字塔”选项的效果

爆炸特效的原理就是使图像生成像素画进而产生具有一定方向性的动感效果。大家可以按照这个思路尝试各种方法和手段，综合各种工具和数据调节，随机应变地处理实际设计需求，创作出丰富的视觉效果。

随堂测试

1. 请判断对错：爆炸特效只能使用滤镜工具来进行制作。（   ）
2. 请判断对错：使用滤镜工具可以实现多种特殊视觉效果。（   ）

任务 10.2　雪花效果制作

微课视频

【课堂讨论】

飘雪特效还可以运用 Photoshop 中的哪些命令来实现？

在影视和设计领域中，飘雪特效常常能营造出浪漫、静谧或清冷的氛围，为作品增添独特的艺术魅力。无论是制作一部冬季主题的短片，还是设计一张富有诗意的海报，飘雪特效都能起到画龙点睛的作用，使画面更具层次感和视觉冲击力。下面，我们就来详细介绍飘雪特效的制作方法。

打开图片素材，在图片上方新建一个空白图层，如图 10-2-1 所示。把空白图层置于图片上方，能将特效制作与原始图片数据隔离开，后续对雪花特效进行各种操作时，就不会直接影响到原始图片。如果出现操作失误，或者需要对特效进行修改，只须在这个空白图层上进行调整，而不会破坏原始素材。这样一来，不仅能保证原始图片的完整性，还能支持多版本的迭代，方便设计师尝试不同的特效方案。

图 10-2-1　打开图片素材→新建图层

把前景色填充为黑色，如图 10-2-2 所示。这是后续生成雪花特效的重要基础。通过添加杂色、模糊、阈值等操作，能够从黑色背景中提取出白色的雪花颗粒。

图 10-2-2　在新建图层中填充黑色

在菜单栏中执行“滤镜”→“杂色”→“添加杂色”命令，数量设置为 70，勾选“单色”，单击“确定”按钮，如图 10-2-3 所示。设置数量参数可以控制杂色的密度，数值越大，生成的杂色点就越多。

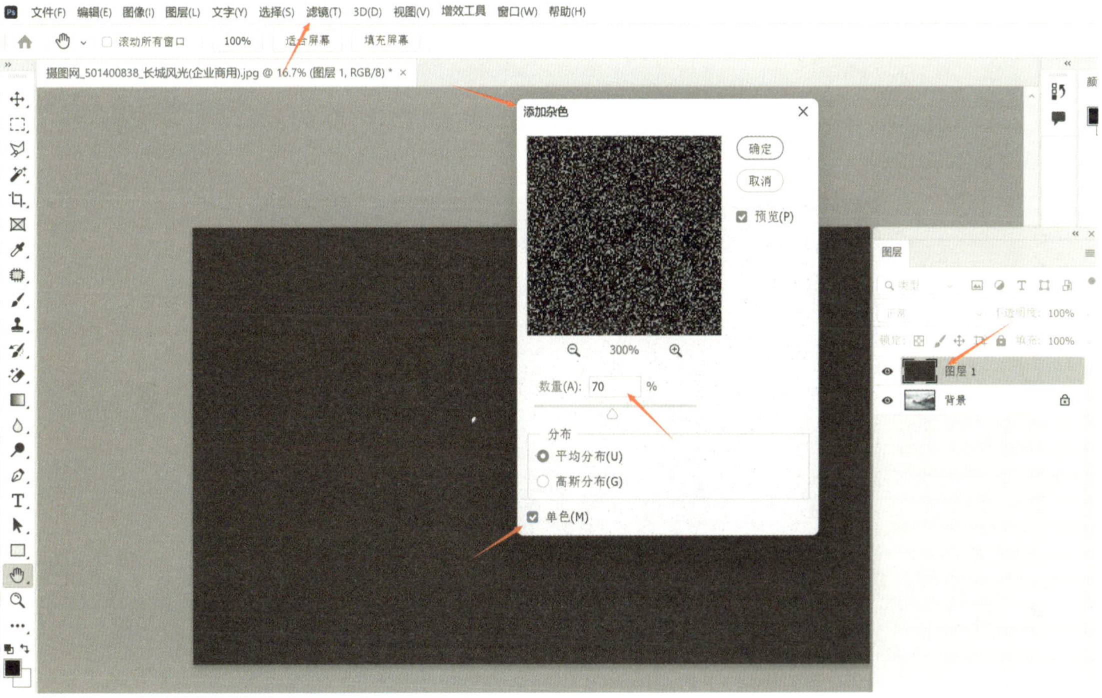

图 10-2-3　添加杂色

继续在菜单栏中执行“滤镜”→“模糊”→“高斯模糊”命令。半径设置为 2 像素，单击“确定”按钮，如图 10-2-4 所示。通过高斯模糊处理，这些杂色点变得模糊和圆润，更接近雪花的实际外观。

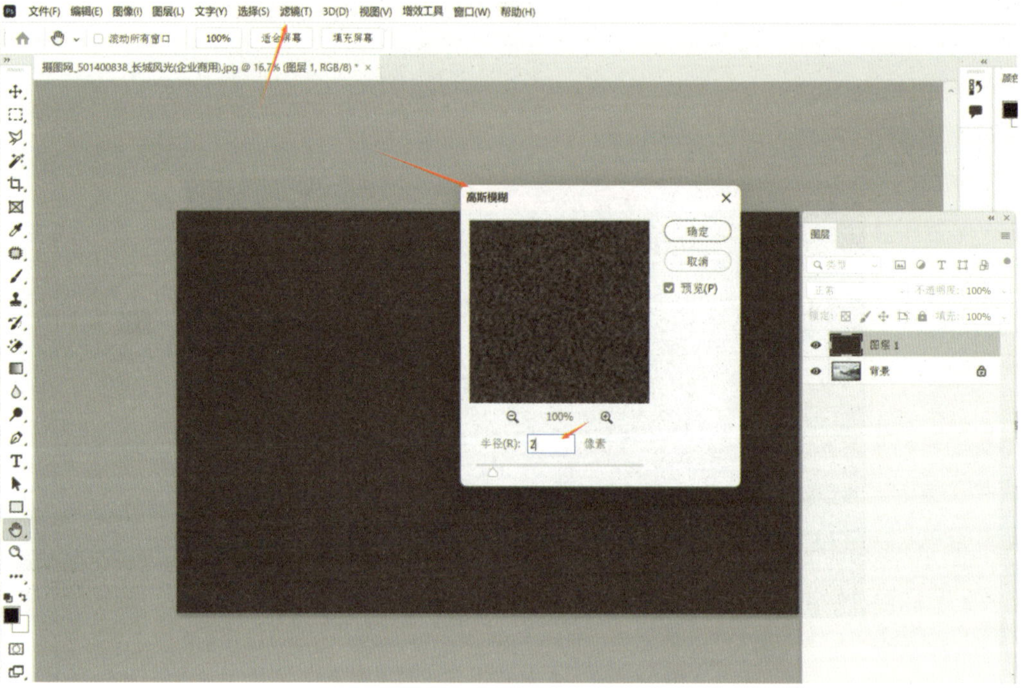

图 10-2-4　添加滤镜高斯模糊效果

单击图层面板下面的“创建新的填充”按钮，找到阈值。找到属性面板。把属性面板中的滑块往左侧拉，数值越小，白色颗粒数就越少，雪花的效果就越明显，如图 10-2-5 所示。

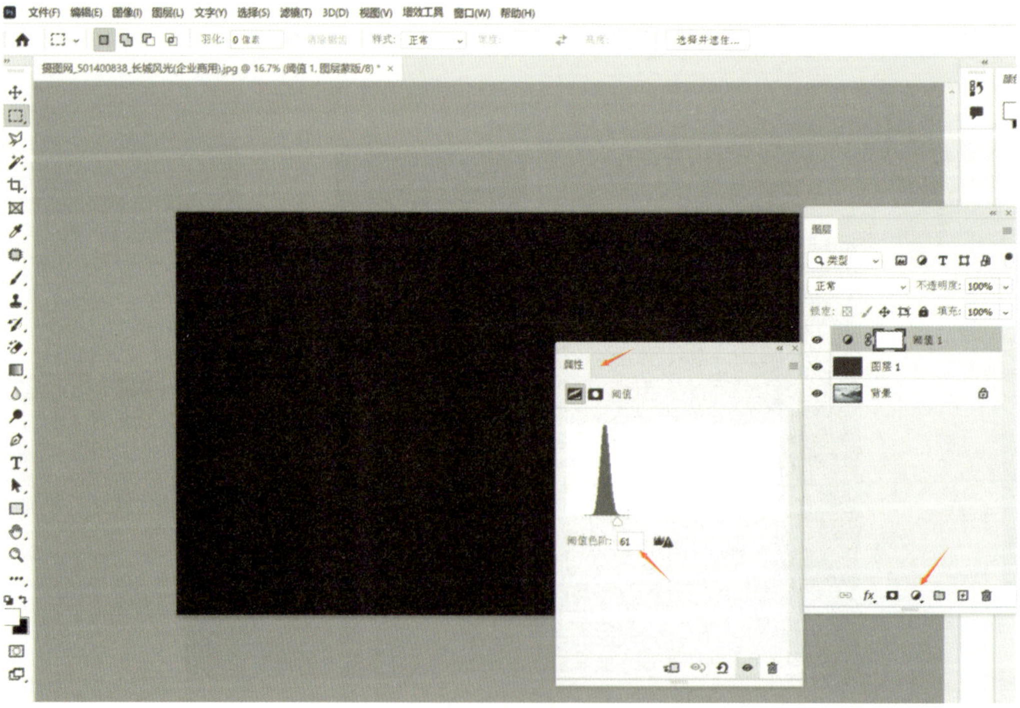

图 10-2-5　调整参数

调整到自己认为满意为止。让白色颗粒的感觉更接近真实的雪花效果，如图 10-2-6 所示。

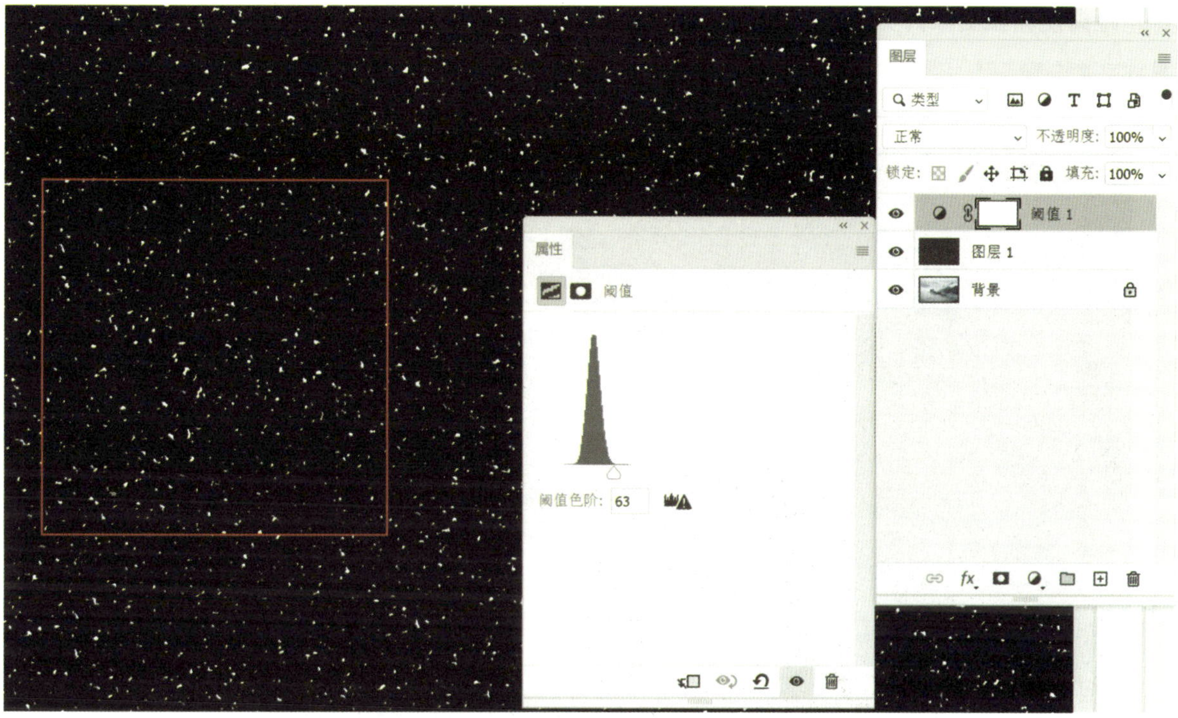

图 10-2-6　调整白色颗粒接近雪花效果

选择阈值图层和图层 1 单击鼠标右键，转换为智能对象，如图 10-2-7 所示。

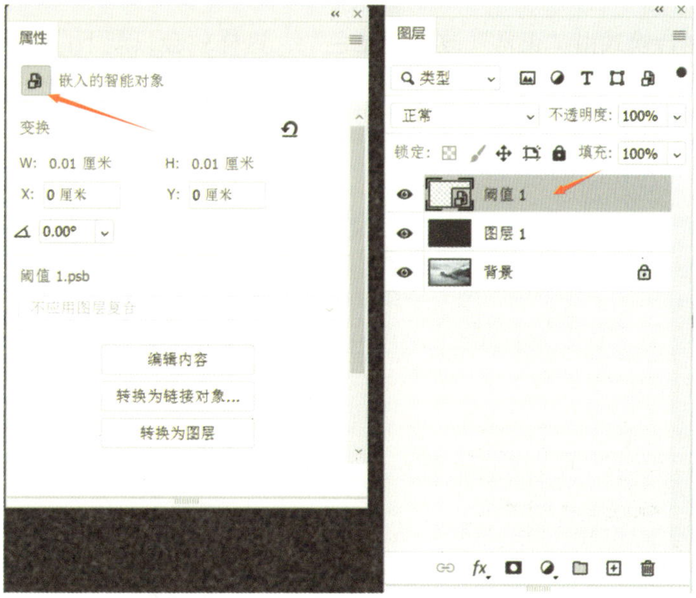

图 10-2-7　将图层转换为智能对象图层

在菜单栏中执行“滤镜”→“模糊”→“动感模糊”命令，调整角度使颗粒形成飘雪的感觉，调整距离使颗粒更像真实的照相机拍摄时产生的虚影效果，单击“确定”，如图 10-2-8 所示。

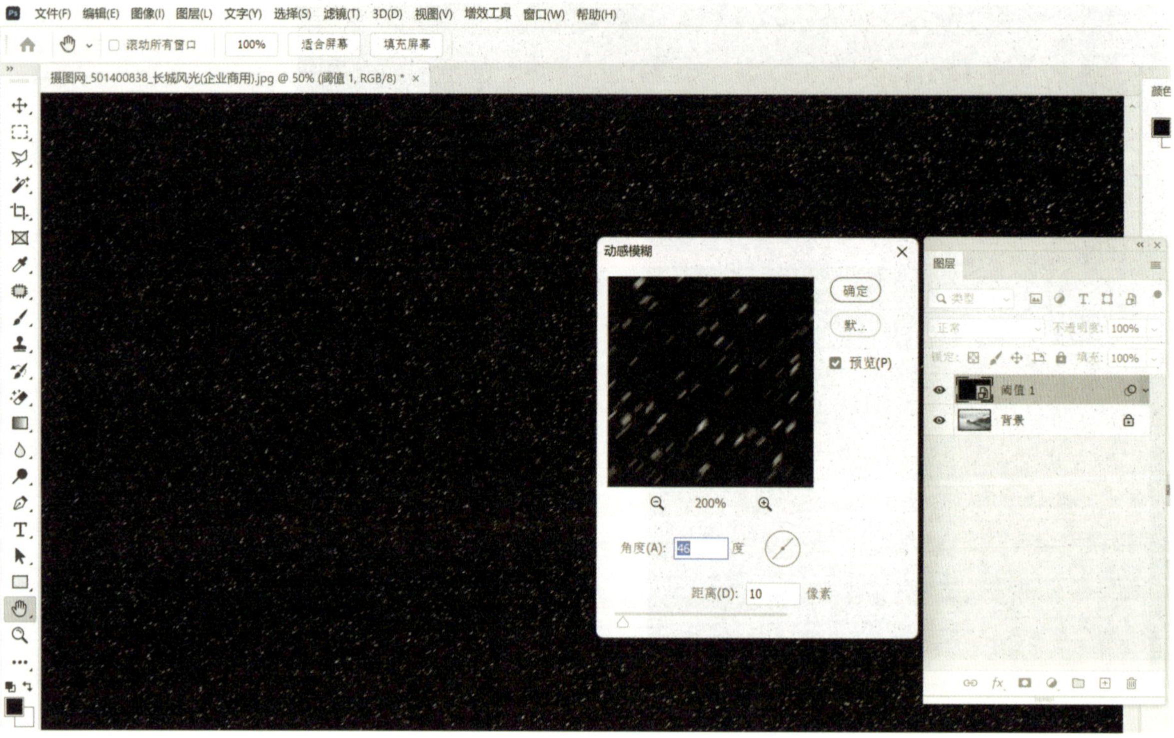

图 10-2-8　添加滤镜动感模糊效果

把当前图层的混合模式由“正常”改为“滤色”，这样就会只剩下白颜色的雪花在图片上了，如图 10-2-9 所示。

图 10-2-9　雪花效果制作完成

随堂测试

1. 在 Photoshop 中制作飘雪特效时，为什么需要在新建的空白图层上填充黑色？（　　）

A. 为了直接保护原始图片不被修改

B. 为了给后续生成白色雪花颗粒提供中性背景并隔离特效操作

C. 为了使雪花特效呈现彩色渐变效果

D. 为了降低图层的透明度以实现半透明雪花

2. 将飘雪特效图层的混合模式改为“滤色”的主要目的是（　　）。

A. 增强雪花的立体感与阴影　　B. 隐藏黑色背景，仅呈现白色雪花

C. 使雪花与背景颜色叠加混合　　D. 提高雪花颗粒的清晰度

任务 10.3　制作木雕效果

微课视频

【课堂讨论】

木雕效果在 Photoshop 中还可以用哪些命令来实现？

用 Photoshop 制作木雕效果是一种将数字图像与传统手工艺术结合的创意手法，通过模拟木材的天然纹理、雕刻的立体感和岁月痕迹，赋予设计作品独特的视觉语言和文化内涵。它是传统文化与现代设计的桥梁，既能满足商业设计中对“差异化”和“情感化”的需求，又为文化遗产的数字化传播提供了创新手段。掌握这一技法，设计师可在快节奏的视觉环境中，通过“返璞归真”的质感唤起受众的情感共鸣。

下面我们来学习使用 Photoshop 制作木雕效果。

打开准备好的素材，如图 10-3-1 所示。要选择高分辨率、足够清晰的图像，确保边缘细节丰富，便于后续使用“查找边缘”滤镜提取精细轮廓。

图 10-3-1　打开素材

执行“滤镜”→“风格化”→“查找边缘”命令，滤镜通过检测像素间的亮度差异，将图像转化为黑白线稿，突出主体轮廓，弱化细节，如图 10-3-2 所示。

图 10-3-2　滤镜查找边缘效果

执行“图像”→“模式”→“灰度”命令，去除色彩信息，仅保留明暗关系，避免彩色干扰纹理映射的立体感表现，如图 10-3-3 所示。

图 10-3-3　调整图像模式

将文件另存为 PSD 格式，保存在指定目录下，如图 10-3-4 所示。Photoshop 的“纹理化”滤镜仅支持 PSD 文件作为自定义纹理源，其他格式（如 JPG、PNG）无法被识别。

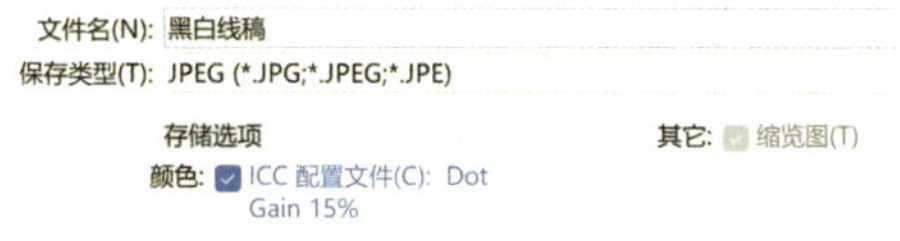

图 10-3-4　另存为 PSD 格式

打开木板素材，执行“滤镜”→“滤镜库”→“纹理”→“纹理化”命令，单击载入纹理，选择“黑白线稿”文件，调整参数，形成比较真实的木雕效果，如图 10-3-5 所示。

图 10-3-5 设置滤镜纹理化效果

最终效果如图 10-3-6 所示。

图 10-3-6 最终木雕效果

随堂测试

1. 在 Photoshop 中，“查找边缘”滤镜的主要作用是（　　）。

A. 随机生成艺术化笔触　　B. 提取图像中的轮廓线条

C. 增强图像色彩饱和度　　D. 模拟 3D 立体景深效果

2. 在“纹理化”滤镜中载入自定义纹理时，必须使用以下哪种文件格式？（　　）

A. JPG　　B. PSD

C. PNG　　D. GIF

单元作业

用 Photoshop 制作以“未来城市”或“梦幻森林”为主题的特效图片（扫码获取素材）。

单元测试

扫码获取试题。

提升模块

项目 11

Photoshop 调色技巧

◎ 授课目标

了解 Photoshop 调色技巧，掌握常见特效调色处理的方法。

◎ 育人目标

提升色彩感知力与审美创造力，能够根据不同场景需求（如摄影后期、电商设计、品牌视觉等），通过调色传递特定情感、强化主题氛围，并形成个性化的色彩语言。

任务 11.1　漫画风格调色

微课视频

【课堂讨论】

请说说漫画风格的调色步骤。

Photoshop 中漫画风格调色可以塑造夸张的视觉效果、构建叙事性色彩符号系统、还原传统漫画的手绘质感，以及实现印刷级色彩管理。这种调色技术在保留数字创作灵活性的同时，将二维图像转化为具有强烈叙事功能的视觉语言体系，广泛应用于插画设计、影视分镜、游戏 UI（用户界面）等领域。我们通过下面的案例进行学习。

打开素材图片，单击图片图层，按“Ctrl+J”快捷键复制一层，使用魔棒工具对图片中的天空进行选取，将所有天空像素都选出以后，按住“Ctrl+Shift+I”进行反选，创建蒙版，如图 11-1-1 所示。

图 11-1-1　打开素材→创建天空蒙版

将原素材图片复制一层，单击鼠标右键转换为智能对象。打开 Camera Raw 开始调色，如图 11-1-2 所示。

图 11-1-2　打开 Camera Raw 进行调色

漫画风格的照片整体亮度偏高、对比度较低，因此先将图片的曝光提高一点，将对比度降低，如图 11-1-3 所示。

图 11-1-3　调整曝光和对比度参数

将“阴影”和“黑色”数值大幅拉高，使照片的暗部偏向灰色，更符合漫画风照片的特点，如图 11-1-4 所示。可根据整体效果，再对“高光”“白色”进行调整，使照片整体呈现低对比、暗部较灰的效果。

图 11-1-4 调整阴影和黑色参数

适当“去除薄雾”，营造一种朦朦胧胧的感觉；提高照片的饱和度，使其更接近于漫画的效果，如图 11-1-5 所示。

图 11-1-5 调整去除薄雾、饱和度参数

经过 Camera Raw 的初步调色，如图 11-1-6 所示，照片整体色调往漫画风上靠拢，接着再对细节进行修饰。

图 11-1-6　使用 Camera Raw 初步调色前后对比

执行“滤镜”→“锐化”→“智能锐化”命令，选择“高斯模糊”，如图 11-1-7 所示，为画面增加一点模糊感。

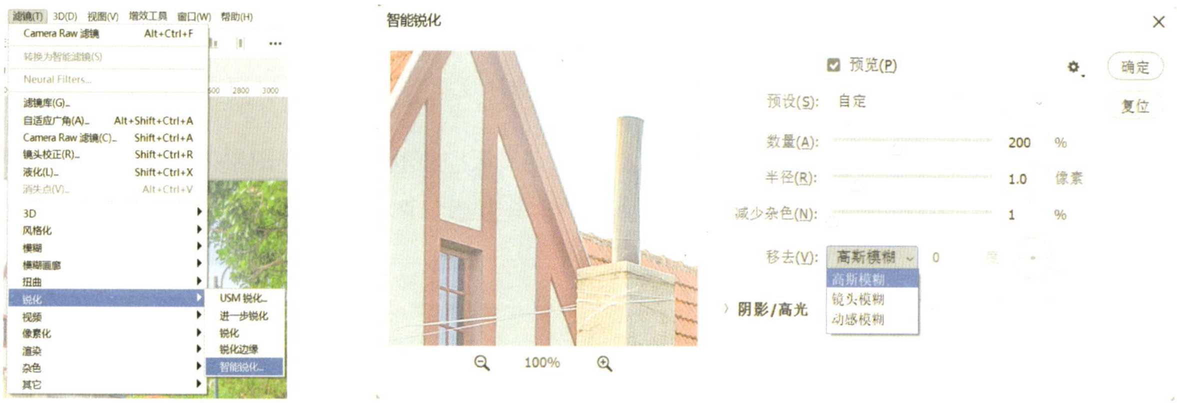

图 11-1-7　智能锐化后添加高斯模糊效果

执行“滤镜”→“风格化”→“扩散”命令，选择“各向异性”，如图 11-1-8 所示，使图片更接近于笔触画出来的效果。

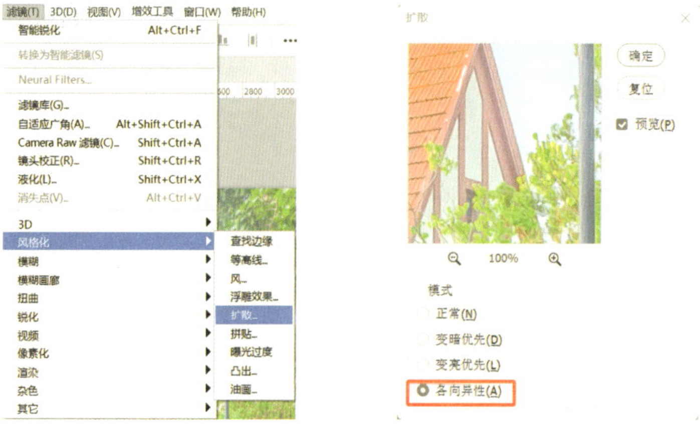

图 11-1-8　设置扩散效果

执行“滤镜”→“滤镜库”→“艺术效果”→“绘画涂抹”命令，设置画笔大小为 4，如图 11-1-9 所示，增强画面的绘画感。

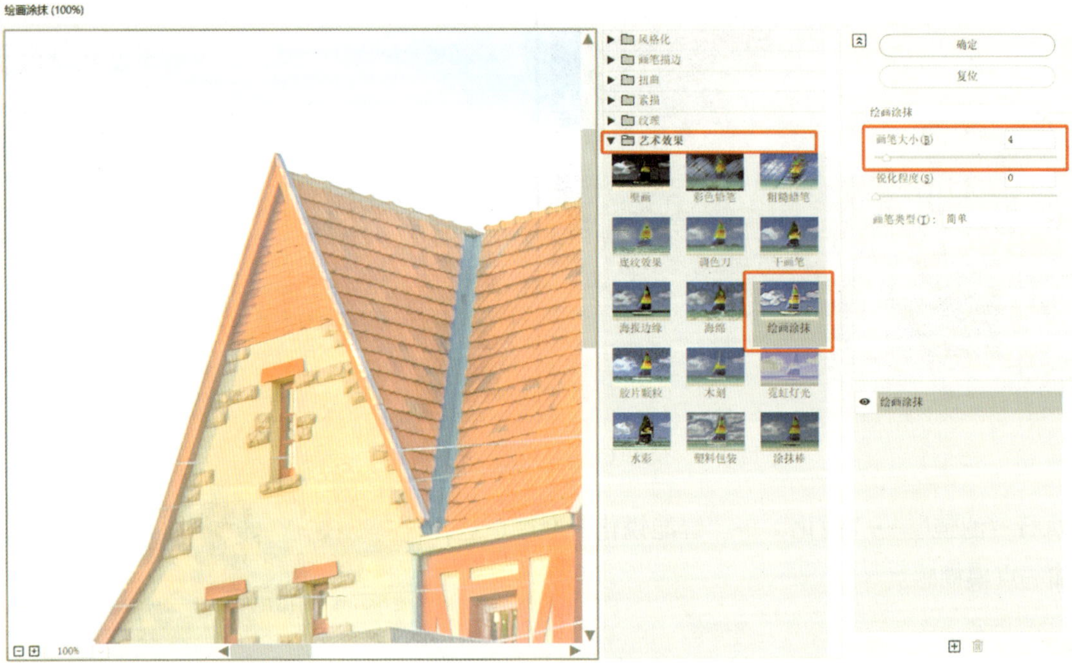

图 11-1-9 设置绘画涂抹效果

将创建的天空蒙版复制到处理好的图层上，导入动漫天空素材，将天空图层拖动到调好色的图层下面，如图 11-1-10 所示，这样天空素材就会自动填充蒙版。调整一下天空素材的大小，使画面整体更加协调。

图 11-1-10 加入天空素材

接下来为图片增加一些线稿，以更好地体现漫画风格。

利用“Ctrl+Shift+Alt+E”快捷键，覆盖一个图层（将当前所有可见图层合并到一个新的图层中，同时保留原始图层不变。这意味着用户可以在不破坏原始图层的情况下，创建一个包含所有可见图层内容的合成图层）。在菜单栏“选择”中打开“色彩范围”，颜色容差可设置得小一些，用吸管工具吸取画面中的主要颜色，如图 11-1-11 所示，保证画面的主要内容被拾取到。

图 11-1-11　拾取色彩范围

执行“滤镜”→“风格化”→“查找边缘”命令，如图 11-1-12 所示，提取图片主要部分的线稿，按“Ctrl+D”取消选择，如图 11-1-13 所示。

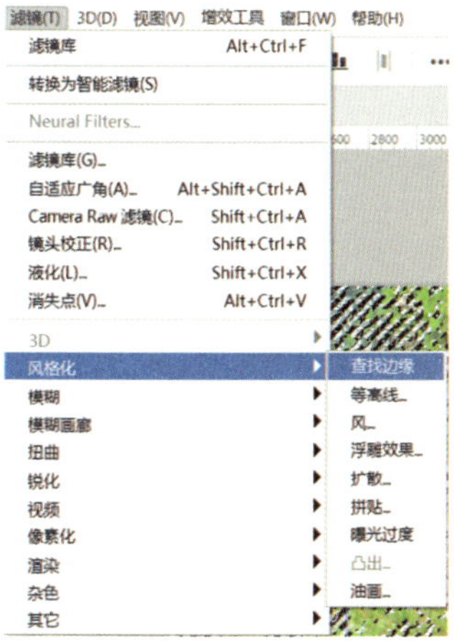

图 11-1-12　执行“滤镜”→“风格化”→“查找边缘”命令

图 11-1-13　查找边缘效果

在“混合模式”中选择“变暗”，降低一些不透明度，如图 11-1-14 所示，使线稿与画面更加融合。

图 11-1-14　调整图层模式

根据画面整体效果，再进行调色。创建“亮度 / 对比度”图层，根据动漫风格的特点，将画面亮度调高一点，将对比度降低，如图 11-1-15 所示。

图 11-1-15　调整亮度对比度参数

创建“自然饱和度”图层，给画面增加一些饱和度，如图 11-1-16 所示，让图片看起来更具动漫效果。

图 11-1-16 调整自然饱和度参数

处理好的动漫效果如图 11-1-17 所示。

图 11-1-17 完成后效果

随堂测试

1. 请填空：____________ 可以控制图层中不同区域的隐藏或显示，对它进行编辑，可以将各种特殊效果应用于图层的图像中，且不会影响该图层的像素。

2. 请填空：可以把选区进行反选的快捷键是 ____________ 。

任务 11.2　工笔画风格调色

微课视频

【课堂讨论】

请谈谈工笔画的调色特点。

在 Photoshop 中，工笔画风格调色通过降低色彩饱和度、强化细腻线条轮廓、弱化光影立体感，并融入宣纸底纹与淡雅色调，将图像转化为具有传统中国工笔画韵味的视觉效果。它可以赋予现代数字作品古典美学气质，既能保留物象的精致细节与写实感，又通过水墨晕染般的柔和色彩过渡传递东方意境，常用于文化宣传、艺术创作、非遗数字化、国风海报设计等领域，实现传统技法与数字媒介的融合创新。我们通过下面的案例进行学习。

打开素材图片，使用“Ctrl+J”快捷键复制一层，转化为智能对象。在“滤镜”中打开 Camera Raw 进行初步调色，如图 11-2-1 所示。

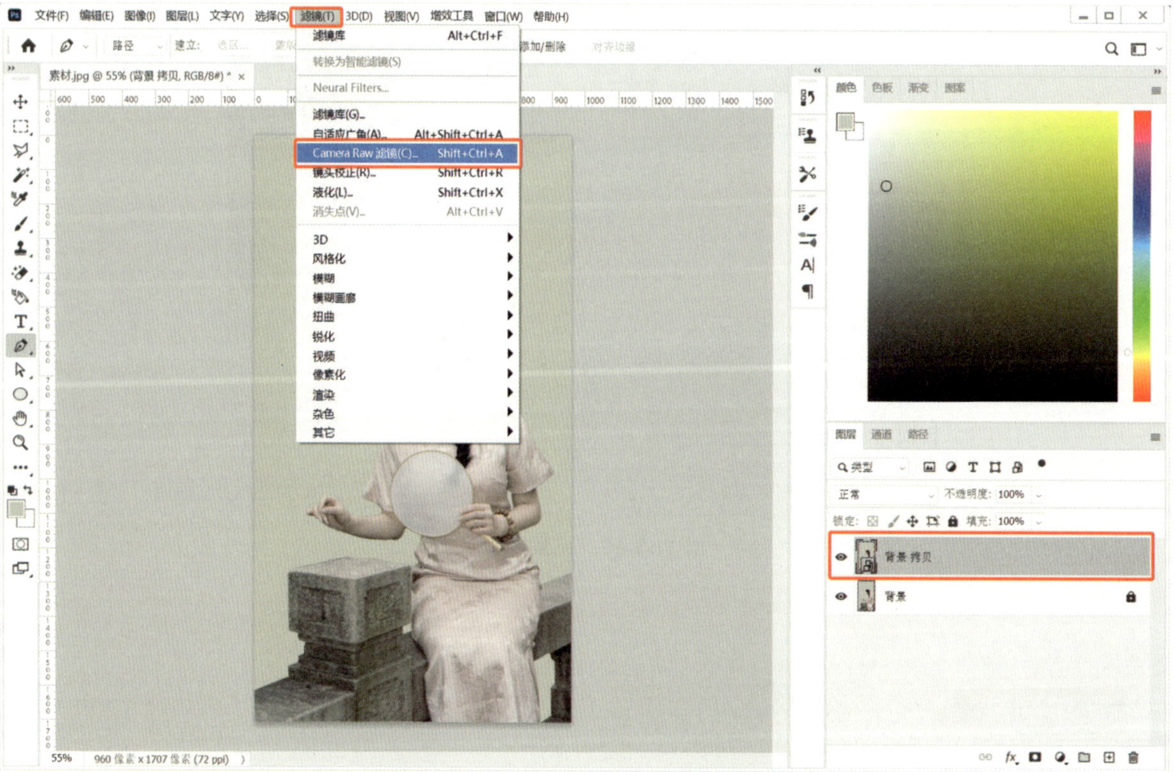

图 11-2-1　打开 Camera Raw 滤镜

降低“曝光”“高光”和“白色”数值，来减弱图片的立体感，如图 11-2-2 所示。

图 11-2-2 调整“曝光度”“高光”“白色”参数

提高“阴影”和“黑色”数值，降低图片“对比度”，从而降低图片的明暗光比，如图 11-2-3 所示。

图 11-2-3 调整“对比度”“阴影”“黑色”参数

由于最终要达到一种类似于画的效果，故再适当降低图片的“纹理”和“清晰度”数值，如图 11-2-4 所示。

图 11-2-4　调整“纹理”“清晰度”参数

降低图片的“自然饱和度”和“饱和度”，如图 11-2-5 所示，得到一个低饱和、低反差的照片。

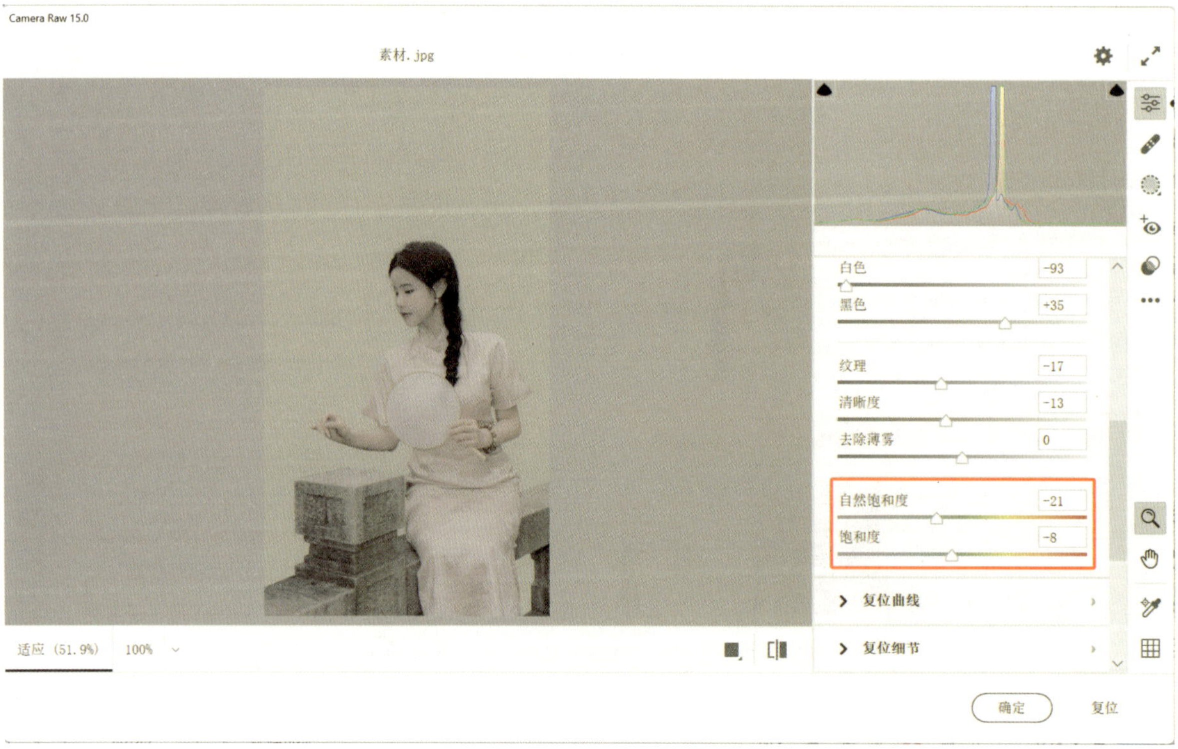

图 11-2-5　调整“自然饱和度”“饱和度”参数

单击“确定”回到 Photoshop 界面，添加一个新图层，并将图层填充成黄色的纯色图层。选择“背景色”，更改为黄色，按“Ctrl+Delete”快捷键，填充图层，如图 11-2-6 所示。

图 11-2-6　新建图层并填充黄色

将图层的混合模式改为“正片叠底”，如图 11-2-7 所示，给整个画面添加暖色调，使其更符合工笔画的基调。

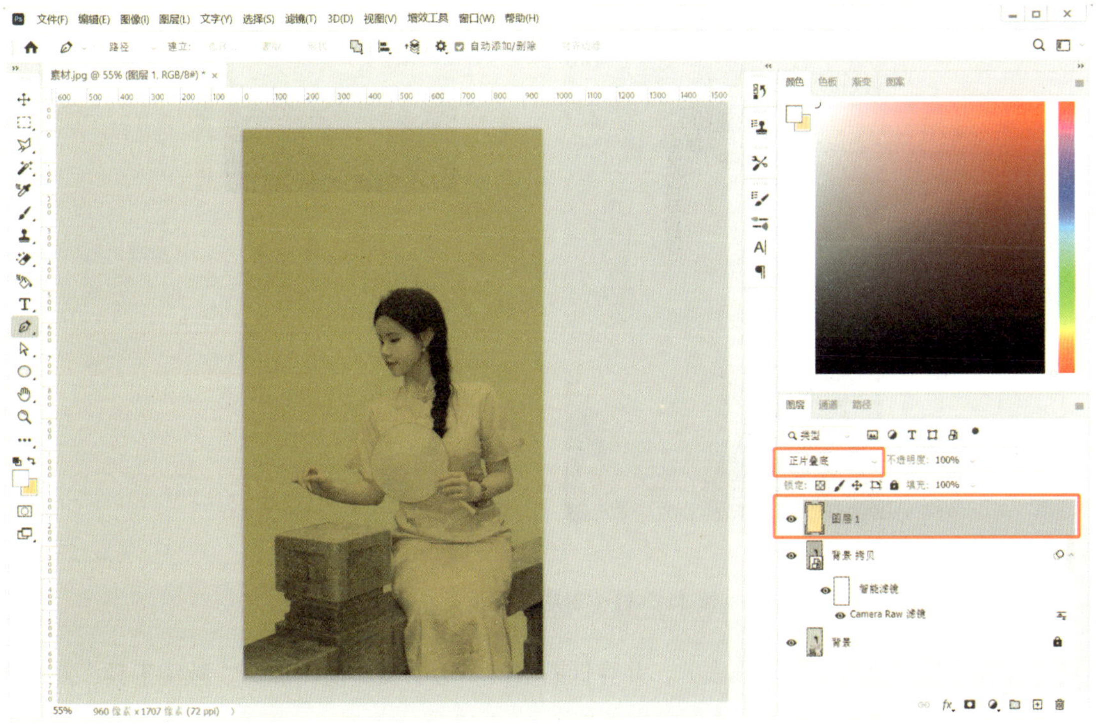

图 11-2-7　调整图层混合模式

添加黄色图层后整个图片有点偏黄，整体色调沉闷，故再创建“曲线”图层，单击仅对下一图层作用，将画面提亮一些，如图 11-2-8 所示；创建“色彩平衡”图层，单击仅对下一图层作用，将中间调往偏暖的色调方向进行微调，可以适当增加一些红色和黄色，如图 11-2-9 所示；创建“色相 / 饱和度”图层，单击仅对下一图层作用，降低一下图片的饱和度和明度，如图 11-2-10 所示。

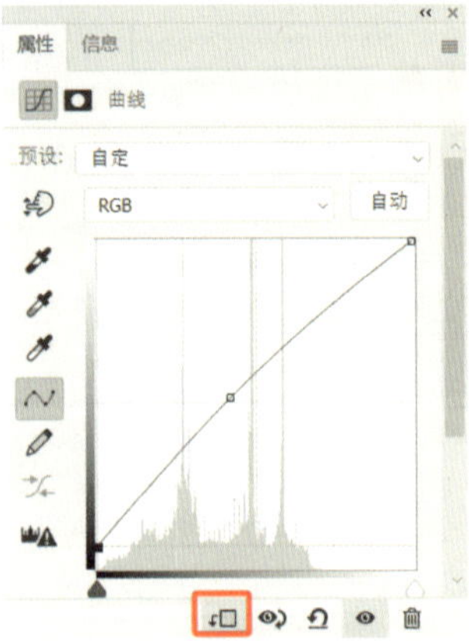

图 11-2-8　调整曲线参数

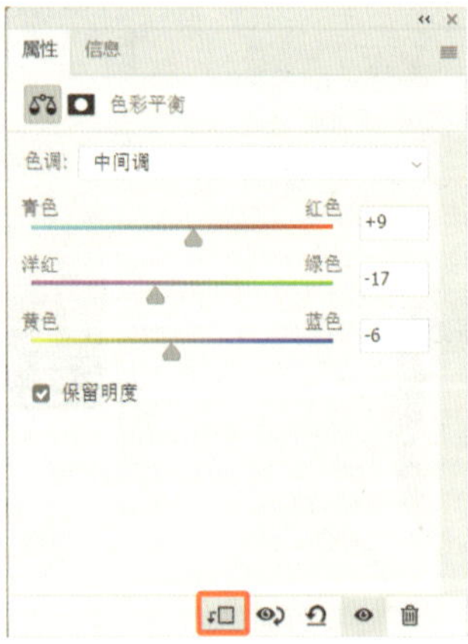

图 11-2-9　调整色彩平衡

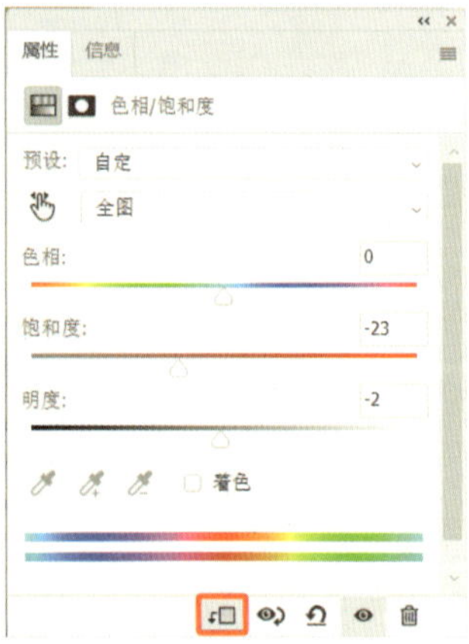

图 11-2-10　调整色相 / 饱和度

人物面部和服装的光影对比较强，可创建一个灰色的纯色图层，对局部的明暗光影进一步优化。选择“前景色”，更改为灰色，按“Alt+Delete”快捷键填充图层，如图 11-2-11 所示。

图 11-2-11　创建图层填充灰色

将图层混合模式改为“正片叠底”，并降低图层的不透明度。使用加深、减淡工具，对光影对比较强的地方进行涂抹，使整体立体度减小，如图 11-2-12 所示。

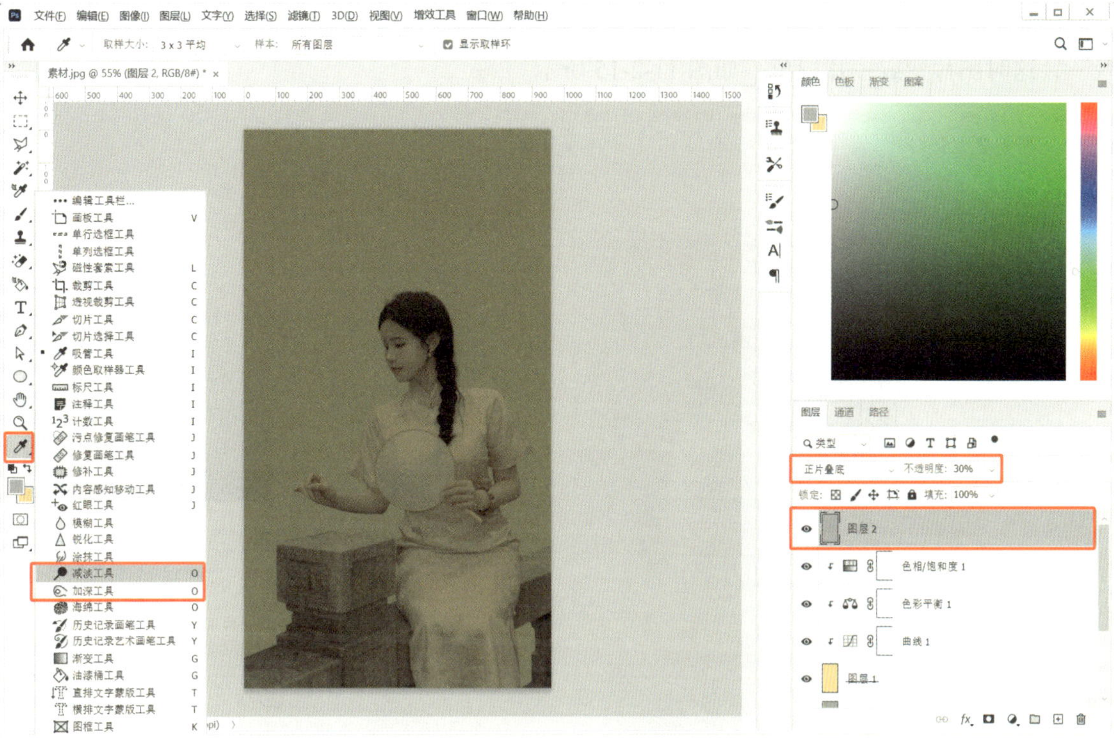

图 11-2-12　修改图层混合模式→用加深、减淡工具绘画

工笔画的重要特点之一就是以线立型，所以接下来我们来提取人物的线稿。

将原始图层再复制一层，移到最上层，按“Shift+Ctrl+U”快捷键对图层进行去色，并复制一层，如图 11-2-13 所示。

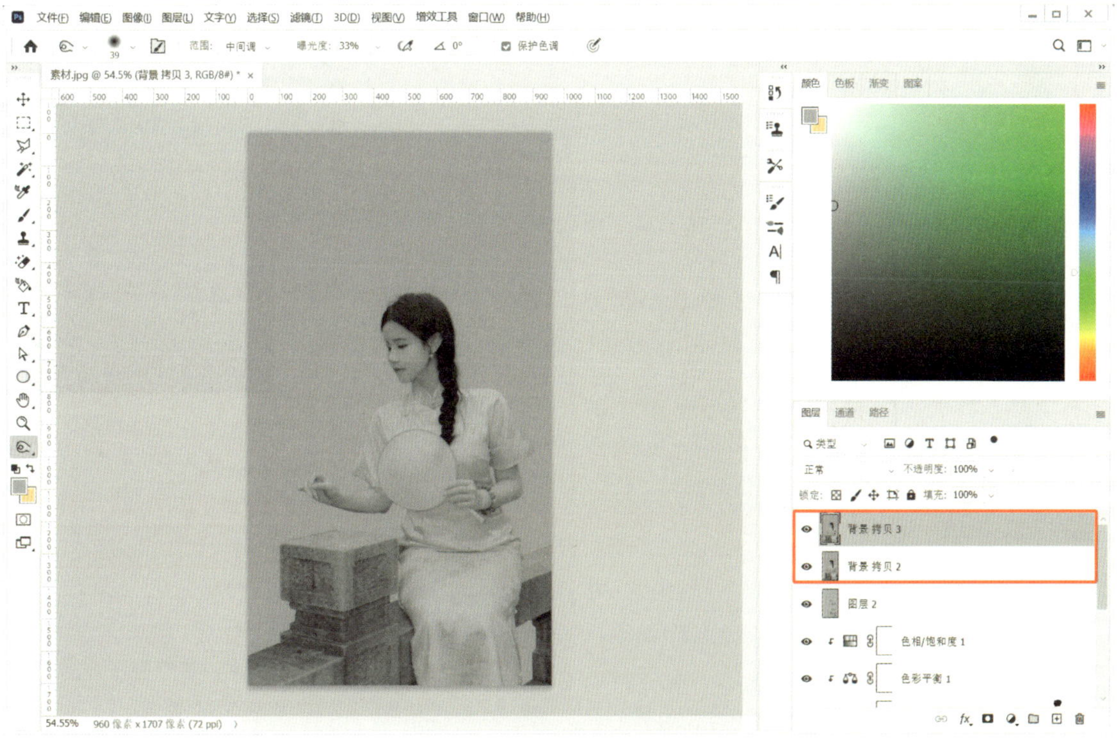

图 11-2-13　拷贝原始图层→去色→复制一个灰色图层

对复制出来的图层按“Ctrl+I”快捷键选择反向，如图 11-2-14 所示，将混合模式改为“颜色减淡”，这时图片变成一片白色，如图 11-2-15 所示。

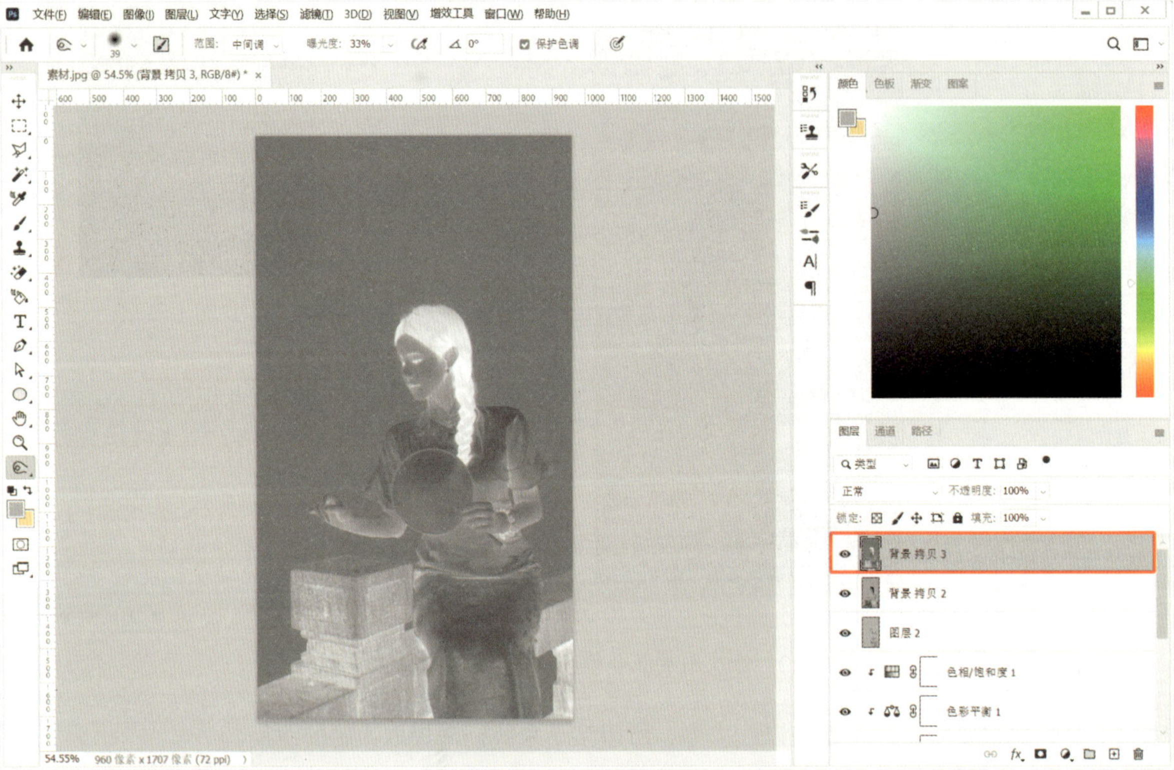

图 11-2-14 选择反向

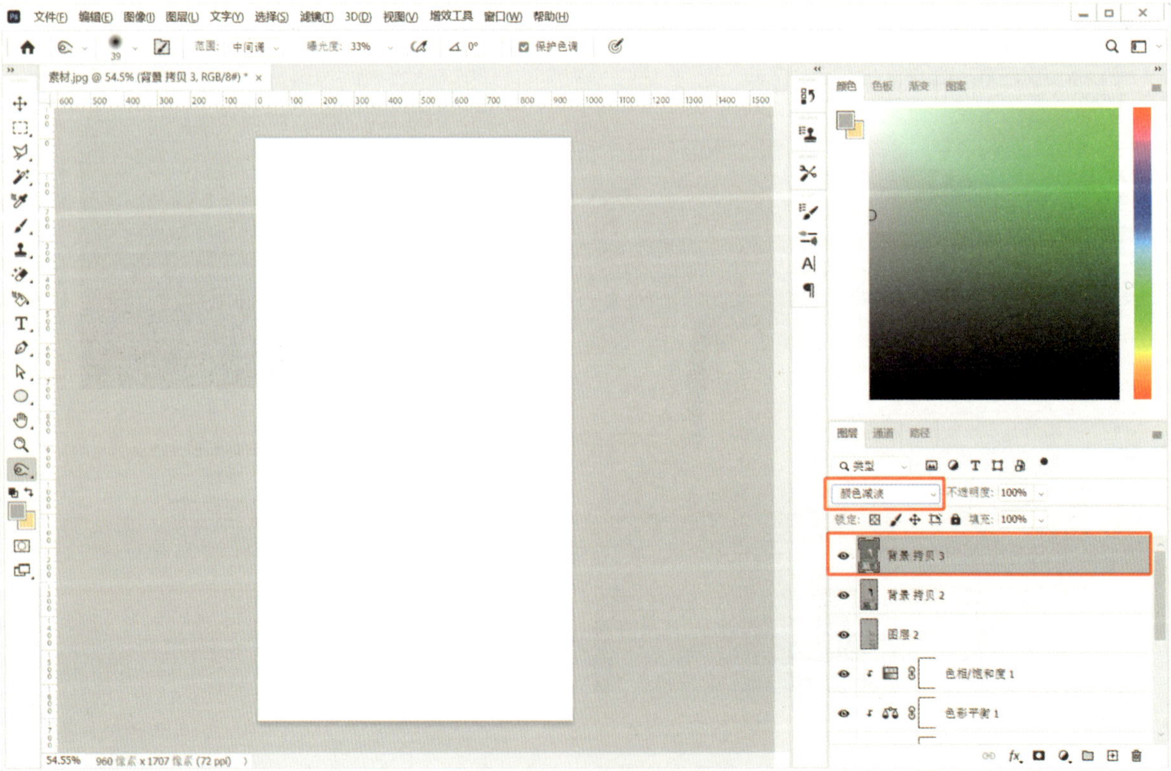

图 11-2-15 调整图层混合模式

在“滤镜”中选择“其它”，单击“最小值”，调整半径为 2，勾勒出人物的线稿，如图 11-2-16 所示。

图 11-2-16　勾勒出人物的线稿

选择这两个图层，单击鼠标右键进行合并，如图 11-2-17 所示，并将混合模式改为“柔光”，适当降低一下不透明度，如图 11-2-18 所示，呈现画笔勾勒的效果。

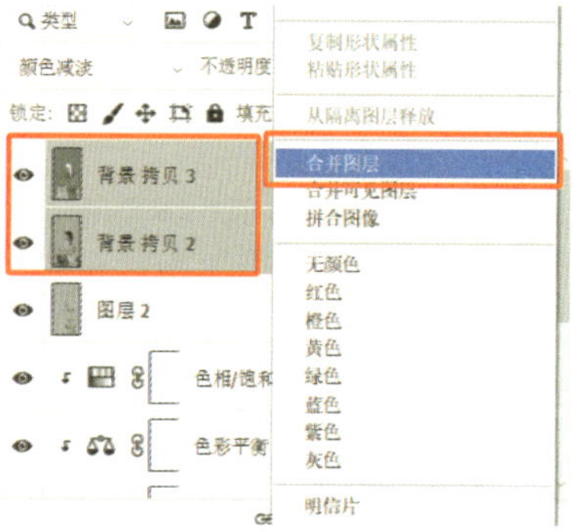

图 11-2-17　合并图层

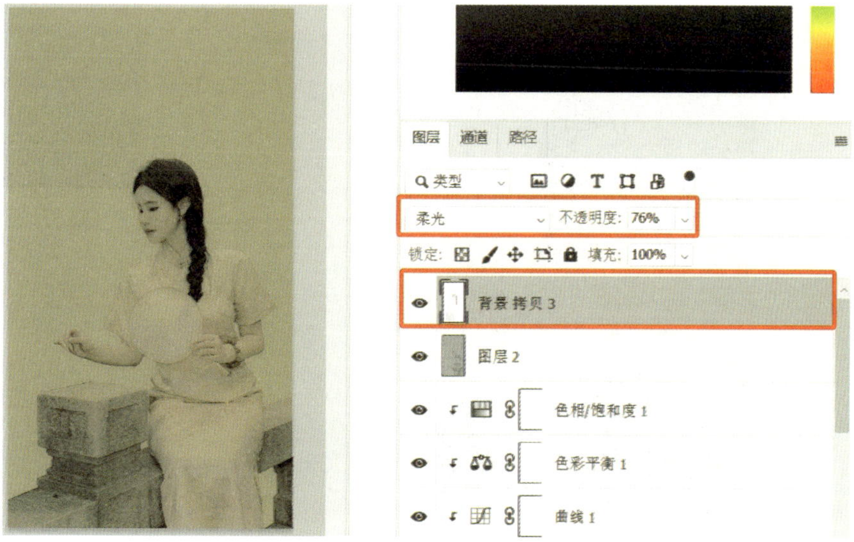

图 11-2-18　调整图层混合模式

再创建一个黄色纯色图层，在“滤镜库”中选择“纹理化”，调整“缩放”和“凸现”控制纹理效果，如图 11-2-19 所示。

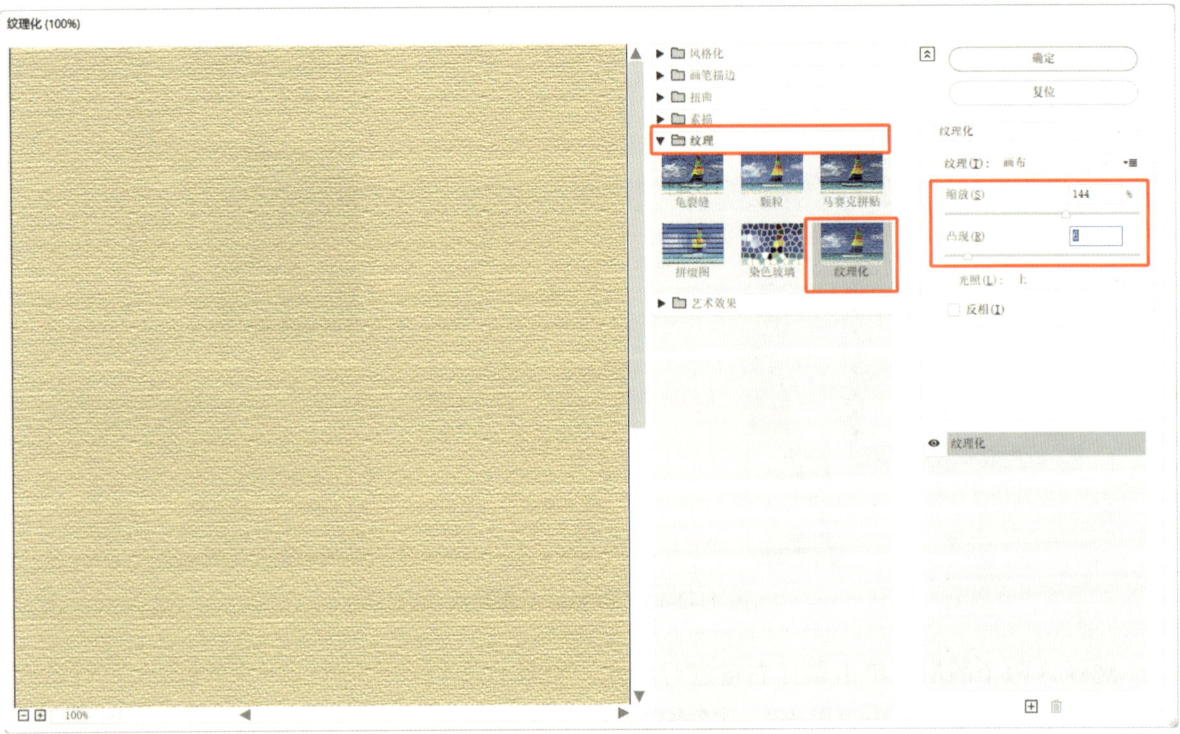

图 11-2-19　设置纹理化效果

把调色图层设置为“正片叠底”，如图 11-2-20 所示，呈现一种绘制在宣纸上的视觉效果。

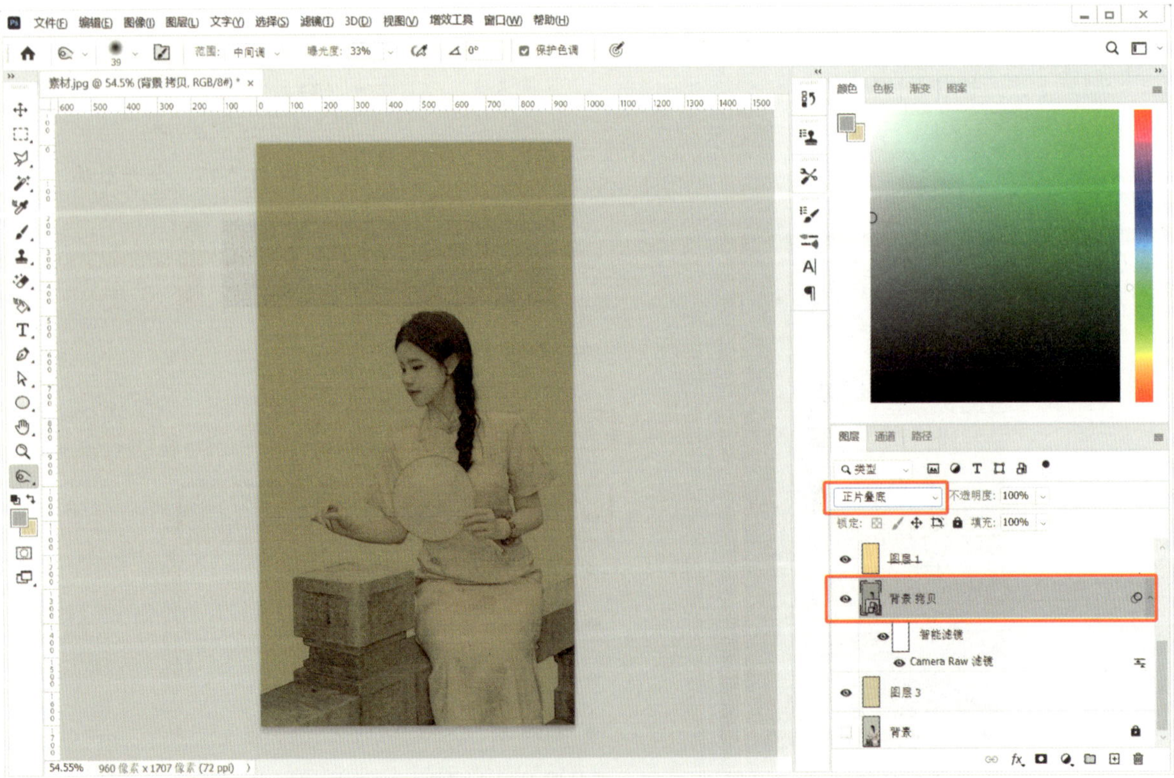

图 11-2-20　调整图层混合模式

若觉得这样人物主体太过粗糙，可在宣纸图层上选出人物主体，执行“滤镜”→“模糊”→“高斯模糊”命令，调整半径数值为 2.5，这样人物主体就较为细腻，如图 11-2-21 所示。

用曲线对画面整体再进行调节，如图 11-2-22 所示，还可再添加一些工笔画素材，如图 11-2-23 所示，让图片更加丰富。

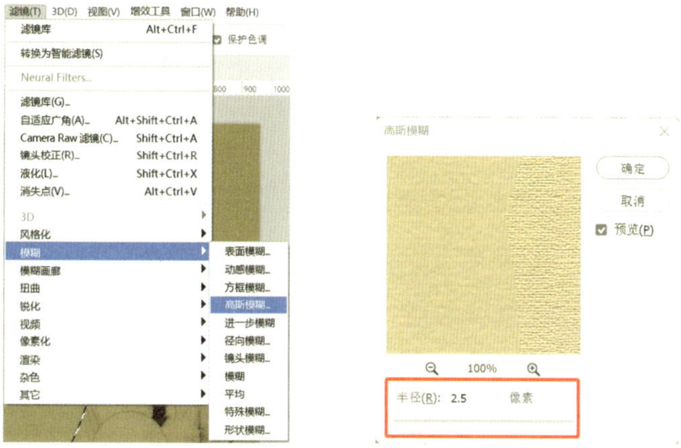

图 11-2-21　执行滤镜高斯模糊效果

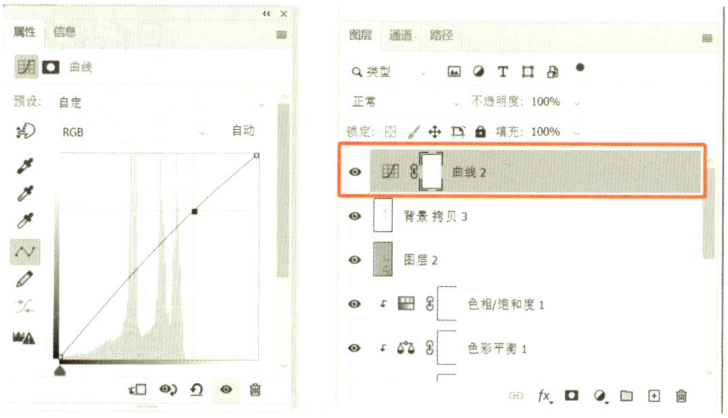

图 11-2-22　调整曲线

图 11-2-23　增加工笔画素材

拓展案例

扫码观看“保留发丝更换图片背景”案例讲解视频。

随堂测试

1. 关于去色和反向的描述，下列说法错误的是（　　）。

A. 执行“去色”命令，可以使所有图层同时去色，不论选中还是未选中的图层

B. “去色”命令的快捷键是“Ctrl+Shift+U”

C. “反相”命令的快捷键是“Ctrl+I”

D. “去色”和“反相”都是用于调整图像的色彩调节命令

2. 下列混合模式中，可以将白底图案自然地贴在物品上作为贴纸的是（　　）。

A. 明度　　B. 颜色减淡

C. 强光　　D. 正片叠底

单元作业

城市夜景调色（扫码获取素材）。

单元测试

扫码获取试题。

项目 12

Photoshop 动画与 AI 图像处理

◎ 授课目标

掌握 Photoshop 动画与 3D 效果制作方法，能够利用时间轴完成动画制作。

◎ 育人目标

1. 培养动态叙事思维与立体空间感知力，培养以数字技术为媒介的多维视觉表达能力与跨领域实践素养。

2. 掌握动态视觉表达的力量，用创新思维讲述中国故事，促进文化繁荣和社会和谐，以精湛技艺展现新时代的风貌。

任务 12.1　制作时间轴动画

微课视频

【课堂讨论】

请说说制作逐帧动画的基本原理。

在 Photoshop 中制作动画海报主要基于时间轴和图层的原理，通过多帧图像的连续播放来模拟动画效果，分为帧动画和时间轴动画模式。接下来我们将学习如何使用时间轴来将一张分层节气海报进行动画化。

步骤 1：打开一张分层的节气海报，观察海报图层结构，如本案例中图层里包含文字“大暑”“夏夜热风起，繁灯宛若星光”、蜻蜓、荷花、扇子、荷叶等图层，定下动画出场顺序为：蜻蜓从外飞入后先在花苞上停留，后飞停在开放的荷花上；与此同时，扇子和荷花自左向右逐渐出现，文字原地渐显。确定动画流程后，对所有图层单击鼠标右键，选择“转换为智能对象”，如图 12-1-1 所示。

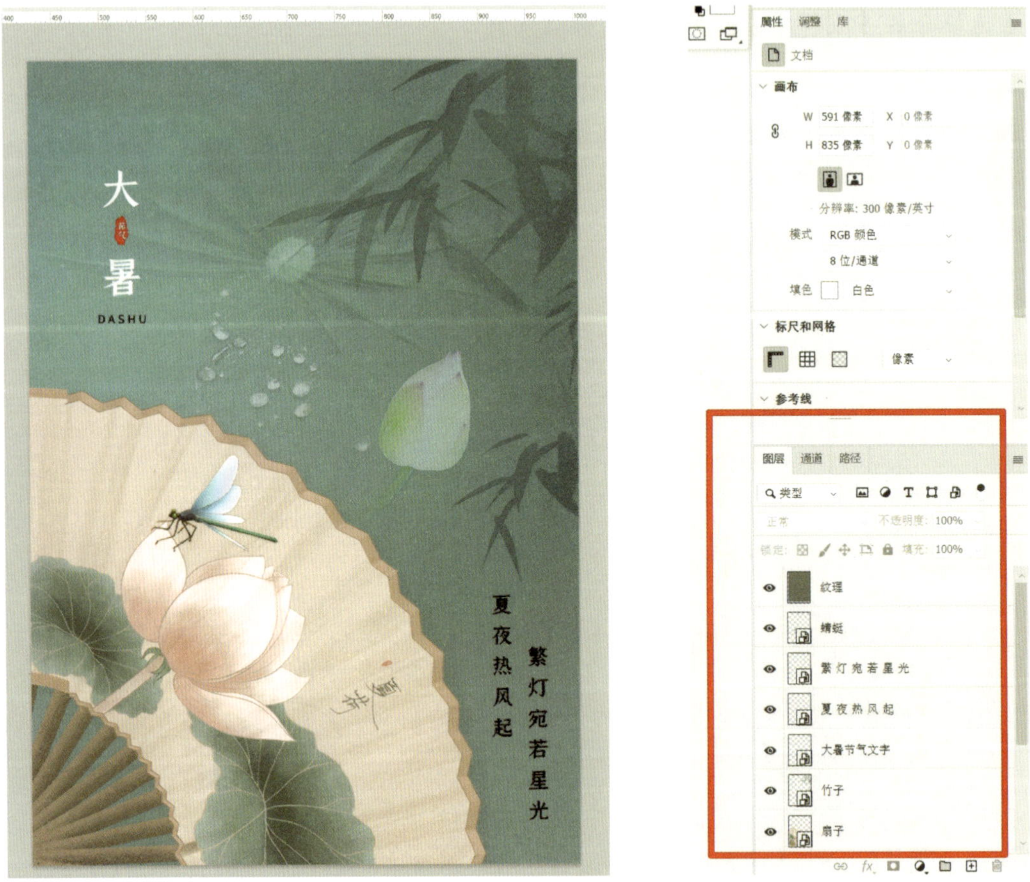

图 12-1-1　图层转换为智能对象

步骤 2：在窗口菜单中打开“时间轴”面板，如图 12-1-2 所示。

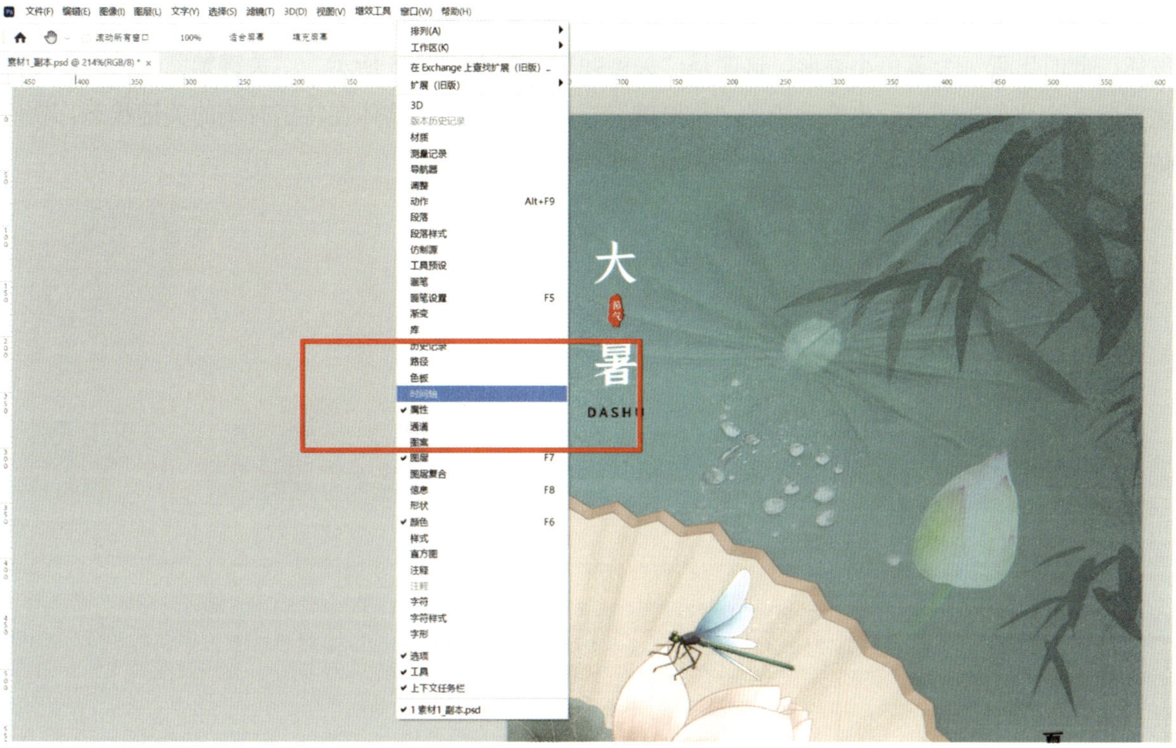

图 12-1-2　打开时间轴面板

步骤 3：单击“创建视频时间轴”，如图 12-1-3 所示。

图 12-1-3　创建视频时间轴

步骤 4：一般情况下，工作区域时间上限默认为 5 秒，考虑到本案例只需要展示 2 秒时间，因此缩短时间上限。单击“设置工作区域的结尾”，拖动鼠标，将动画时间上限调整为 2 秒，如图 12-1-4 所示。

图 12-1-4　调整工作区域时间上限

步骤 5：制作蜻蜓的移动动画。单击时间轴上蜻蜓图层文字左边的下拉箭头，出现可修改变量：“变换”“不透明度”“样式”。在修改变量前，检查、确保时间线在 00：00，后单击“变换”按钮，此时出现一个黄色小菱形，这就是“关键帧”，如图 12-1-5 所示。“关键帧”是动画中标记重要状态变化的时间点，也像动画的“指路牌”，标记着角色或物体在特定时刻的关键状态，软件依此生成连贯动画。

图 12-1-5　设置关键帧

步骤 6：把画布工作区上的蜻蜓图案移动到画布外（消失），将时间线拉至 1 秒，再将蜻蜓元素移动至花苞位置，此时出现一个新的关键帧，如图 12-1-6 所示。

图 12-1-6　再设置一个关键帧

步骤 7：将时间线拉至 2 秒结尾处，将蜻蜓元素移动至开放的荷花上，此时出现一个关键帧即可完成蜻蜓动画，如图 12-1-7 所示。然后利用同样的方法制作扇子从左至右移动出现的效果。

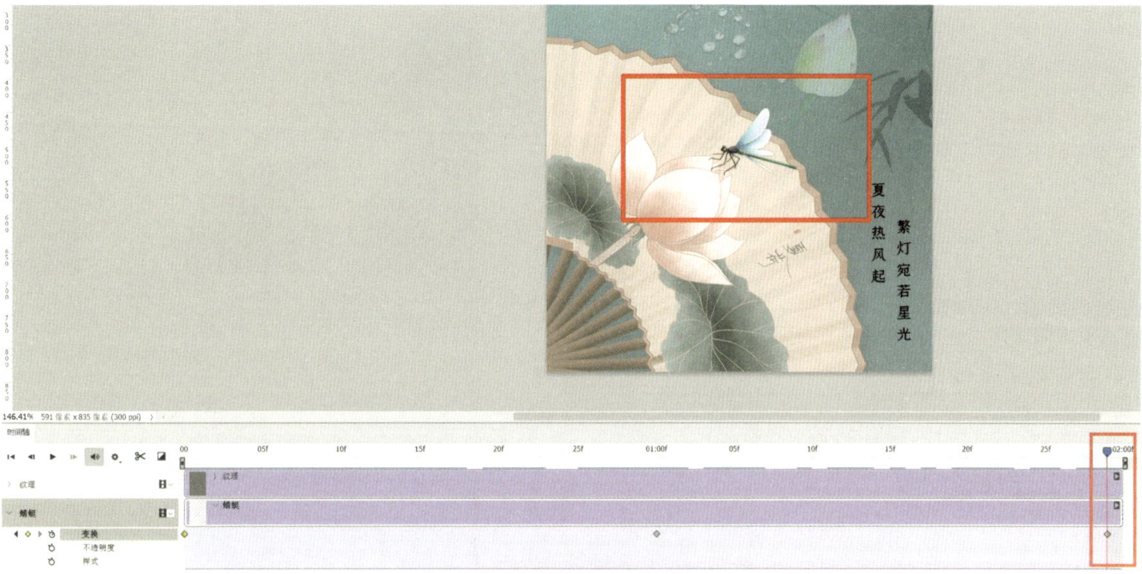

图 12-1-7 完成蜻蜓动画制作

步骤 8：制作文字渐显的动画。首先，在制作动画前，确保时间线停留在 00：00，单击“夏夜热风起”文字图层时间轴左边的箭头，此处的动画区别于蜻蜓的移动，因此要修改的是“不透明度”参数。下拉单击“不透明度”按钮，出现第一个“关键帧”，将文字图层不透明度改为 0%，如图 12-1-8 所示。再将时间线移动至 1 秒位置，将文字图层不透明度改为 100%。通过上述步骤，可以得到文字从消失至完全显示的效果。

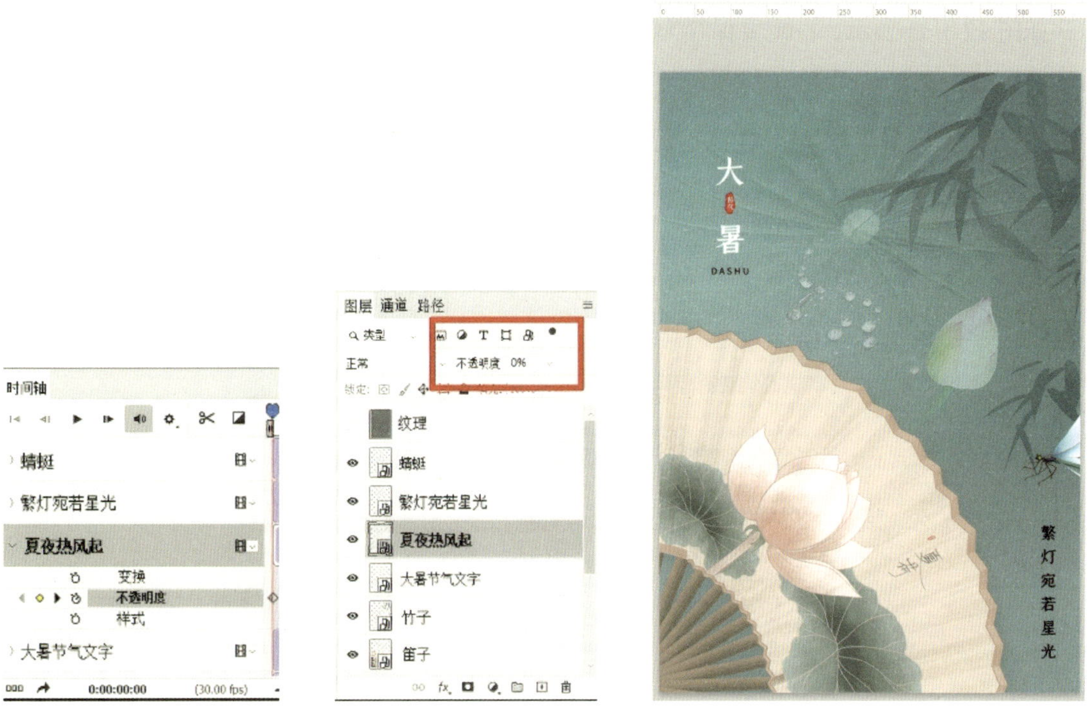

图 12-1-8 设置“夏夜热风起”文字动画

步骤 9：用同样的步骤制作“繁灯宛若星光”动画，但是为了让两句话前后错开出现，需要把这句文字的起始帧加在 20f，结束帧为 2 秒前，如图 12-1-9 所示。

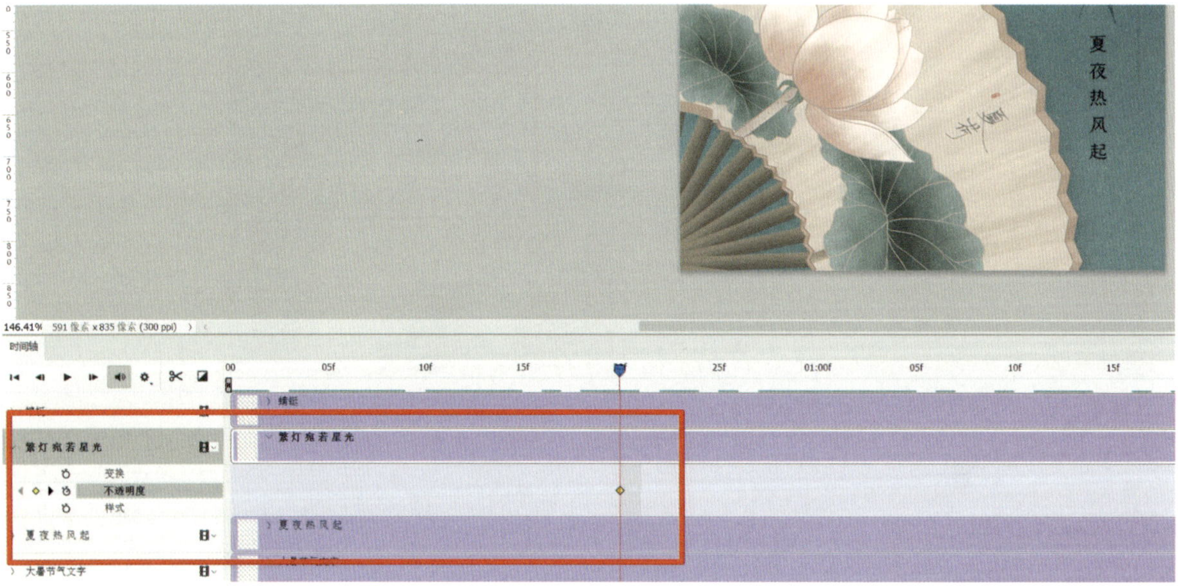

图 12-1-9 设置“繁灯宛若星光”文字动画

步骤 10：用同样的方法制作“大暑”文字渐显、竹叶摆动等动画。单击播放按钮，单击预览，确认无误。在导出前要确认本案例的动画是循环运动而非播放一次就停止。可以单击时间轴上的“设置”，勾选“循环播放”后单击“播放”，预览效果，如图 12-1-10 所示。

图 12-1-10 勾选循环播放

步骤 11：导出文件。单击“文件”，单击“存储为 Web 所用格式”，如图 12-1-11 所示，一定要保存为 GIF 格式。

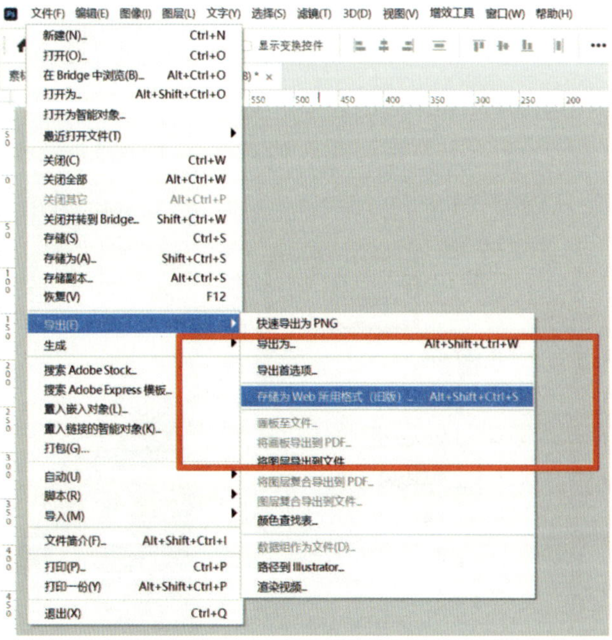

图 12-1-11 导出文件

随堂测试

1. 在 Photoshop 中制作动画，需要把动画保存为什么格式的文件？（　　）

A. GIF　　B. PSD

C. JPG　　D. PNG

2. 请判断对错：要删除动画中的背景，不需要把动画中每一帧的背景都删除。（　　）

任务 12.2　让古代名画动起来

微课视频

【课堂讨论】

请说说让图片动起来的软件有哪些。

在上一节，我们尝试将分层的节气海报进行动画化，本节我们尝试用时间轴制作人物动画，模拟二维动画软件的效果。

《捣练图》是中国唐代画家张萱创作的工笔重设色画，现存版本是宋徽宗摹本，也是“中国十大传世名画”之一，画中描绘了几位衣着考究、丰颊硕体的宫女，展现了她们捣丝、检修、缝纫、熨烫的情景，呈现出一幅盛唐时期的宫廷生活图卷。

打开《捣练图》素材，选择最左边正在缝制衣服的仕女来制作动画，如图 12-2-1 所示。分析该人物造型，如果要制作动画，就要将仕女的手臂单独抠出，从背景中分离，再把背景填充完整，后用时间轴让仕女手臂动起来。接下来我们逐步操作一遍。

图 12-2-1　选定动画对象

步骤 1：使用“Ctrl+J”快捷键复制背景层得到“背景 拷贝”图层，如图 12-2-2 所示，隐藏原背景层备用。使用钢笔或套索工具将仕女的手臂需要动的部分单独抠出，并新建成新的图层，命名为“左针线”，如图 12-2-3 所示，然后单击鼠标右键“转换为智能对象”并暂时隐藏。

图 12-2-2 复制背景层

图 12-2-3 抠出“左针线”手臂并单独建立图层

步骤 2：利用仿制图章工具或修补工具修补原本“左针线”的位置背景图，将上臂复制一段进行延伸，以防手臂摆动时露馅，如图 12-2-4 所示。

步骤 3：接下来需要调出时间轴面板。在菜单栏中单击“窗口”，勾选“时间轴”。在时间轴面板中单击“创建视频时间轴”，出现新的工具面板。此时工作区域时间上限默认为 5 秒，但我们本次演示只需要 3 秒。找到“设置工作区域的结尾”，将时间调整为 3 秒，如图 12-2-5 所示。

图 12-2-4 修补手臂背景图

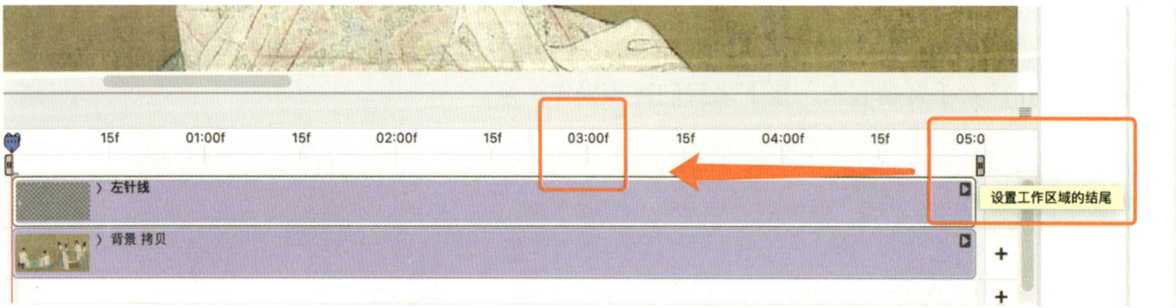

图 12-2-5 设置工作区域的结尾为 3 秒

步骤 4：单击时间轴面板上“左针线”图层文字左边的下拉箭头，出现“变换”“不透明度”“样式”3 个选项。确保时间线在 00：00，单击“变换”按钮，此时出现黄色小菱形，即第一个“起始关键帧”，如图 12-2-6 所示。

步骤 5：接下来要改变手部位置，使之在关键帧的作用下来回摇摆。把时间线拉至 15f。使用“Ctrl+T”快捷键修改“左针线”图层，按住 Alt 键，将图层中心点移动至手肘根部，如图 12-2-7 所示。

图 12-2-6　设置起始关键帧

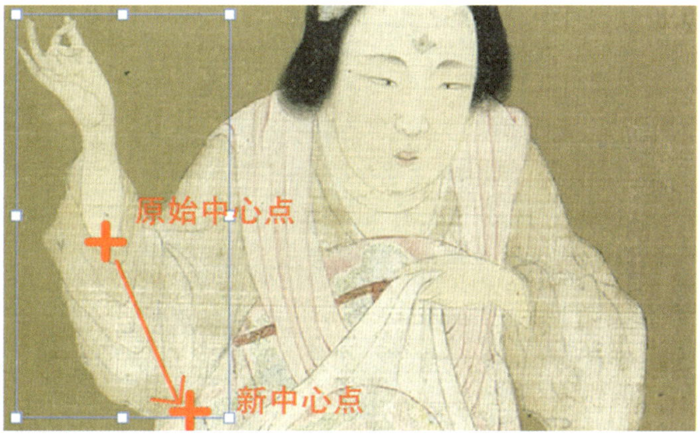

图 12-2-7　调整“左针线”位置

步骤 6：将仕女手臂向右旋转一定角度，双击确认修改，此时软件自动出现一个新的关键帧。经过以上步骤后，仕女的手臂已经可以在 0 ~ 15 帧左右摆动。之后用同样方式每隔 15f 将手臂左右摆动制作关键帧，完成 3 秒的动画共 6 个完整的左右摆动周期，如图 12-2-8 所示。

图 12-2-8 设置动画所有的关键帧

步骤 7：单击时间轴上的“设置”，勾选“循环播放”后单击播放，预览效果，如图 12-2-9 所示。

步骤 8：导出文件。单击“文件”，选择“存储为 Web 所用格式”即可完成让《捣练图》仕女手臂动起来的完整动画。

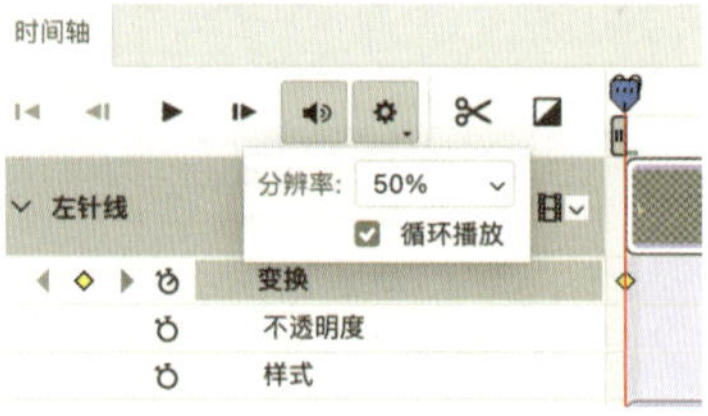

图 12-2-9 设置循环播放

随堂测试

1. 自由变换的快捷键是？（ ）

A. Ctrl+Z　　B. Ctrl+D

C. Ctrl+X　　D. Ctrl+T

2. 下列哪一选项不属于让古代名画动起来的步骤？（ ）

A. 创建视频时间轴　　B. 添加滤镜

C. 填补背景　　D. 自由变换

任务 12.3　科幻式 3D 海报制作

【课堂讨论】

用 Photoshop 制作 3D 海报有哪些优点？

微课视频

在 Photoshop 中，3D 功能允许用户将普通的平面图像转化为具有立体感的三维对象。这就像把一张照片变成一个可以旋转和移动的模型。通过调整光源、材质和视角，用户可以创建出逼真的三维效果。Photoshop 中的 3D 功能主要由以下几个部分组成。

网格：这是 3D 模型的基础结构，类似于一个由许多小方块组成的框架。网格决定了模型的形状和细节。

材质：用于定义模型表面的外观，比如颜色、光泽、透明度等。调整材质属性可以让模型看起来更加真实。

灯光：用于模拟真实世界中的光源。调整灯光的方向、强度和颜色，可以为模型添加阴影和高光，使其具有立体感。

在学习 3D 工具的过程中，我们应培养严谨的科学态度和去伪存真的精神，力求在虚拟世界中还原最真实的视觉体验。本节我们利用一张星空素材来了解 Photoshop 中 3D 效果的制作流程。

步骤 1：打开一张星空素材，使用裁剪工具，截取星空素材部分，如图 12-3-1 所示。

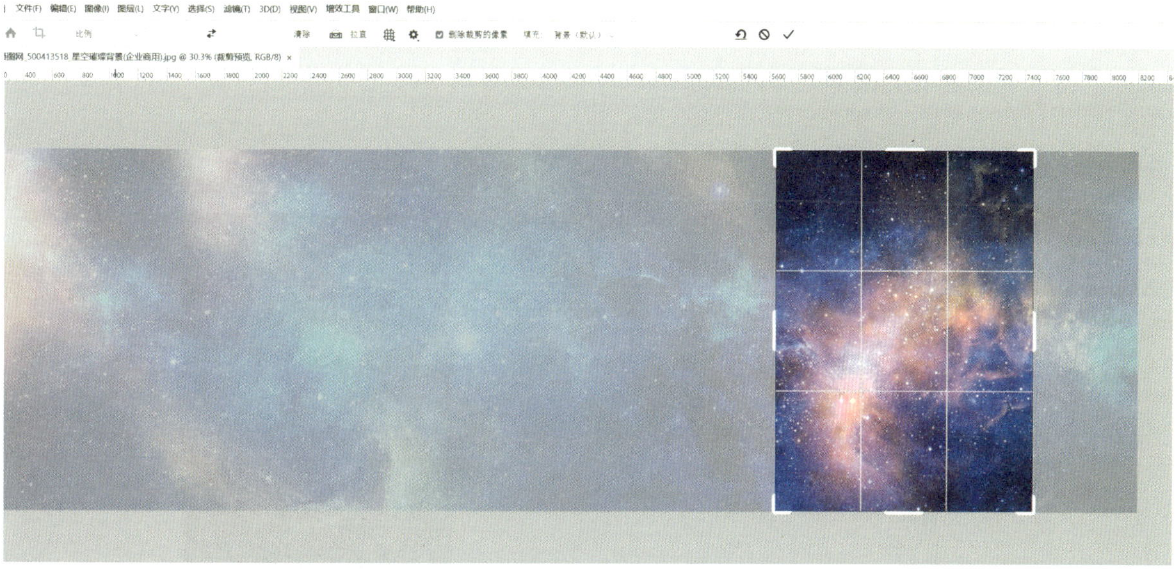

图 12-3-1　裁剪图片

步骤 2：使用“Ctrl+J”快捷键复制粘贴背景图层，隐藏原图层备用，单击菜单栏中的“滤镜”，在“扭曲”里选择“旋转扭曲”，如图 12-3-2 所示。

步骤 3：在新弹出的面板上，将“角度”参数调整至 843 度，单击“确定”按钮，如图 12-3-3 所示。

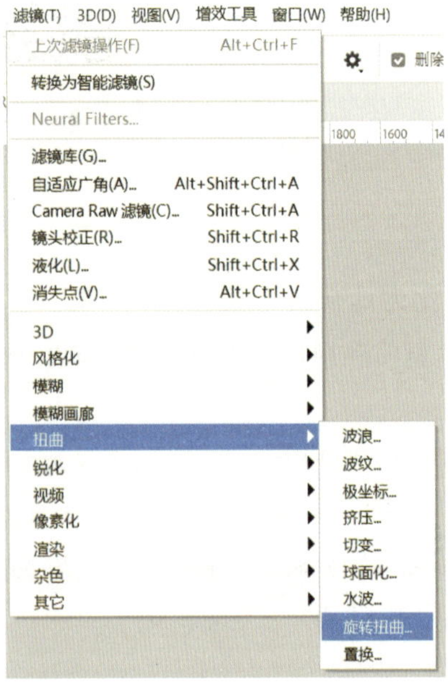

图 12-3-2 添加旋转扭曲滤镜

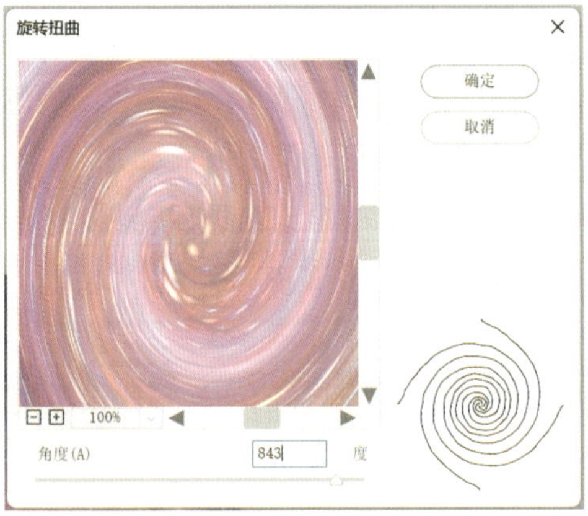

图 12-3-3 设置旋转扭曲参数

步骤 4：单击菜单栏中的“3D”菜单，执行“从图层新建网格”→“深度映射到”→“平面”命令，如图 12-3-4 所示，得到效果如图 12-3-5 所示。

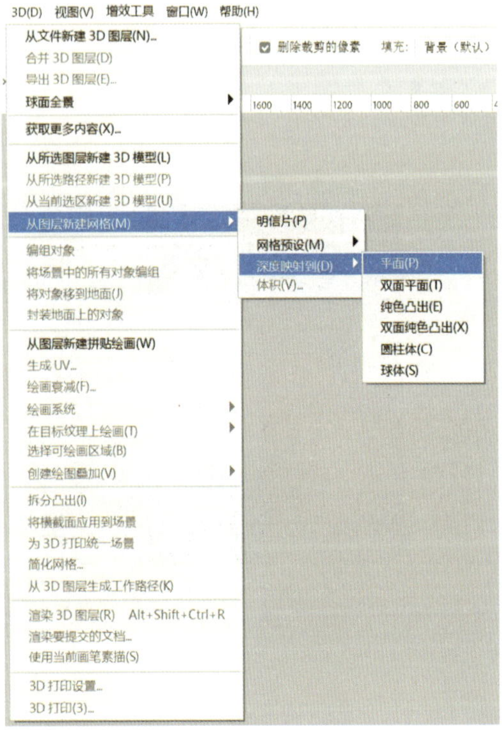

图 12-3-4 执行深度映射命令

图 12-3-5 深度映射平面效果

步骤 5：单击右侧属性栏，将预设改为“未照亮的纹理”，如图 12-3-6 所示。此时我们发现，原本 2D 的星空海报，根据颜色深浅被“转换”成了 3D 立体效果，如图 12-3-7 所示。

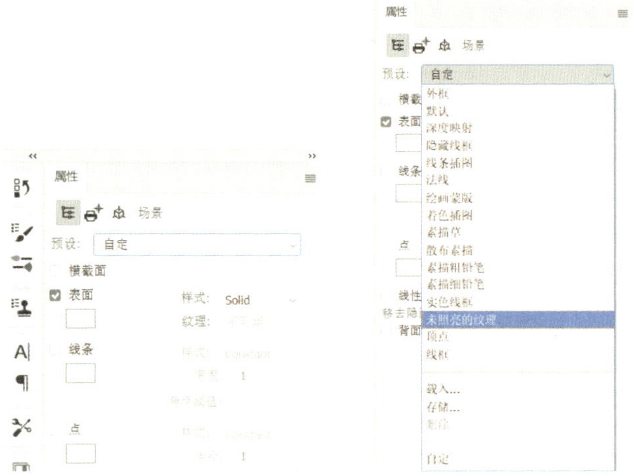

图 12-3-6 预设执行未照亮的纹理

图 12-3-7 执行后效果

步骤 6：使用“环绕移动 3D 相机”旋转图片至合适角度，如图 12-3-8 所示。

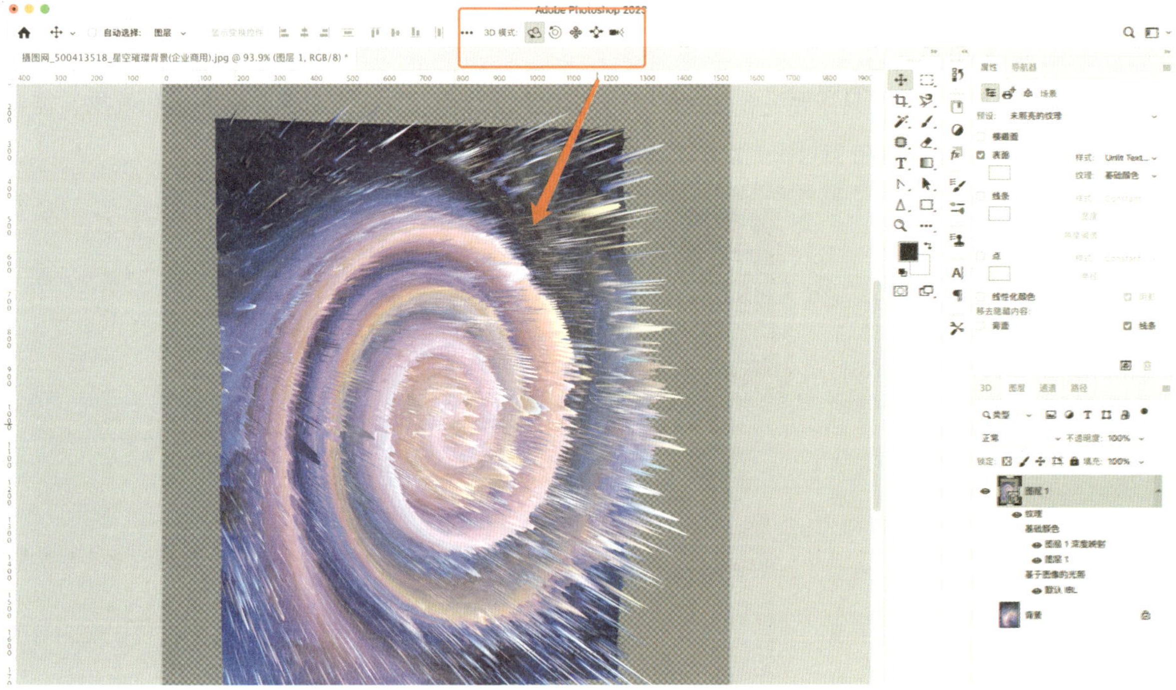

图 12-3-8 用环绕移动 3D 相机旋转图片

步骤 7：单击图层面板，单击鼠标右键，选择“栅格化 3D”。

步骤 8：选择移动工具，将图片移动并调整至合适大小，如图 12-3-9 所示。

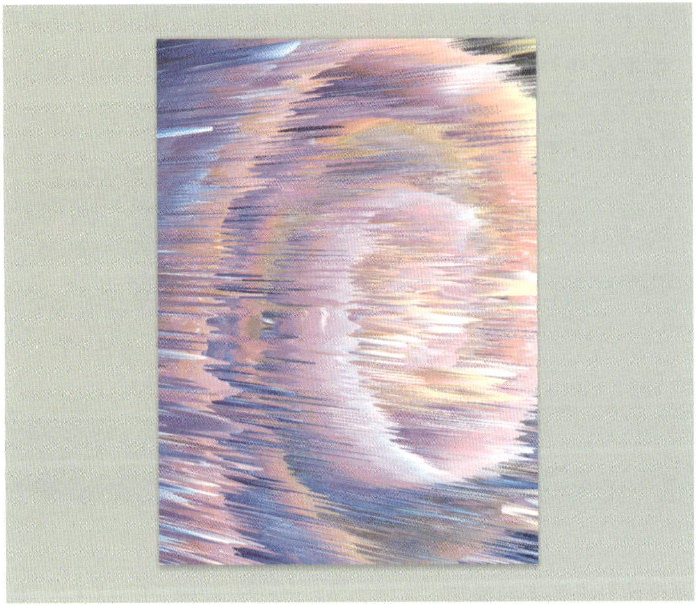

图 12-3-9 调整图片位置和大小

步骤 9：如果周围有部分“漏底”，可以在图层面板中新建一个黑色图层，并移动至 3D 图层下方，如图 12-3-10 所示。

步骤 10：接下来我们只需要完善 3D 海报的文案部分。输入文字，调整文字大小和效果，需要注意的是，文字图层必须在 3D 图层上方，如图 12-3-11 所示。

图 12-3-10 新建图层并调整图层位置

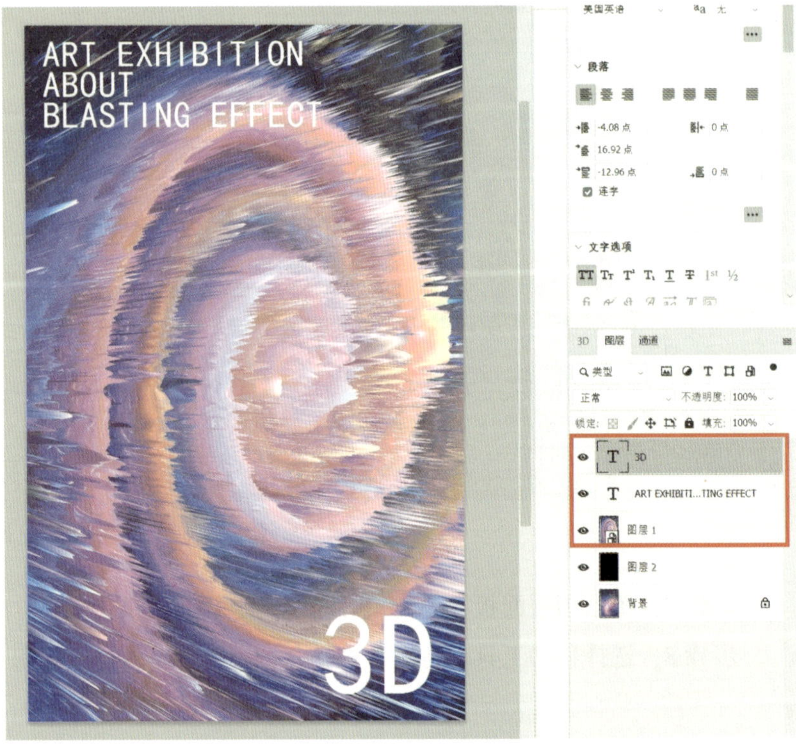

图 12-3-11 输入文字并调整图层位置

步骤 11：使用“Ctrl+S”快捷键或单击菜单栏中“文件”，选择“存储”，将海报保存。

随堂测试

1. 在 Photoshop 中，3D 模型的基础结构是（　　）。

A. 灯光　　　　B. 像素

C. 材质　　　　D. 网格

2. 请判断对错：制作科幻式 3D 海报时角度可以随意调整。（　　）

任务 12.4　AI 创意与 Photoshop 海报制作

【课堂讨论】

AI 工具能为设计工作带来哪些助益？

微课视频

传统设计中，设计师从零开始构思一张产品包装，从几小时到几天不等。一张优秀的设计稿背后，可能是无数个不眠的夜晚。本节我们来探讨如何用国产 AI 工具与 Photoshop 相结合，把从灵感探索、方案优化到最终交付的全流程效率提升数倍。这不仅是一场技术革命，更是一场创意觉醒。

我们以当地企业委托的项目为例。项目要求：以凤凰水蜜桃为产品内容，设计一组（4 张）夏日水果海报。按照传统工作流程，设计师往往依赖主观经验进行设计，但是，今天我们请国产 AI 软件 Deepseek 帮助我们，为我们提供设计创意，如图 12-4-1 所示。

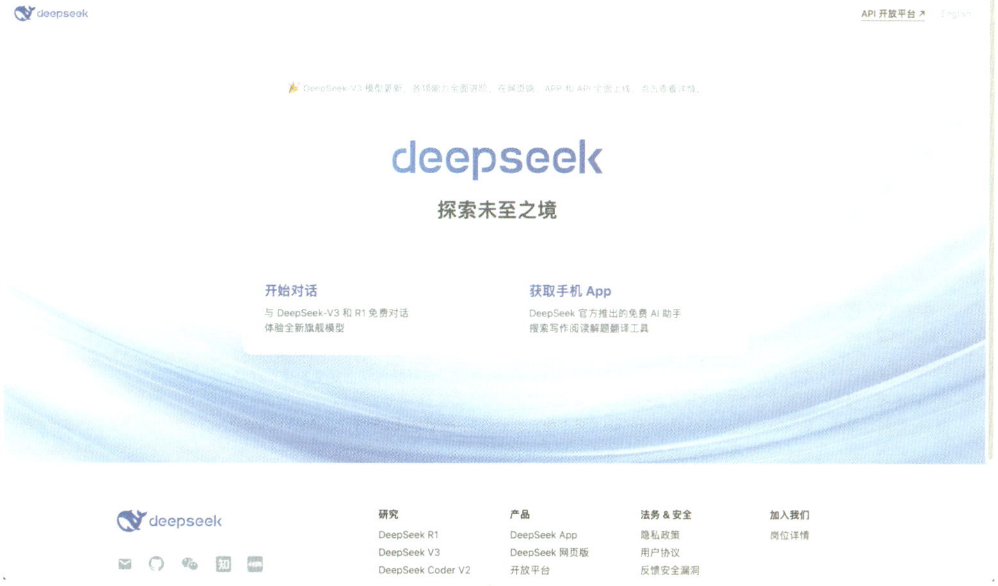

图 12-4-1　Deepseek 初始界面

打开 Deepseek 官网，输入如下文字：

我是江苏省张家港市凤凰镇的一家农副产品企业。我们农场有一片果园，大量生产水蜜桃。我们的水蜜桃的主要特点是：个头大，颜色偏淡，香气足。现在我想设计 4 张海报，受众是江浙沪年轻人群，请给我一些设计建议。如图 12-4-2 所示。

用户也可以根据需求输入更详细的指令。

我是 DeepSeek，很高兴见到你！
我可以帮你写代码、读文件、写作各种创意内容，请把你的任务交给我吧~
我是江苏省张家港市凤凰镇的一家农副产品企业。我们农场有一片果园，大量生产水蜜桃。我们的水蜜桃的主要特点是：个头大，颜色偏淡，香气足。现在我想设计4张海报，受众是江浙沪年轻人群，请给我一些设计建议。
深度思考 (R1)
联网搜索

图 12-4-2　在 Deepseek 中输入设计需求

接下来 Deepseek 就会给我们包括互动文案、构图、风格、主视觉产品内容等的创意推荐，如果不满意可以继续生成更多的创意点。它本次生成的 4 个海报创意方案，如图 12-4-3 所示。

以下是针对江浙沪年轻人群设计的4张水蜜桃海报方案，结合产品特点与受众审美需求，力求打造清新自然、时尚吸睛的视觉体验：

海报一：「超大满足」视觉冲击款
核心创意：

- **巨物对比**：将水蜜桃放大至占据2/3画面，底部放置手掌托举的真实比例对比，凸显"单手难握"的惊喜感。
- **柔光滤镜**：用低饱和度粉橙渐变背景烘托淡雅果色，桃尖点缀晶莹露珠强化新鲜感。
- **文案点睛**：主标题"XXL号甜蜜暴击"，副标题"凤凰镇水蜜桃，一口撑满幸福感"。
  适用场景：地铁广告/商圈大屏，第一时间抓眼球

海报二：**「香气追踪」动态沉浸款**
核心创意：

- **流体艺术**：水蜜桃裂开后涌出粉色雾气，幻化成江浙地图形状（上海东方明珠、杭州三潭印月等标志元素藏于雾中）。
- **4D感官设计**：扫描海报二维码触发AR动画，飘出动态桃花瓣伴随模拟水蜜桃香氛机体验提示。
- **文案互动**："闻香识桃——你的甜蜜坐标已定位张家港凤凰镇"。
  适用场景：社交媒体传播/线下快闪店互动

海报三：「国潮文创新鲜人」文化融合款
核心创意：

- **水墨凤凰**：传统工笔凤凰环绕现代扁平风桃枝，喙部轻啄裂开的水蜜桃展现汁水丰盈。
- **城市符号**：背景融入苏绣纹样与上海石库门剪影，底部用奶茶杯、冰格等元素构建"水蜜桃+"甜品宇宙。
- **文案玩梗**："凤凰非梧桐不栖，蜜桃非凤凰不甜"、"当代苏轼：日啖蜜桃三百颗，不辞长作凤凰人"。
  适用场景：文创市集/高校推广，引发文化共鸣

海报四：「24小时鲜度挑战」功能型促销款
核心创意：

- **时间轴设计**：左侧桃树清晨采摘场景，中央冷链车穿行长三角地图，右侧呈现切面完美的蜜桃摆盘。
- **数据可视化**：用温度计/甜度仪等仪器插画标注"糖度14°+""3°C恒温锁鲜"等专业指标。
- **限时行动点**：显眼倒计时模块"江浙沪订单6PM前下单，次日达"，搭配裂变二维码"分享3人团享8折"。
  适用场景：电商主页/外卖平台，促进即时转化

图 12-4-3　Deepseek 生成的 4 个海报创意方案

这里以 Deepseek 提供的“海报一”方案为例继续深入。

在 Deepseek 对话框中输入以下文字：

我想选用海报一的“超大满足”视觉冲击款创意，并且想使用即梦 AI 来完成海报设计，请给我该方案的详细的提示语。

Deepseek 就会生成两份提示语，分别对应“视觉层描述”和“文案层描述”。如图 12-4-4 所示。

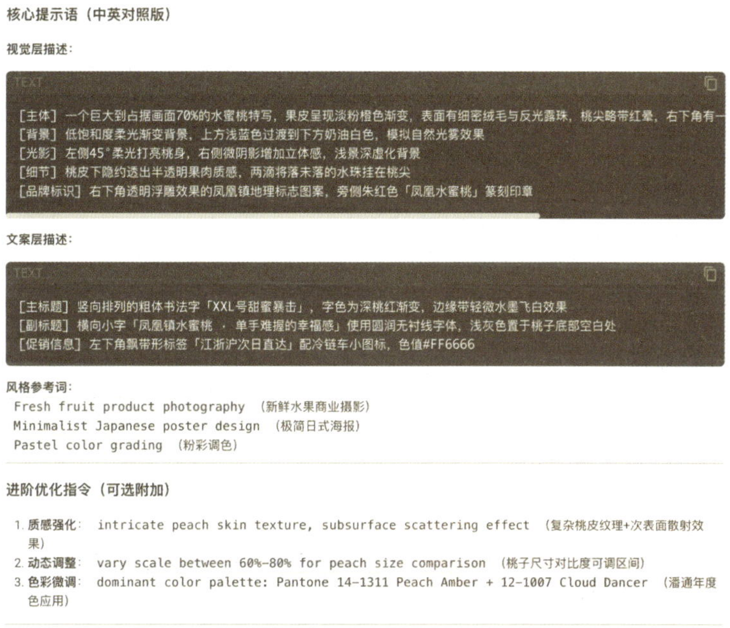
核心提示语（中英对照版）

视觉层描述：

```
[主体] 一个巨大到占据画面70%的水蜜桃特写，果皮呈现淡粉橙色渐变，表面有细密绒毛与反光露珠，桃尖略带红晕，右下角有一
[背景] 低饱和度柔光渐变背景，上方浅蓝色过渡到下方奶油白色，模拟自然光雾效果
[光影] 左侧45°柔光打亮桃身，右侧微阴影增加立体感，浅景深虚化背景
[细节] 桃皮下隐约透出半透明果肉质感，两滴将落未落的水珠挂在桃尖
[品牌标识] 右下角透明浮雕效果的凤凰镇地理标志图案，旁侧朱红色「凤凰水蜜桃」篆刻印章
```

文案层描述：

```
[主标题] 竖向排列的粗体书法字「XXL号甜蜜暴击」，字色为深桃红渐变，边缘带轻微水墨飞白效果
[副标题] 横向小字「凤凰镇水蜜桃 · 单手难握的幸福感」使用圆润无衬线字体，浅灰色置于桃子底部空白处
[促销信息] 左下角飘带形标签「江浙沪次日直达」配冷链车小图标，色值#FF6666
```

风格参考词：

Fresh fruit product photography （新鲜水果商业摄影）
Minimalist Japanese poster design （极简日式海报）
Pastel color grading （粉彩调色）

进阶优化指令（可选附加）

1. 质感强化：intricate peach skin texture, subsurface scattering effect （复杂桃皮纹理+次表面散射效果）
2. 动态调整：vary scale between 60%-80% for peach size comparison （桃子尺寸对比度可调区间）
3. 色彩微调：dominant color palette: Pantone 14-1311 Peach Amber + 12-1007 Cloud Dancer （潘通年度色应用）

图 12-4-4　Deepseek 生成的详细提示语

打开即梦 AI 官网，选择“图片生成”。如图 12-4-5 所示。

图 12-4-5　打开即梦 AI 官网，选择“图片生成”

将完整描述词复制到“图片生成”提示框，并根据需求进行修改和完善。生图模型选择“图片 3.0”，清晰度选择“高清 2k”，图片比例选择“2：3”，如果海报以适用于手机新媒体端为主，就选择“9：16”。然后单击“立即生成”按钮出图，如图 12-4-6 所示。

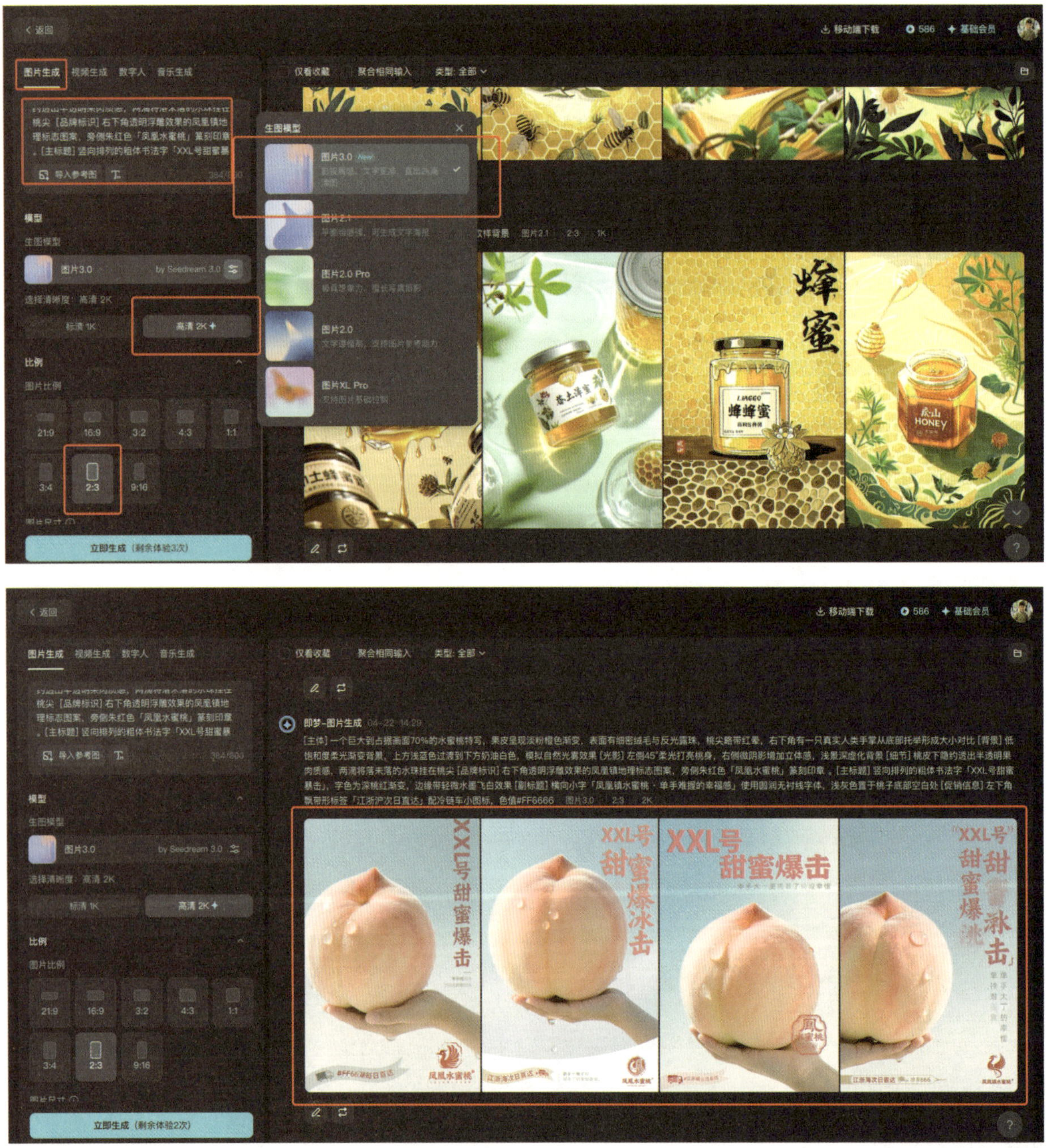

图 12-4-6　生成图片

我们不难发现，生成的图片符合基本的构图原则，具有一定的审美属性，但文字还是有错误的，这是目前 AI 大模型的通病，也折射出设计师不可替代的价值——我们需要用 Photoshop 完善海报。

重新输入提示词，这一次我们只输入 Deepseek 提供的“视觉层描述”提示词，模型、清晰度和图片比例均不改变。重新单击“立即生成”，就得到了 4 张单纯的视觉图（如果不满意，可以反复操作直到得到满意的视觉图为止），如图 12-4-7 所示。

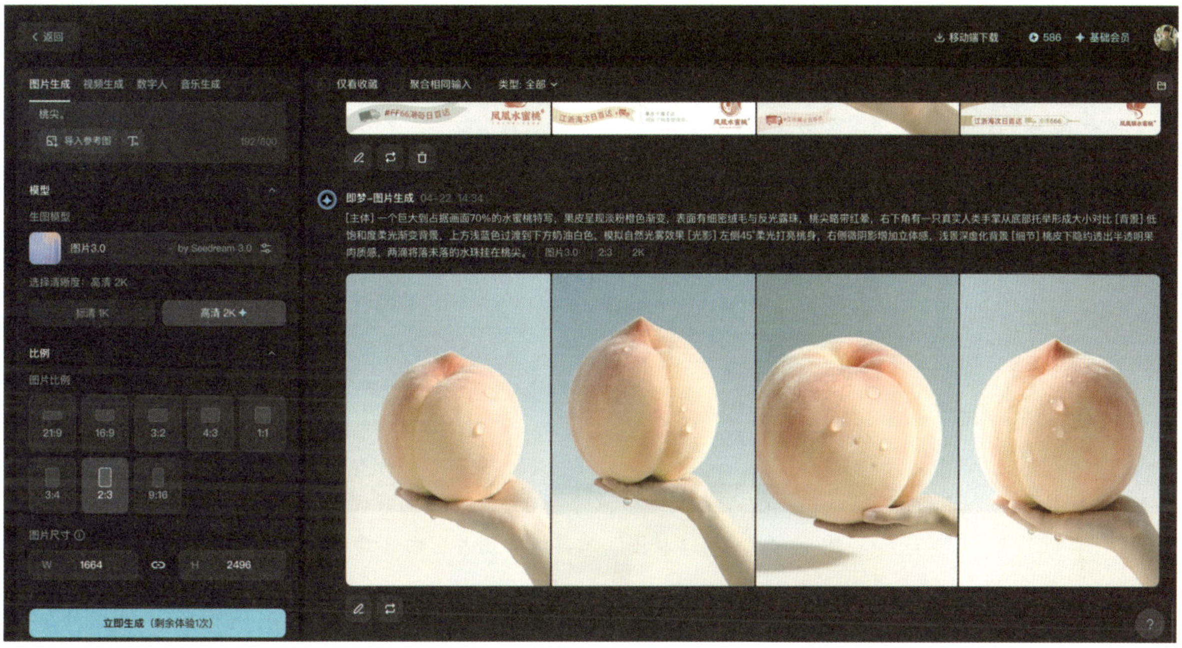

图 12-4-7　重新生成图片

观察图片，认为图 1 的桃子和手符合要求，但是目前桃子、手在整张图片的构图不利于文字排版，因此，选择图片 1，并利用“扩图”工具，得到留白区域更多的 4 张图，如图 12-4-8 所示。

图 12-4-8　用“扩图”工具增加图片留白

图 12-4-8　用“扩图”工具增加图片留白（续）

选择一张，使用“超清”工具，生成超清大图后下载，作为海报的主视觉图，如图 12-4-9 所示。

图 12-4-9　生成超清大图

将生成的主视觉图导入 Photoshop，根据需要进行二次构图。本方案采用九宫格构图法，将视觉重心放在右下视觉焦点上，文字排列于左上，如图 12-4-10 所示。

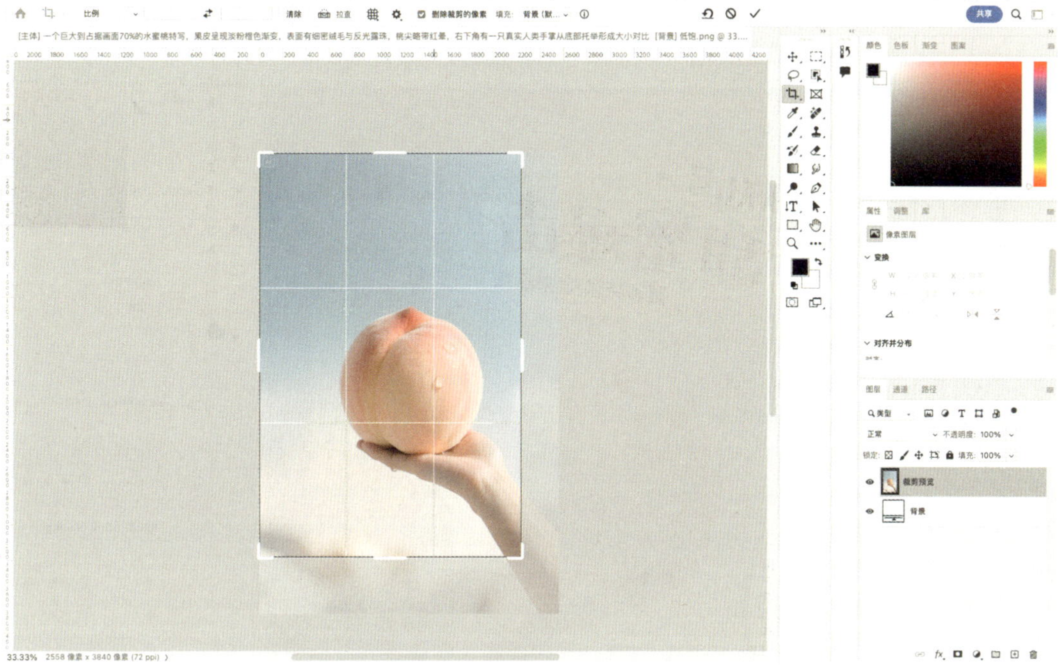

图 12-4-10　采用九宫格构图法

参考之前 Deepseek 提供的文案创意，在 Photoshop 中进行文字排版设计（根据自己的字库进行调整），如图 12-4-11、图 12-4-12 所示。

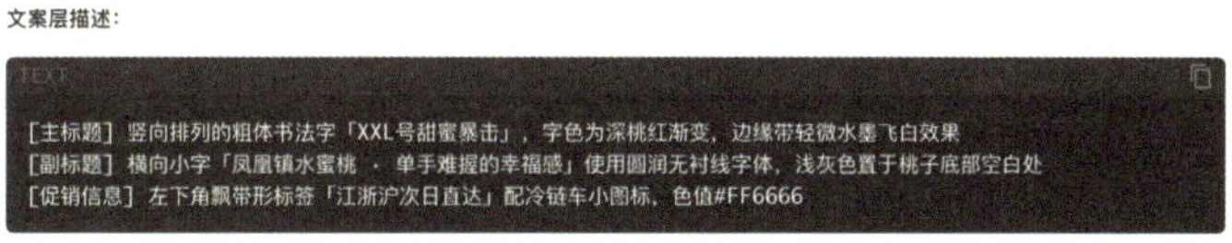
文案层描述：
[主标题] 竖向排列的粗体书法字「XXL号甜蜜暴击」，字色为深桃红渐变，边缘带轻微水墨飞白效果
[副标题] 横向小字「凤凰镇水蜜桃 · 单手难握的幸福感」使用圆润无衬线字体，浅灰色置于桃子底部空白处
[促销信息] 左下角飘带形标签「江浙沪次日直达」配冷链车小图标，色值#FF6666

图 12-4-11　Deepseek 提供的文案创意

XXL号
甜蜜爆击
夏季特供 速来品尝
江浙沪次日直达
凤凰镇水蜜桃 · 单手难握的幸福感

图 12-4-12　文字排版设计

再利用画笔笔刷工具绘制装饰图案，让文字更突出、更醒目，如图 12-4-13 所示。

图 12-4-13 绘制装饰图案

最后可以加入一些装饰小元素，丰富海报，增加趣味性，也可以在右下角放上企业二维码，方便消费者识别，提高品牌认知度，如图 12-4-14 所示。

图 12-4-14 加入装饰小元素和二维码

通过重复以上步骤，我们可以轻松获得 4 组不同版本的海报主视觉图和文案，节约了设计成本，提高了工作效率，也让我们的设计工作更科学合理。

拓展案例

扫码观看“制作 3D 立体字效”案例讲解视频。

随堂测试

1. 在使用 AI 工具（如 Deepseek）与 Photoshop 结合设计海报的流程中，AI 工具的主要作用是什么？（　　）

A. 完全替代设计师完成最终海报制作

B. 提供创意方案、生成视觉图并自动解决文字排版问题

C. 生成创意方案和初步视觉图，但需设计师后期优化文字和细节

D. 仅用于生成低分辨率图片，无法参与创意构思

2. 在本节的案例中，设计师为什么选择仅用“视觉层描述”生成图片？（　　）

A. AI 生成的文字无法被 Photoshop 识别

B. 避免文案错误干扰视觉图生成，便于后期独立排版

C. 即梦 AI 不支持同时生成图文内容

D. 设计师希望减少 AI 工具的参与以节省时间

单元作业

制作科幻 3D 海报（扫码获取示例）。

单元测试

扫码获取试题。

项目 13

特定商业场景合成

◎ 授课目标

了解平面设计岗位工作内容，掌握特定场合图片合成方法及注意事项，能够完成商业场景合成处理。

◎ 育人目标

培养商业思维与创意转化能力，培养团队协作、提案沟通的职业素养。

【课堂讨论】

请谈谈场景合成中的艺术性表达。

微课视频

Photoshop 场景合成是一种将多个图像元素结合在一起，创造出一个全新的、统一的视觉场景的技术。这种技术广泛应用于广告、电影海报、游戏设计等领域。

我们以制作一个关于海洋保护为主题的海报为实例，简要介绍 Photoshop 场景合成的简易方法。

打开素材，我们的目的是把鲸鱼图片与海洋图片合成在一起，如图 13-1 所示。

图 13-1 打开素材

使用套索工具选中鲸鱼的主体，初步分离鲸鱼主体，为合成提供基础素材，如图 13-2 所示。

图 13-2 用套索工具抠选出鲸鱼

按“Ctrl+C”快捷键复制，然后“按 Ctrl+V”快捷键粘贴，把鲸鱼主体复制到海洋的图片上，如图 13-3 所示。

使用“Ctrl+T”快捷键调整鲸鱼的大小和位置，使之符合我们的设计意图。注意，鲸鱼的大小、比例和空间透视要符合人的视觉习惯，如图 13-4 所示。

图 13-3 把鲸鱼复制到海洋图片上

图 13-4 调整鲸鱼的大小和位置

同时选择鲸鱼和海洋两个图层，如图 13-5 所示。执行菜单栏“编辑”中的“自动混合图层”命令，选择“堆叠图像”，勾选“无缝色调和颜色”“内容识别填充透明区域”，单击“确定”，如图 13-6 所示，效果如图 13-7 所示。

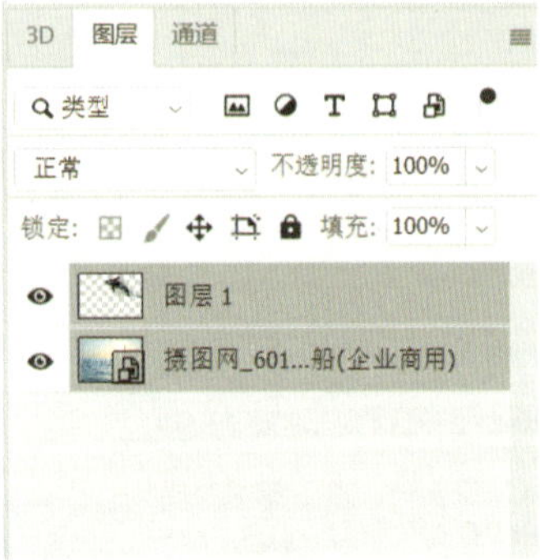

图 13-5 同时选择两个图层

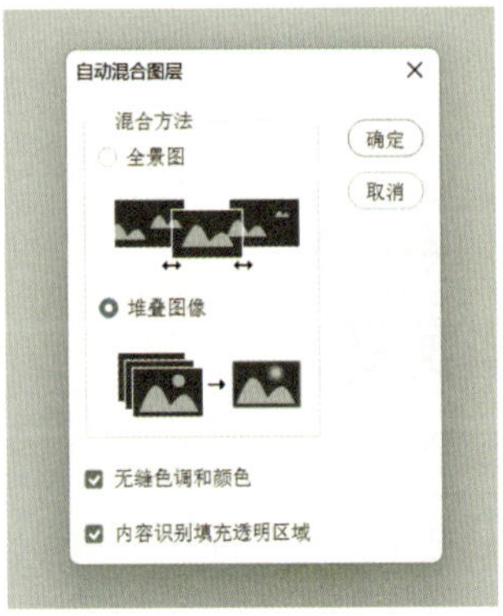

图 13-6 自动混合图层参数设置

图 13-7 自动混合图层效果

接下来调整图片色调，选择鲸鱼图层，如图 13-8 所示。

在菜单栏中执行“图像”→“调整”→“匹配颜色”命令，在“源”选项中选择海洋图片，如图 13-9 所示。在图层选项中选择背景，如图 13-10 所示。

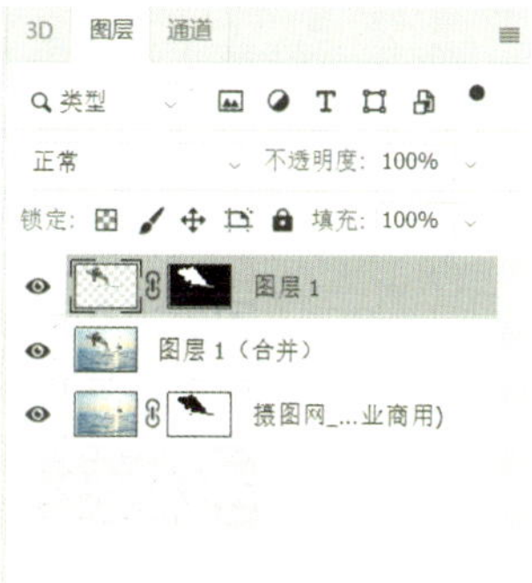

图 13-8　调整图层色调

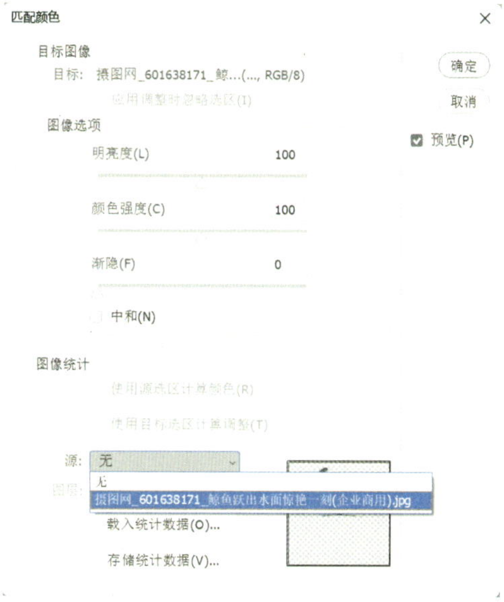

图 13-9　“源”选择

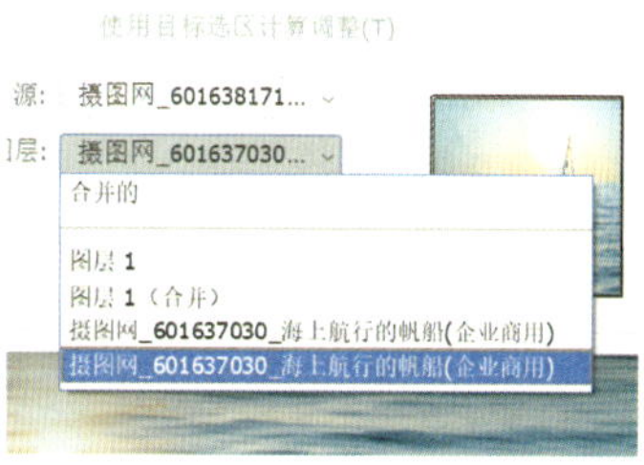

图 13-10　图层选项中选择背景

调整渐隐滑块，使鲸鱼图片完美融合在海洋图片中，如图 13-11 所示。

图 13-11　参数设置

打开之前准备的文字素材，使用移动工具拖动文字到合成图片中，调整文字的颜色、大小和位置，使之符合我们的设计要求，如图 13-12 所示。

图 13-12　把文字拖到合成图片中

在 Photoshop 中进行场景合成的方法有很多种，同学们在掌握这一最基本的方法后还需进行其他的合成尝试，探索更多适应各种场景合成的方法。

单元作业

利用 Photoshop 把自己的照片与未来工作场景进行合成（扫码获取参考步骤）。

单元测试

扫码获取试题。

项目 14

书籍装帧效果制作

◎ 授课目标

了解画册设计师岗位工作内容，掌握书籍装帧的排版方法，能够完成书籍装帧效果图的制作。

◎ 育人目标

培养商业敏感度、团队协作能力及创新思维，提高在实际项目中高效解决问题的能力，为从事画册设计、书籍出版等相关职业奠定坚实的专业基础。

【课堂讨论】

请谈谈书籍装帧的美学素养。

微课视频

使用 Photoshop 进行书籍装帧设计不仅能通过其强大的图像处理功能（如调色、合成、滤镜效果等）精准实现创意视觉表达，还能借助图层、蒙版等非破坏性编辑工具灵活调整设计细节，极大提升效率。其高精度色彩管理和分辨率控制可确保印刷成品质量，而多样化的设计模板和素材库则为封面、扉页、插图等元素提供丰富灵感。

我们通过下面的案例来学习使用 Photoshop 制作书籍装帧效果图。

新建一个文档，按照要求设置好长度、高度、分辨率和颜色模式，单击“创建”，如图 14-1 所示。

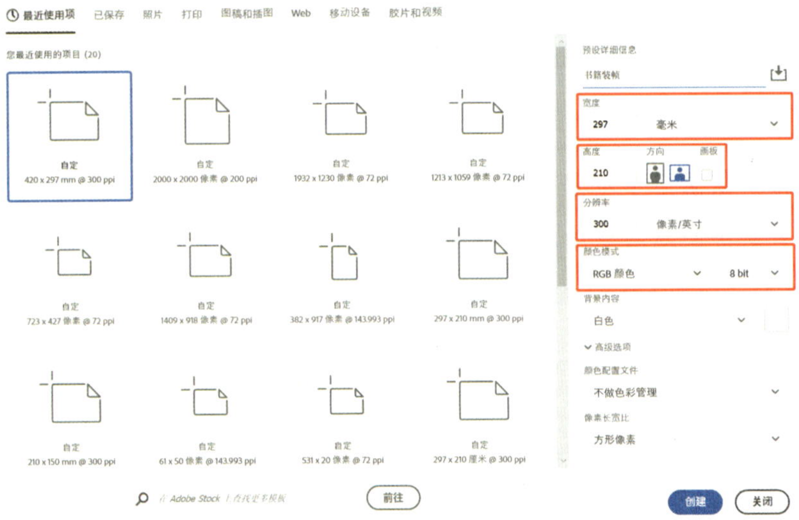

图 14-1 创建文档

在画布的四周拉上参考线。装帧时四周要留出 3 毫米的出血线，将画布长宽各扩大 6 毫米，勾选“相对”，再在新画布的边缘拉出参考线，如图 14-2 所示。

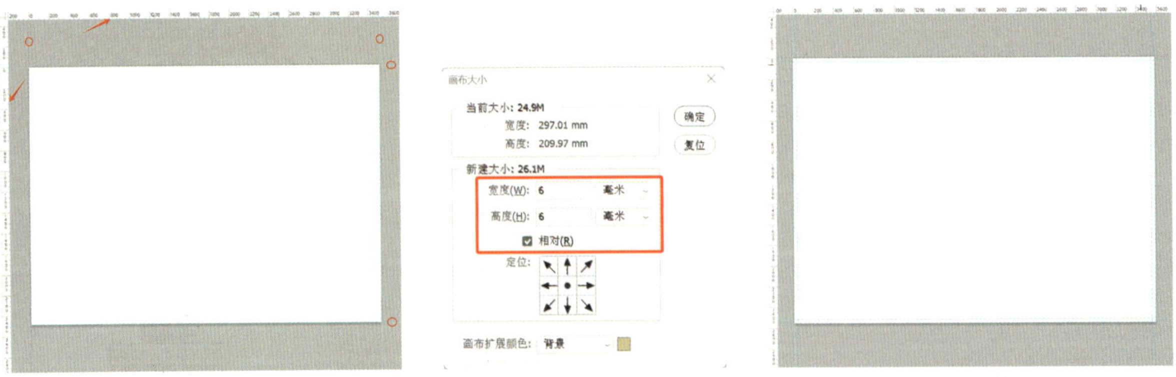

图 14-2 设置参考线

书脊厚度 2 厘米，使用矩形工具，单击画板，将矩形宽度改为 2 厘米，高度改为 21 厘米，半径如果不是 0 像素需要设置成 0 像素，如果有描边，还需要将描边去除。创建好后，根据定位线将其移动到整个画布的中间位置。按“Ctrl+T”快捷键，选中书脊，拉出书脊的中心线和边界线的参考线，如图 14-3 所示。

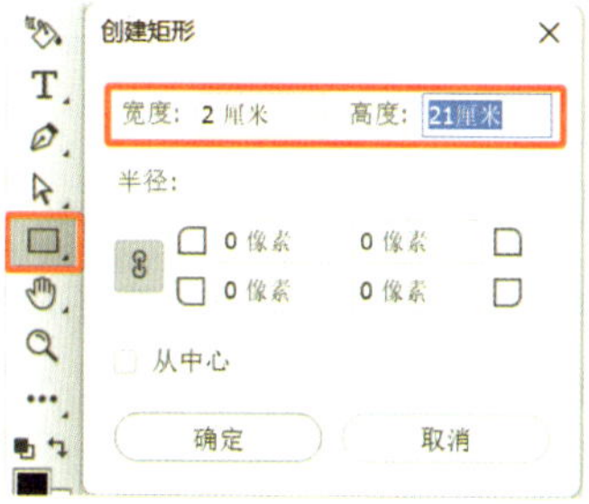

图 14-3　确定书脊尺寸

画一个矩形，拉动成和封面一样的大小，复制一个到封底，如图 14-4 所示。用吸管工具将前景色吸取为色卡的第一个颜色，选中图层并按“Ctrl+Delete”快捷键将封面填充成前景色。用同样的方法填充封底和书脊，如图 14-5 所示。

图 14-4　确定封面、封底范围

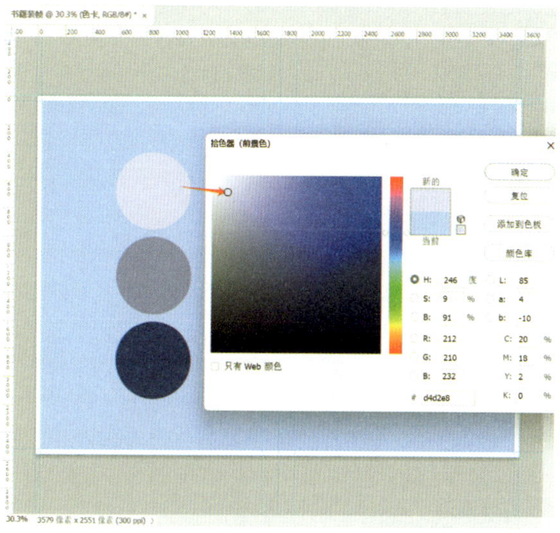

图 14-5　更改封面、封底、书脊颜色

图 14-5　更改封面、封底、书脊颜色（续）

首先制作封面部分。打开渐变工具，选择线性渐变，模式改为正片叠底，不透明度为 60%，从右下角往左上角拉动渐变工具，实现封面的颜色渐变。制作前可先将封面、封底、书籍 3 个图层合并成一个图层，这样渐变效果会是一个整体，如果渐变颜色不明显，可以多拉动几次，如图 14-6 所示。

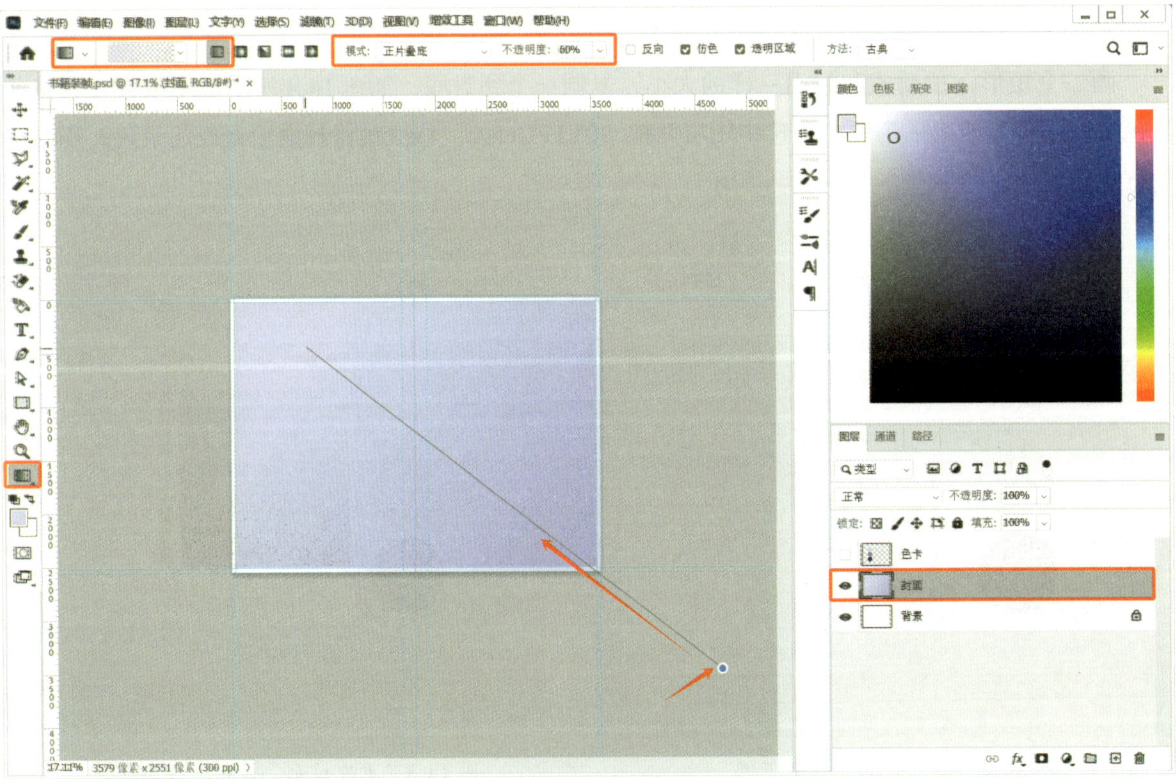

图 14-6　封面渐变

用文本工具打出书名“行星探索指南”，文本字体设置为“黑体”，字号为“100 点”，颜色为“黑色”，并且选择字体加粗，如图 14-7 所示。选中字体图层调整透明度，将字体透明度调整为 90%，完成后将文字移动至相应位置，如图 14-8 所示。

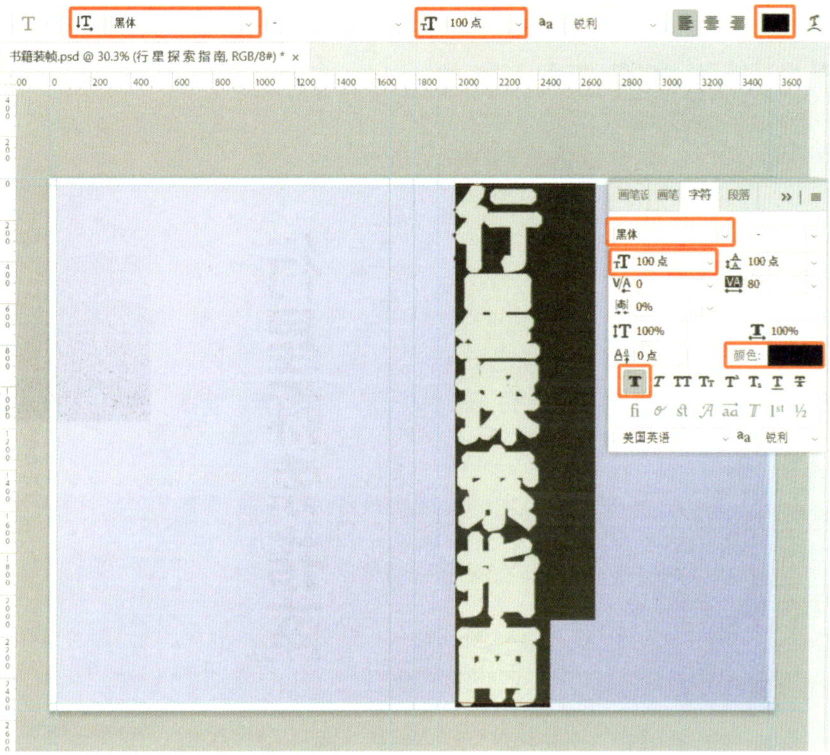

图 14-7　制作书名

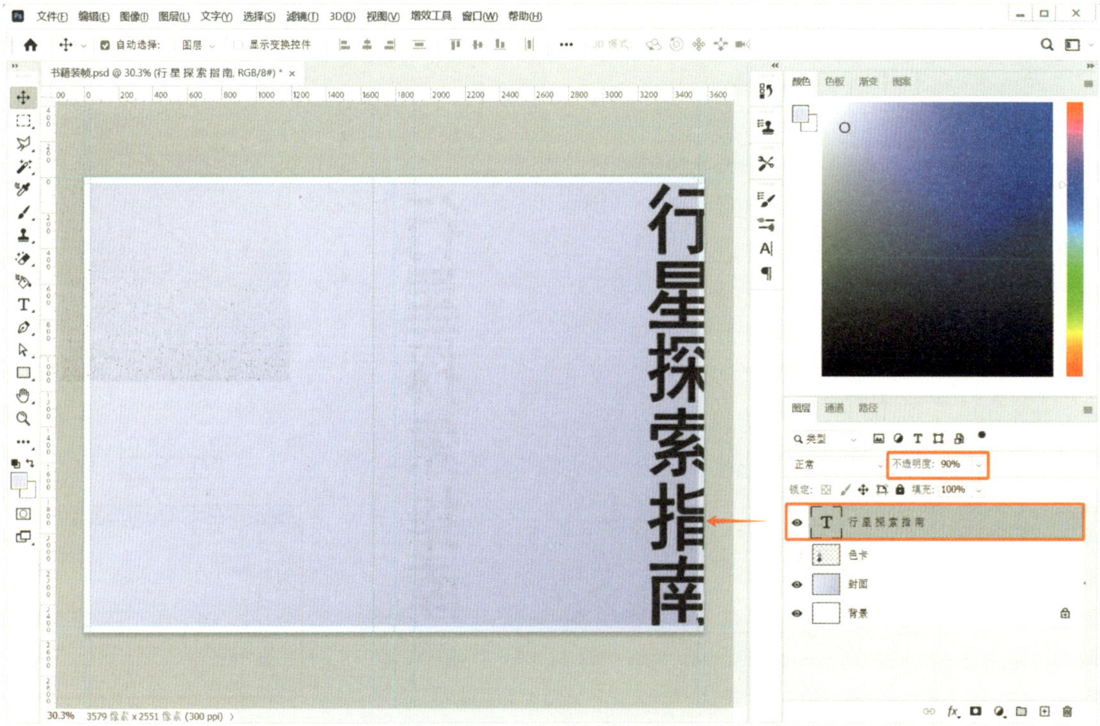

图 14-8　调整书名位置

接着制作封面上的圆圈素材，打开椭圆工具，绘制一个半径为 700 像素的圆圈并移动到右下角，再绘制 7 个稍大的圆圈拖动到相应位置，尽量保证所有圆圈的圆心在同一位置，如图 14-9 所示。创建一个组，将所有圆圈图层移到组内，将组的不透明度调到 50% 左右，使其和背景更加融合，如图 14-10 所示。

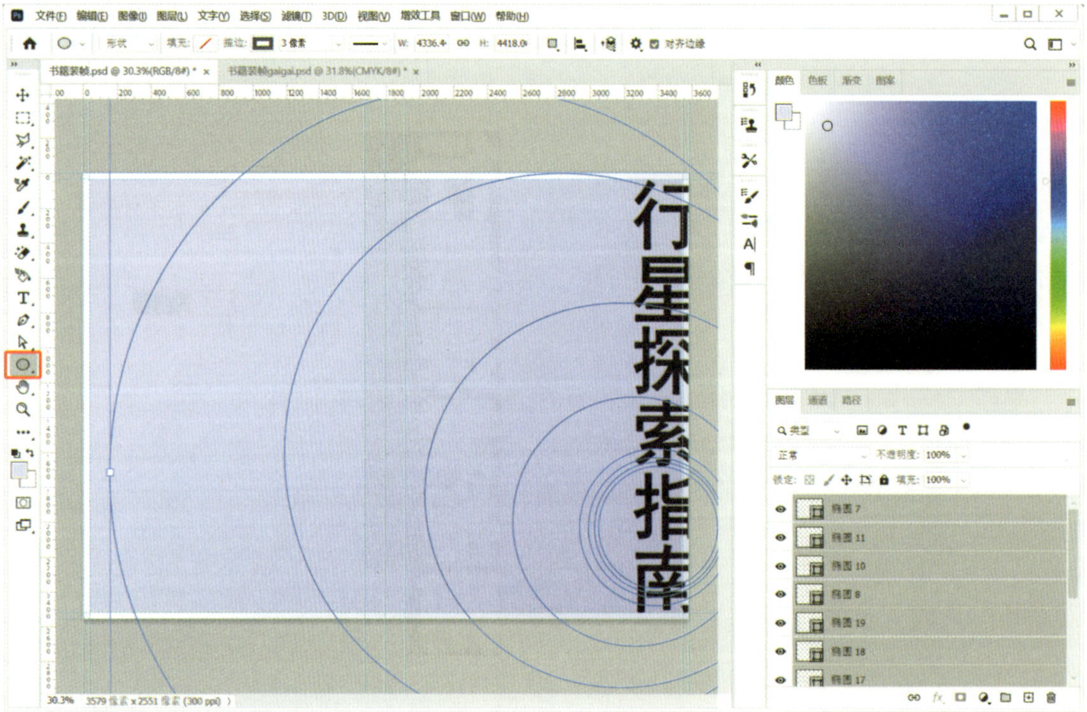

图 14-9 绘制圆圈

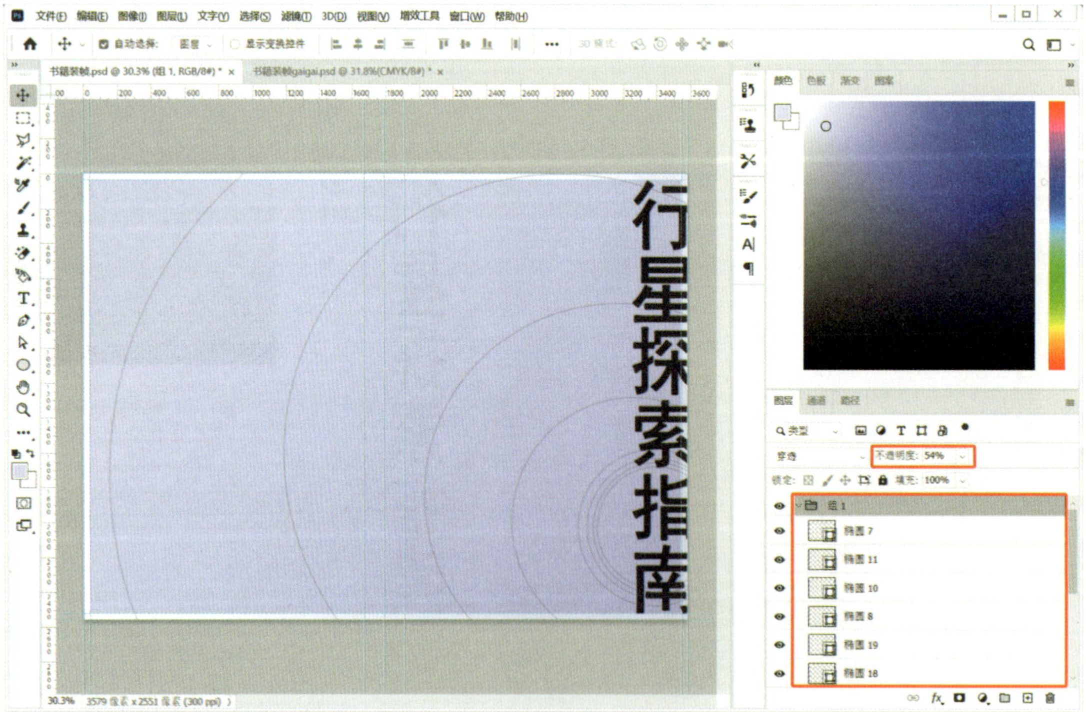

图 14-10 调整圆圈不透明度

插入星球素材并将每个星球移动到对应位置，如图 14-11 所示。

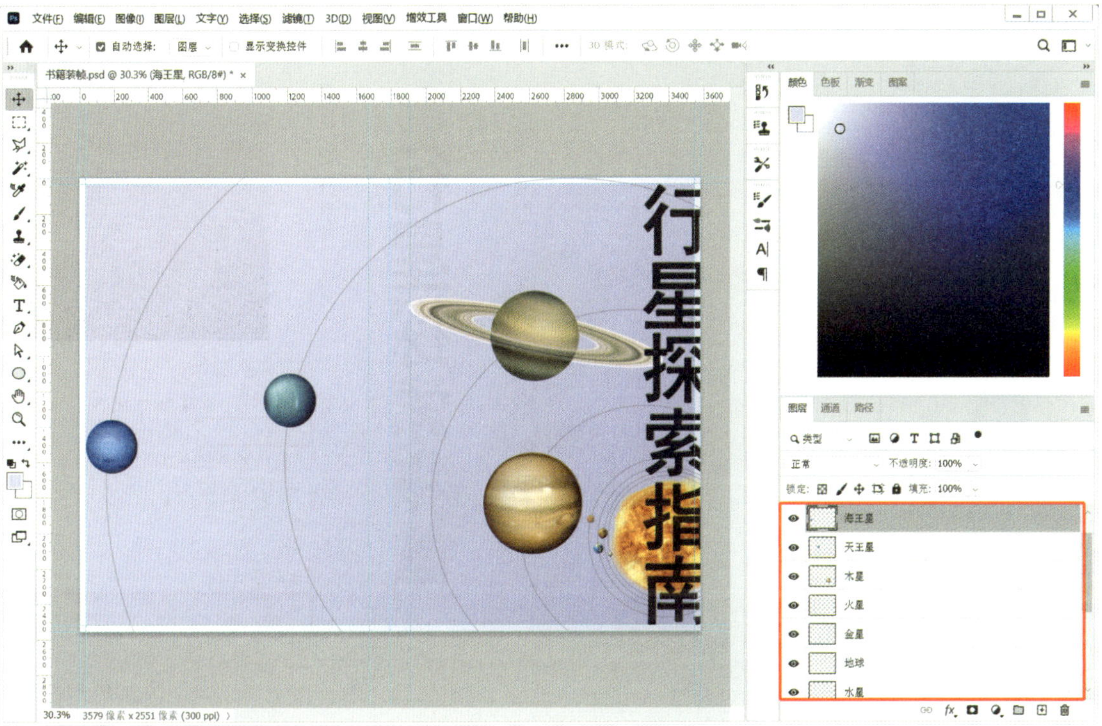

图 14-11 插入星球素材

创建一个组，将所有星球素材移动到组内，降低组的不透明度到 90% 左右，如图 14-12 所示。选中太阳图层，将混合模式改为“正片叠底”，如图 14-13 所示。

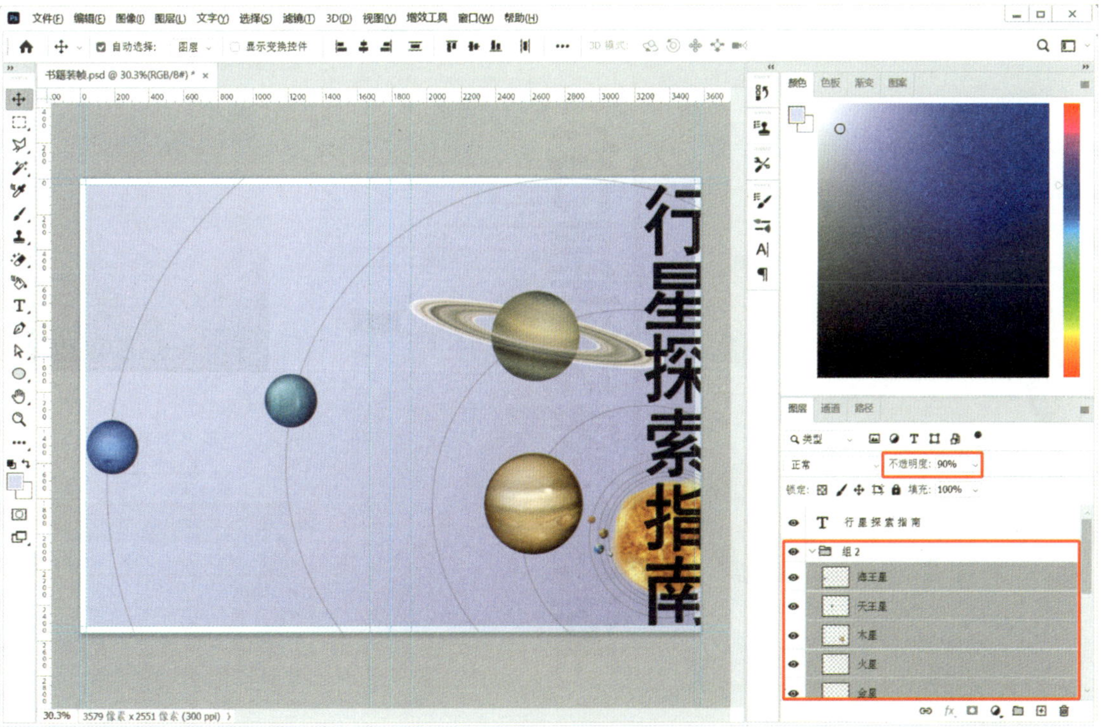

图 14-12 调整星球不透明度

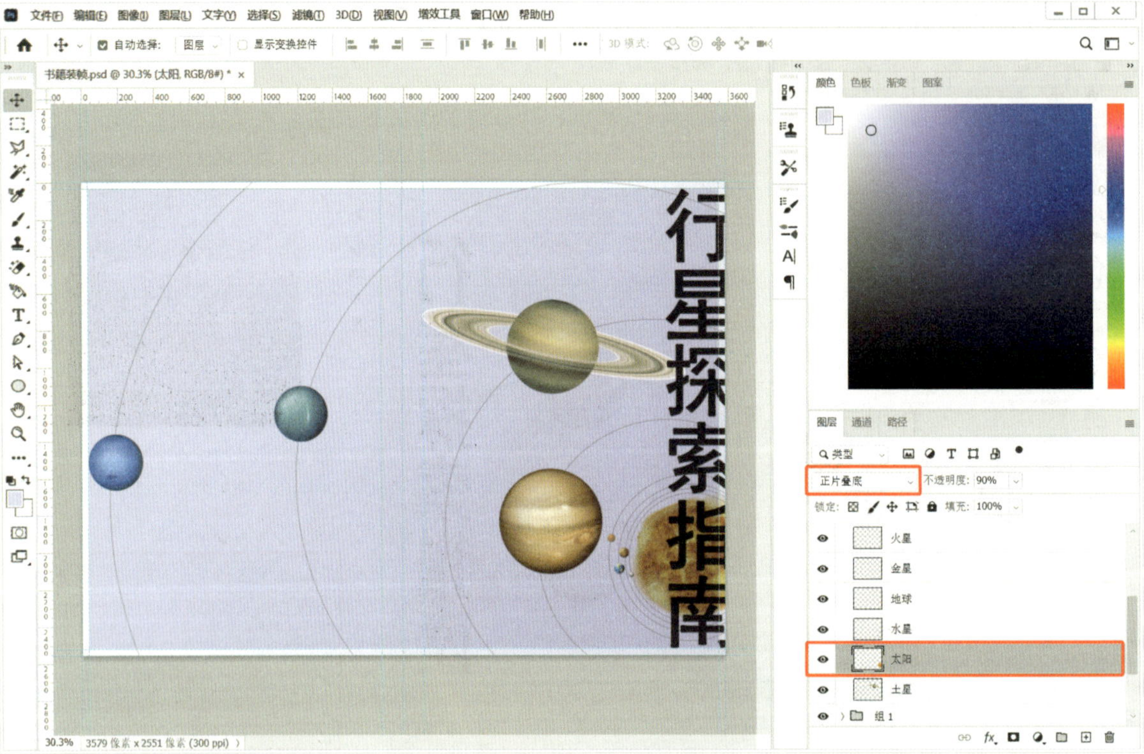

图 14-13　调整太阳图层的混合模式

打开文本工具，输入封面文字，将文本字体设置为“黑体”，字号为“11 点”，字间距为“0”，颜色为“黑色”，并将不透明度调为 80%，如图 14-14 所示。

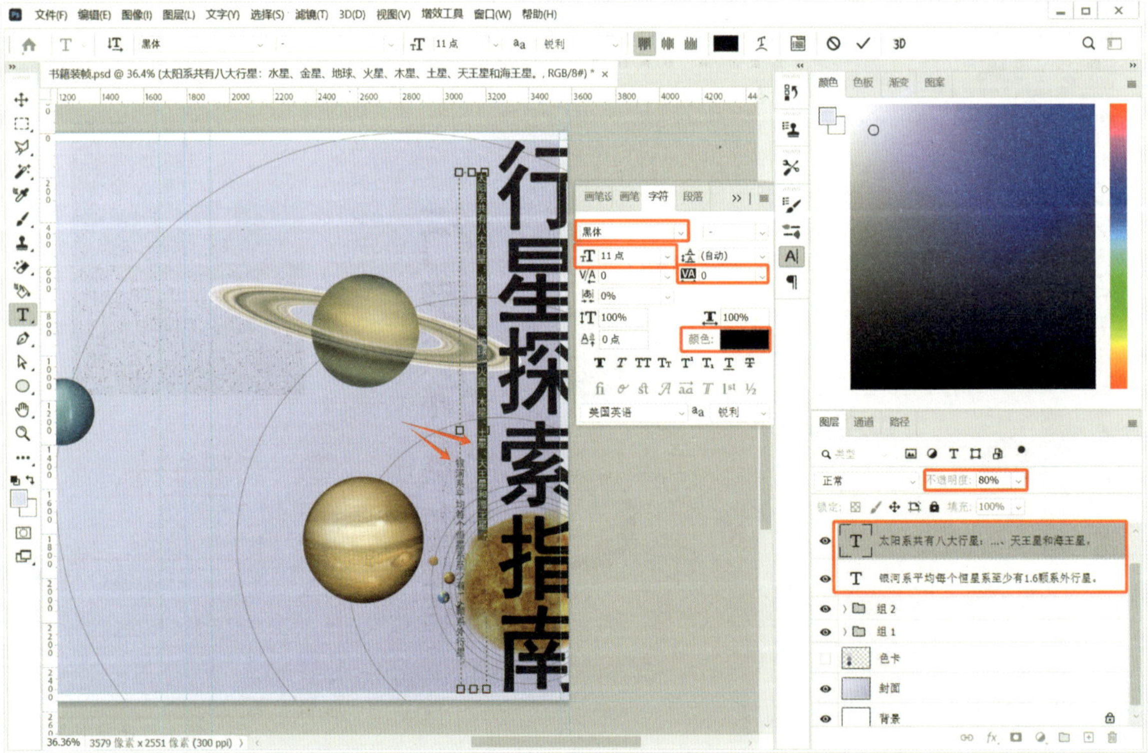

图 14-14　制作封面文字

制作封底文字时，首先要利用钢笔工具对圆弧进行路径描边，然后再打开文本工具单击在钢笔路径上，这时光标会变成弧形，就可以沿着圆弧进行书写了。将封底文字字体设置为“黑体”，字号为“12点”，字间距为“80”，颜色为“黑色”，加粗显示。封底文字制作好之后，按“Ctrl+T”快捷键，通过旋转文字，使文字的弧度与圆弧线条更加贴合，如图14-15所示。

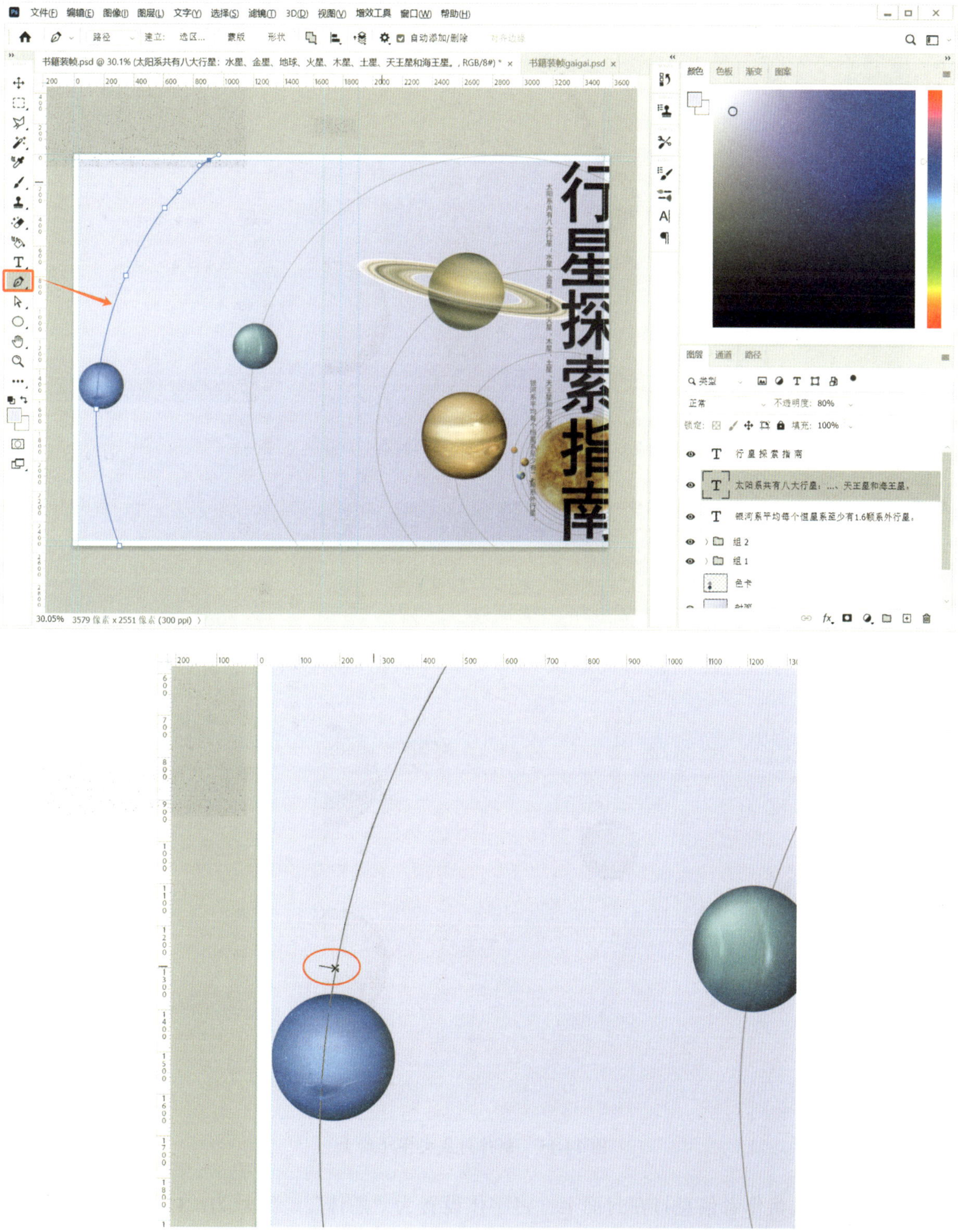

图14-15　制作封底文字

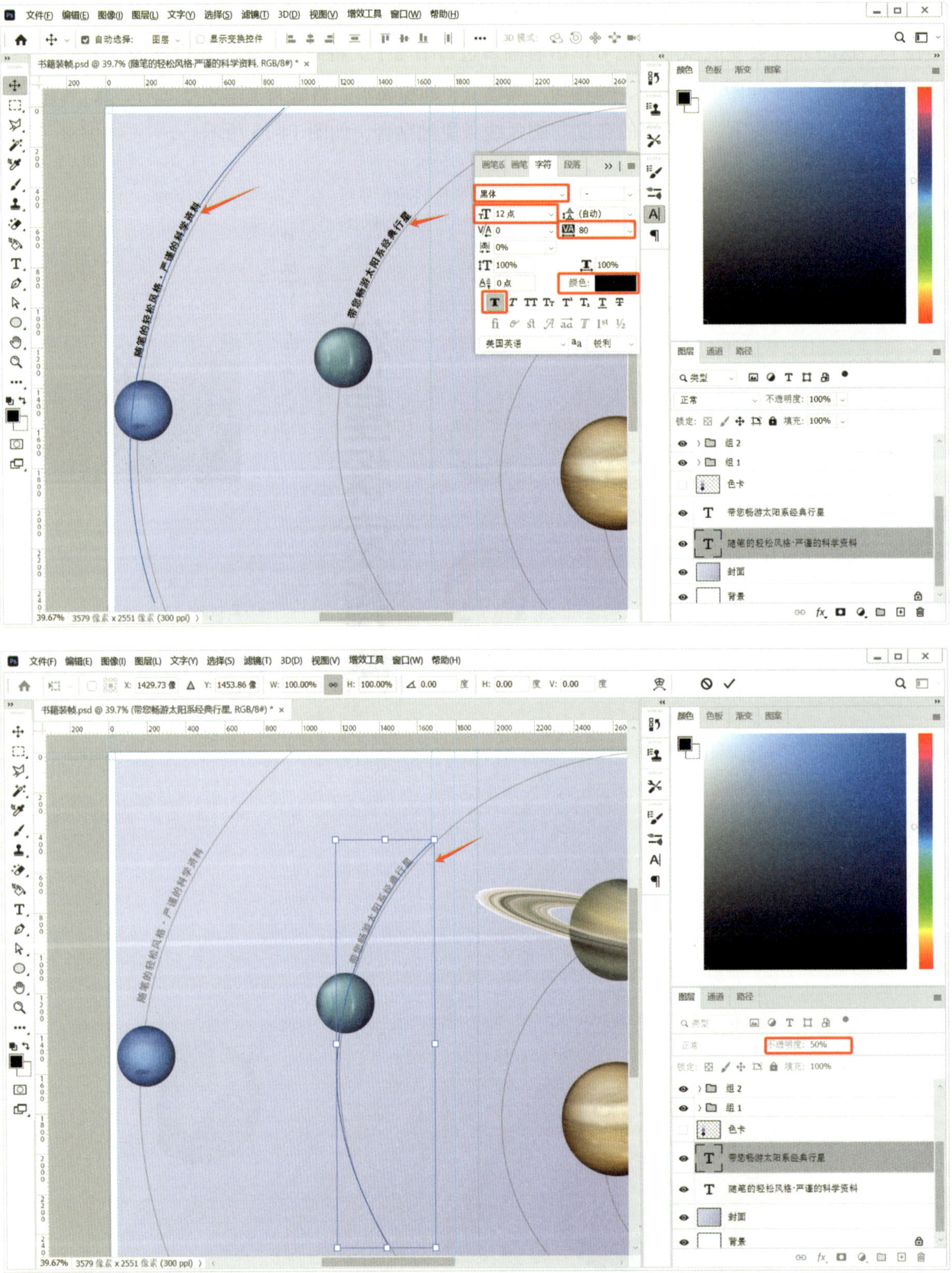

图 14-15　制作封底文字（续）

用文本工具将作者信息打在封面上，将字体设置为“黑体”，字号为“12 点”，字间距为“80”，颜色为“黑色”，将不透明度调整为 90%，如图 14-16 所示。

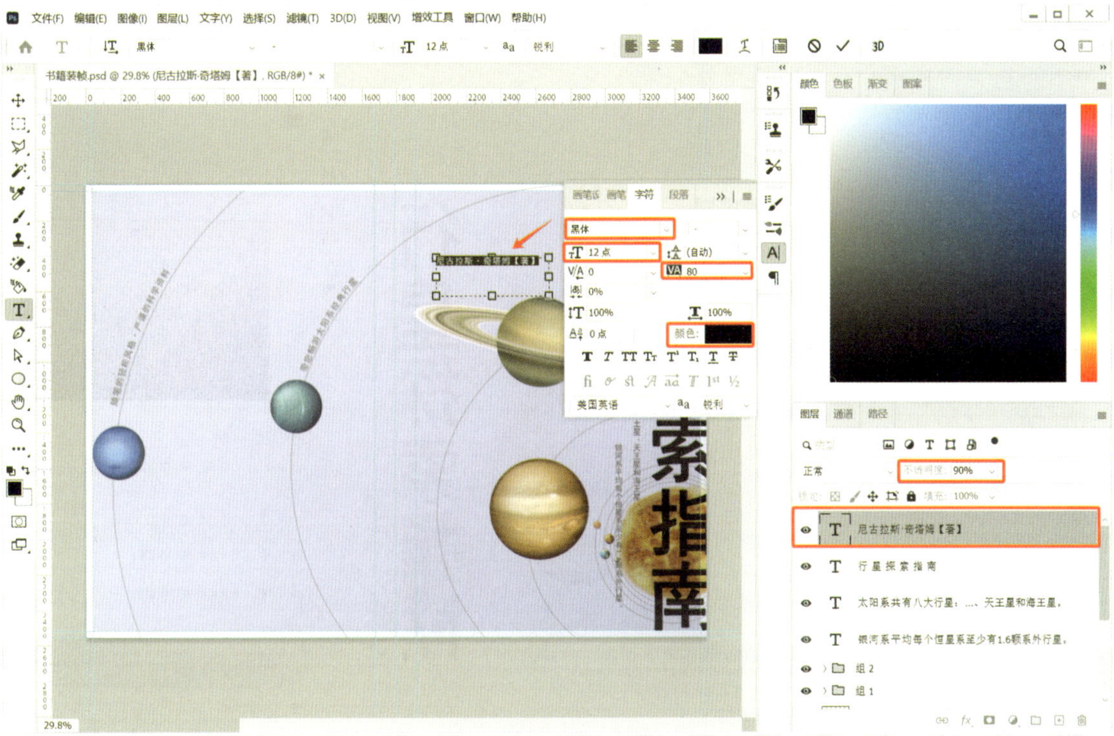

图 14-16　制作者信息

打开矩形工具，打开“填充”，关闭“描边”，吸取色卡上的第三个颜色，在书脊顶部绘制一个宽 368 毫米、高 96 毫米的矩形。用文本工具将书名和作者信息制作好，移动到书脊处对应位置。再插入出版社素材，并将混合模式改为“正片叠底”，不透明度调为 70%，如图 14-17 所示。

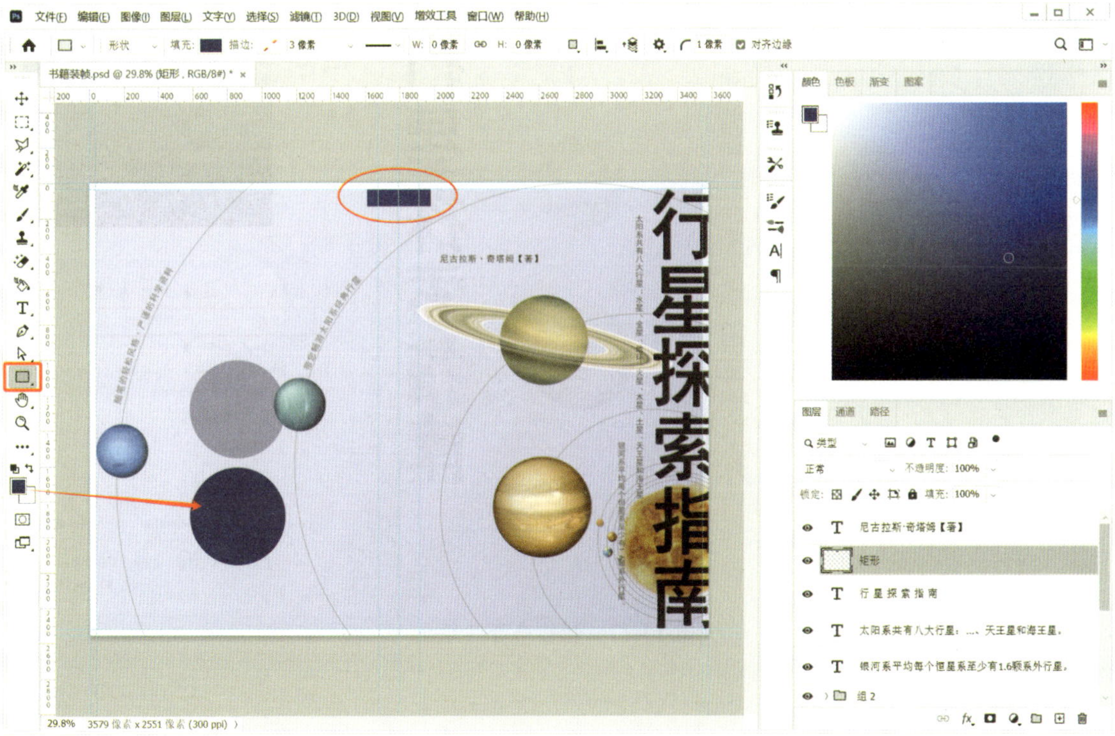

图 14-17　制作书脊

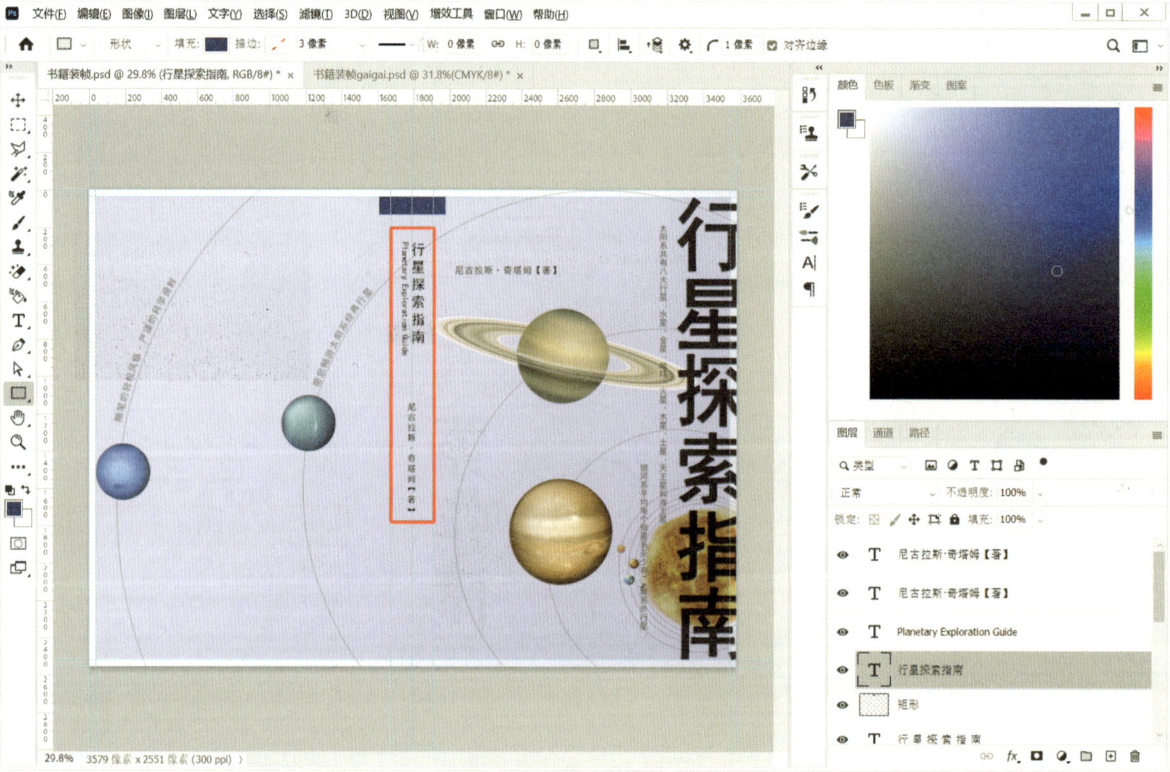

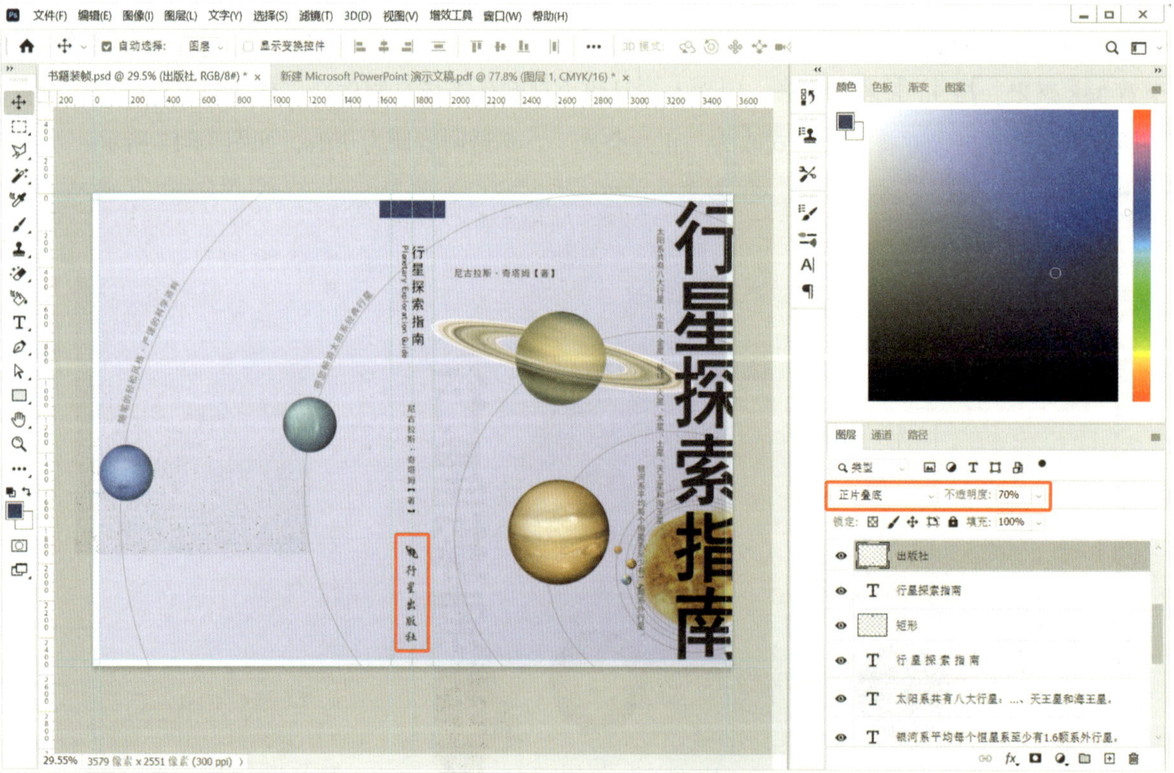

图 14-17　制作书脊（续）

用椭圆工具绘制数个大小不一的小圆点，分散布置到各个位置，如图 14-18 所示。

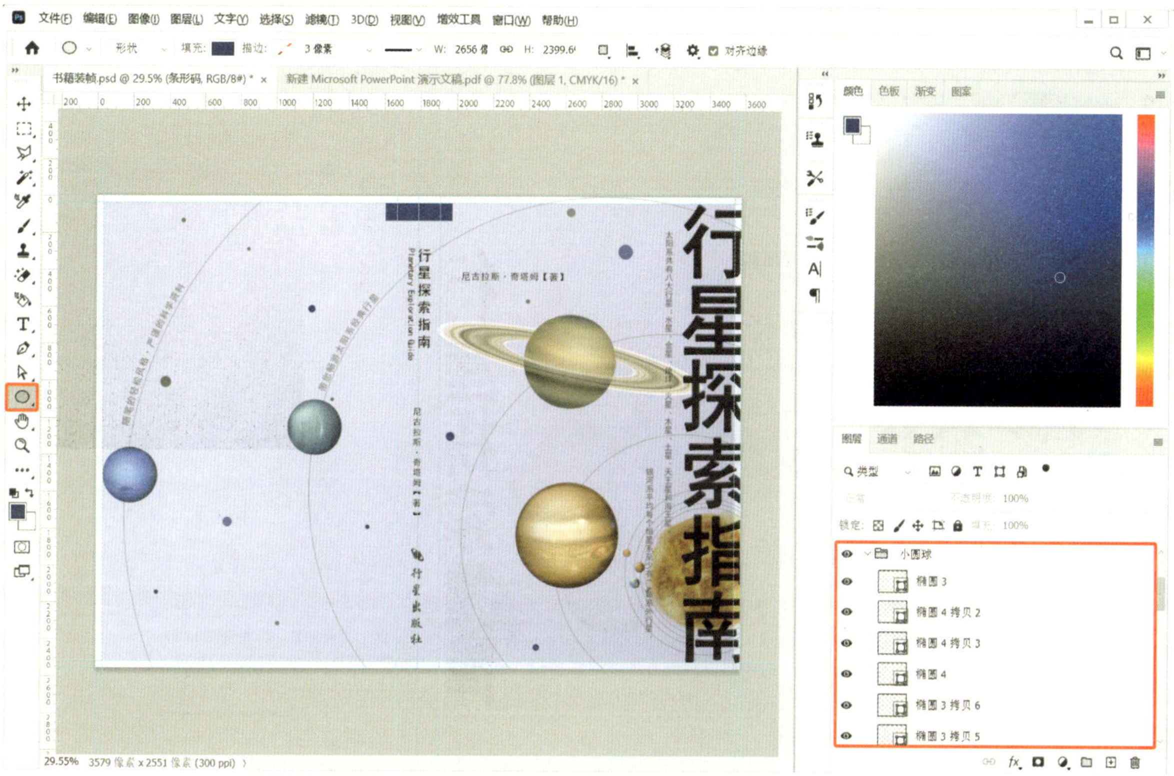

图 14-18　制作小圆点

将书籍条形码素材拖进来，移动至相应位置，如图 14-19 所示。

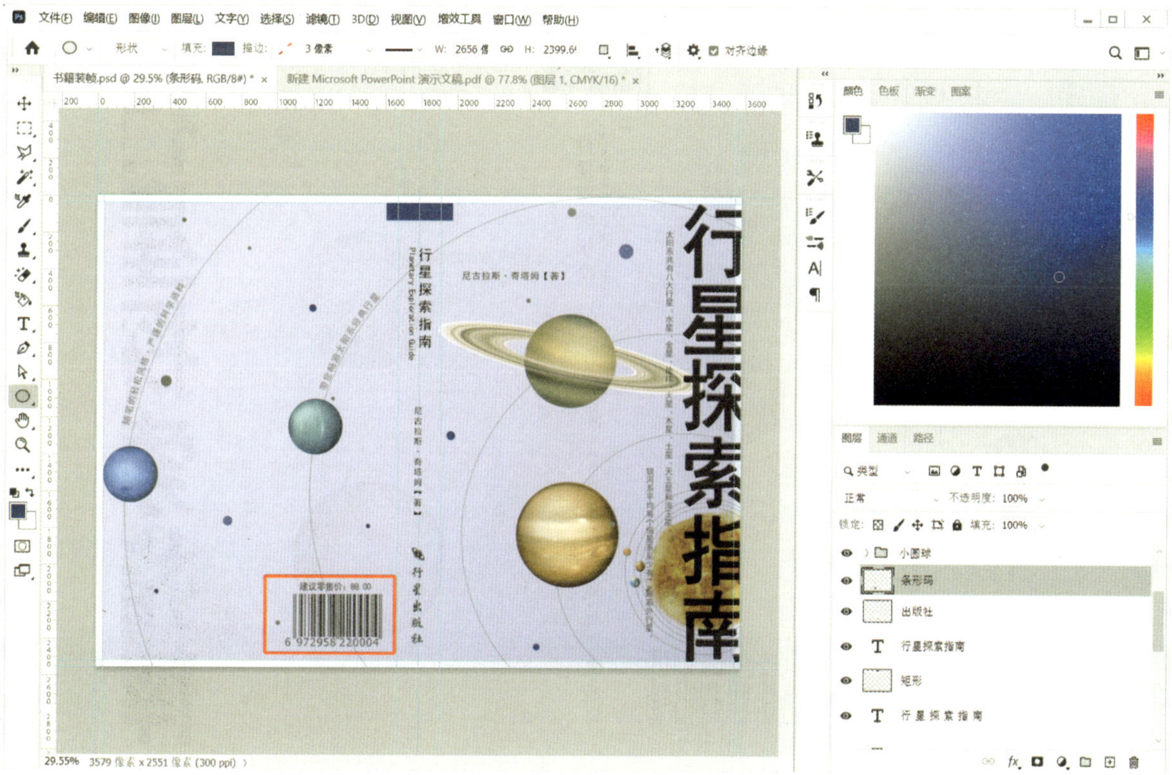

图 14-19　插入条形码

最后再用矩形选框工具把书籍的出血线位置框选出来，填充成白色，这样可以使边框更加整洁美观，如图 14-20 所示。

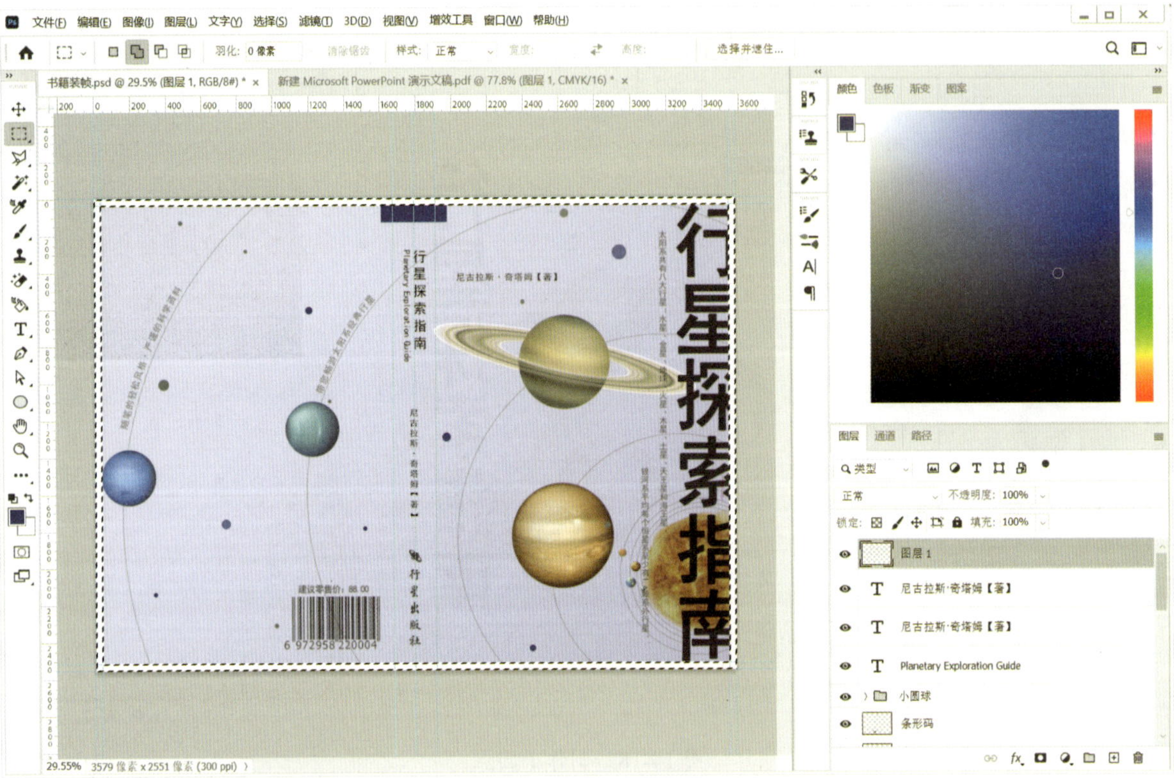

图 14-20 修饰边框

成品如图 14-21 所示。

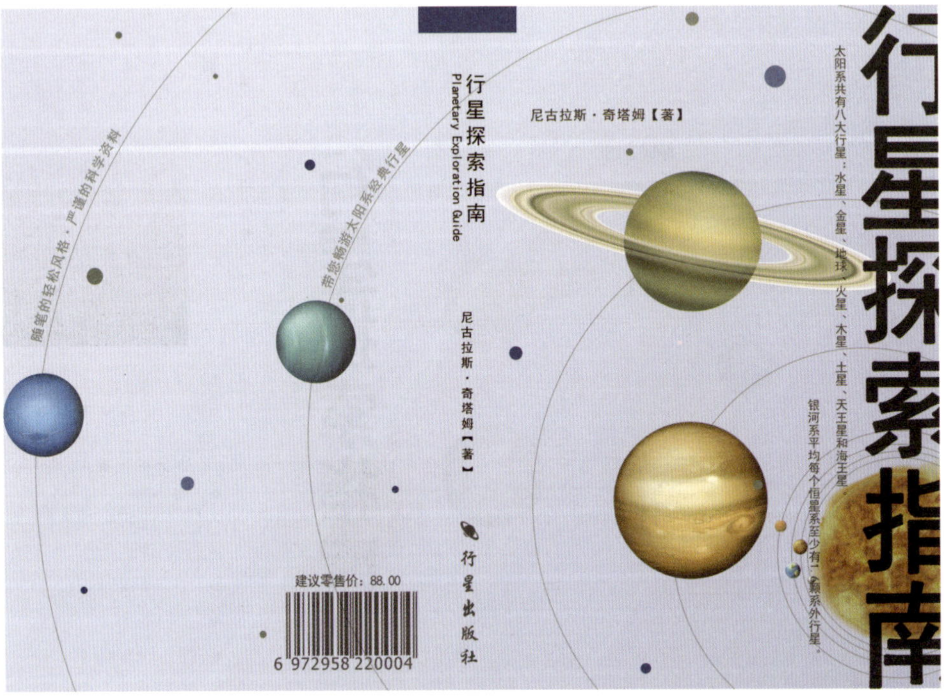

图 14-21 书籍装帧成品展示

单元作业

书籍装帧立体效果设计（扫码获取参考步骤）。

单元测试

扫码获取试题。

项目15

常用Logo样机效果制作

◎ 授课目标

了解平面设计岗位工作内容，掌握特效制作方法，能够完成各类样机的制作技巧。

◎ 育人目标

培养将平面设计与商业视觉呈现相结合的实战能力。

【课堂讨论】

请谈谈用 Photoshop 表现金属质感的实用技巧。

微课视频

使用 Photoshop 制作 Logo 样机能够通过 3D 变形、智能对象和图层样式功能，快速将平面 Logo 转化为真实场景中的立体效果（如名片、包装、广告牌等），直观展示品牌应用的视觉表现力。其精准的阴影、高光及材质模拟能力可增强设计真实感，帮助客户或团队更直观理解 Logo 在不同媒介中的适配性。

我们通过下面的案例进行学习。

使用 Photoshop 打开素材，这张图片呈现的是一个空白的门头场景。在这样的场景中，我们可以更直观地展示 Logo，如图 15-1 所示。

图 15-1　打开素材

使用形状工具在门头的位置绘制一个矩形，路径的模式选择“图形”，并给予一个填充颜色，我们可以填充成白色。然后沿着门头的宽幅先绘制一个矩形，如图 15-2 所示。

图 15-2 绘制矩形

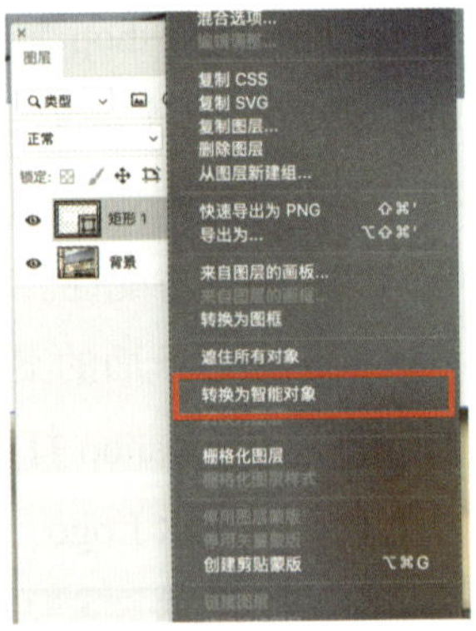

图 15-3 转换为智能对象

在图层面板中这个图层上单击鼠标右键，在弹出的菜单中选择“转换为智能对象”，如图 15-3 所示。

然后使用自由变换功能（快捷键为“Ctrl+T”），对这个矩形进行变形。变形时要按住键盘上的 Ctrl 键，然后依次拖动矩形的四角，使之与门头重合。这一步主要是为了能贴合图片中门头的透视角度，保证效果的真实，如图 15-4 所示。

图 15-4 调整门头透视

然后双击这一个图层，进入智能对象内部进行编辑。虽然上一步调整了白色矩形的形状，但在智能对象图层内部，其仍然是一个水平端正的矩形，如图 15-5 所示。接着把 Logo 放入这个画布中，如图 15-6 所示。

图 15-5　在智能对象图层中的白色矩形

图 15-6　把 Logo 放入画布中

将 Logo 调整到合适的大小并摆放到合适的位置。摆放好之后，可以按“Ctrl+W”快捷键关掉这个窗口，紧接着会出现一个提示框提示保存该文件，单击“存储”即可，如图 15-7 所示。然后就可以看到 Logo 的透视效果了，如图 15-8 所示。

图 15-7　存储文件

图 15-8　Logo 透视效果

此时的 Logo 还无法达到真实的效果，透视上也存在一些问题，所以需要再次进行调整。并且需要把白色的背景去掉。

图 15-9　调整 Logo 透视和比例

使用“Ctrl+T”快捷键进行变化，稍作缩放，把图文比例调整到合适的程度，如图 15-9 所示。然后在“图层”面板中双击该智能对象图层。进入智能对象图层后，在图层面板里找到白色背景的图层，将其隐藏，如图 15-10 所示。再关闭窗口，白色背景即消除了，如图 15-11 所示。

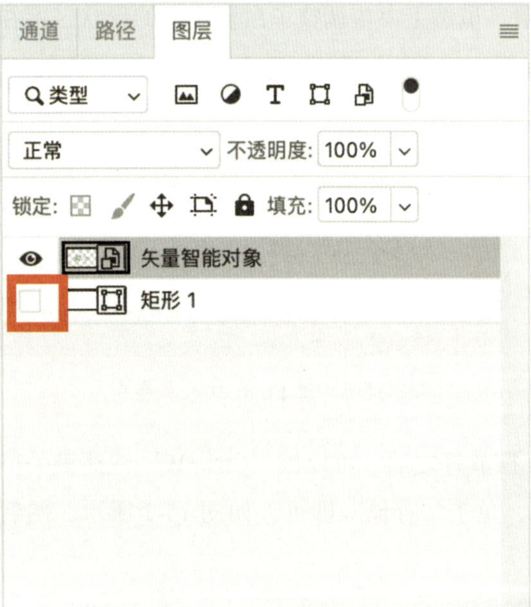

图 15-10　隐藏白色背景

图 15-11　Logo 背景处理

接下来开始制作 Logo 的效果。把 Logo 的智能对象图层再复制出两个。将图层拖动到图层面板底部的“+”上即可复制，如图 15-12 所示。

把 3 个图层全部选中，将图层的填充百分比调到 0%，如图 15-13 所示。后双击中间的“矩形 1 拷贝”调出图层样式面板。首先单击“颜色叠加”，添加一个颜色效果。选择一个相对亮一点的黄色来模拟门头上金色的文字效果。将“混合模式”设置为“正片叠底”。然后打开“光泽”选项。选择一个较深的颜色，“混合模式”选择“滤色”。然后勾选“渐变叠加”，设置一个渐变色。为了模拟出金属的效果，渐变的颜色要多一些反差，多一些对比，才能有金属的质感。单击“确定”按钮即完成设置，如图 15-14 所示。

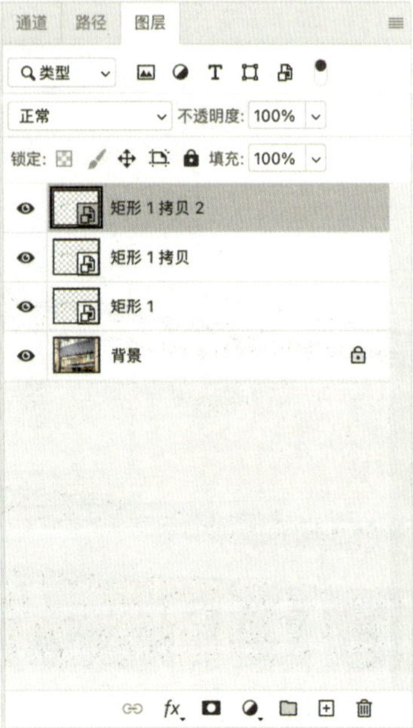

图 15-12　复制智能对象图层

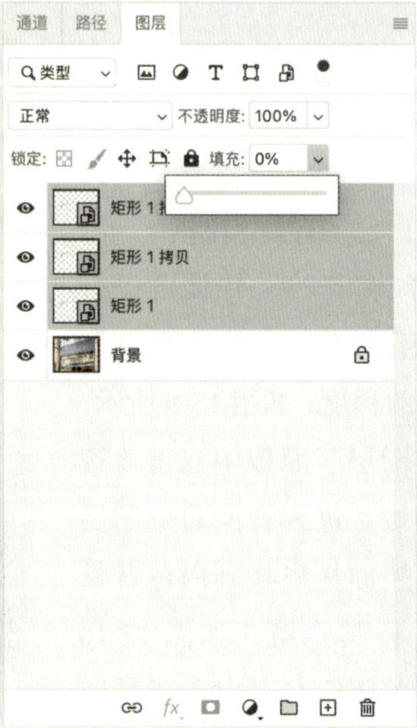

图 15-13　调整图层填充百分比

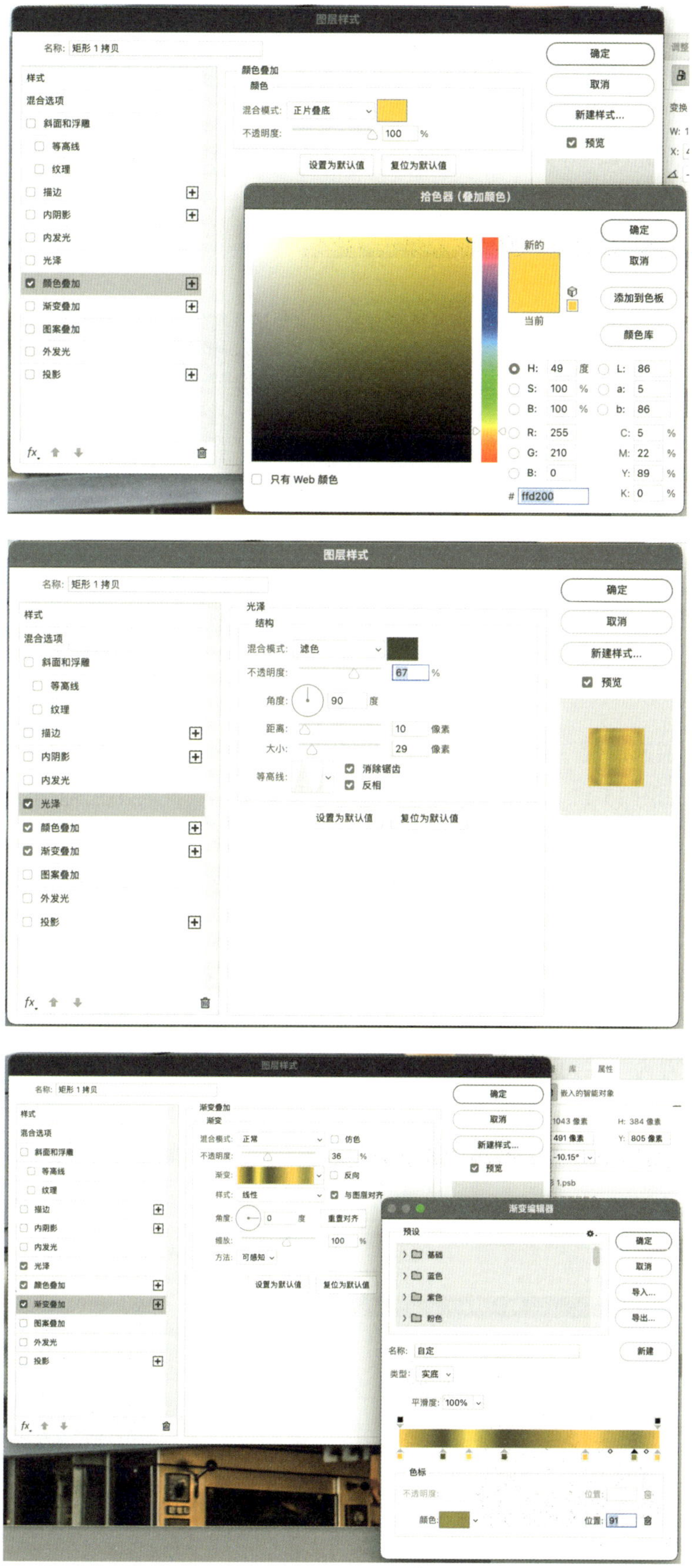

图 15-14　调整 Logo 参数

双击第一个图层，调出图层样式面板。选择“斜面和浮雕”，把“样式”设置成“内斜面”，“方法”设置成“雕刻清晰”。根据 Logo 自身情况调整“深度”“大小”“软化”滑块，以达到目标效果。下半部分的设置要注意取消勾选“使用全局光”，“光泽等高线”选择第一排第二个。根据实际材质的不同光泽，等高线的选择也不同，需要对光影与材质进行分析，如图 15-15 所示。单击“确定”按钮，这个图层就设置好了，如图 15-16 所示。

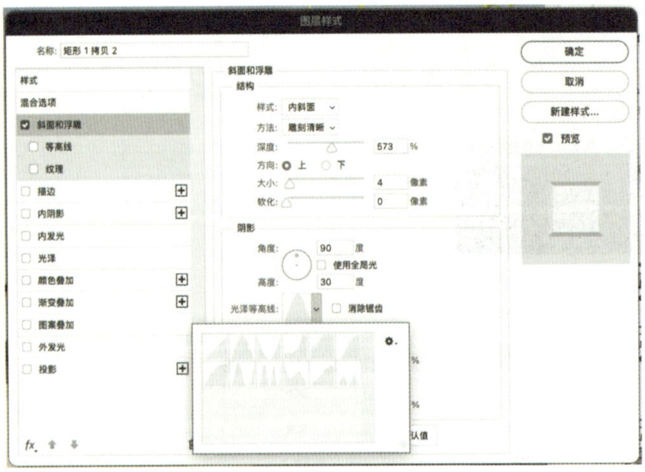

图 15-15 调整 Logo 参数

图 15-16 Logo 调整后效果

双击第三个图层来设置一个投影效果。调出图层样式面板，在“颜色叠加”中叠加一个明度和纯度较低的黄色，如图 15-17 所示。然后按 V 键调用移动工具，此时不用拖动这个图层，只需要轻按键盘上的光标键，让图层产生一定的位移，显示出投影效果。

然后执行“滤镜”→“模糊”→“高斯模糊”命令，如图 15-18 所示。调整一个模糊的值，数值不用太大。此时文字的下方已经隐隐约约有了投影的效果。

最后在图层的最上方添加一个图层，并填充浅灰色，再执行“滤镜”→“杂色”→“添加杂色”命令，设置一个相对较小的杂色值，具体数值视画面效果而定，如图 15-19 所示。再将灰色图层“混合模式”设置为“柔光”；把图层的不透明度调低，设置成 34%，如图 15-20 所示。

样机文件制作完成，如图 15-21 所示。

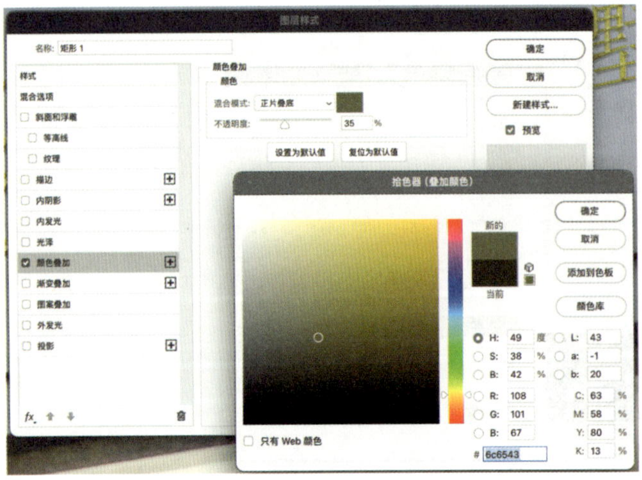

图 15-17 设置投影

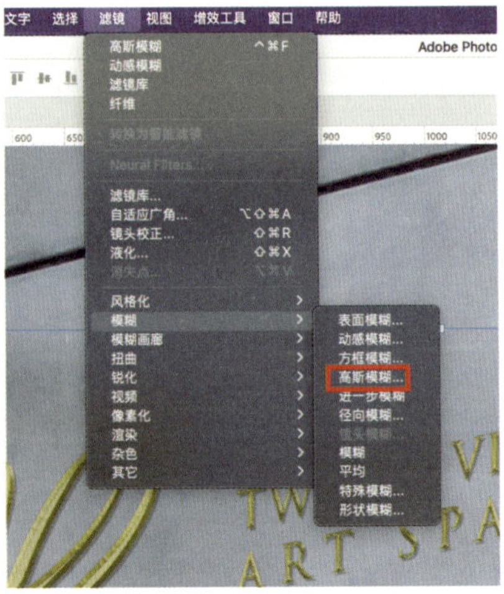

图 15-18 设置高斯模糊效果

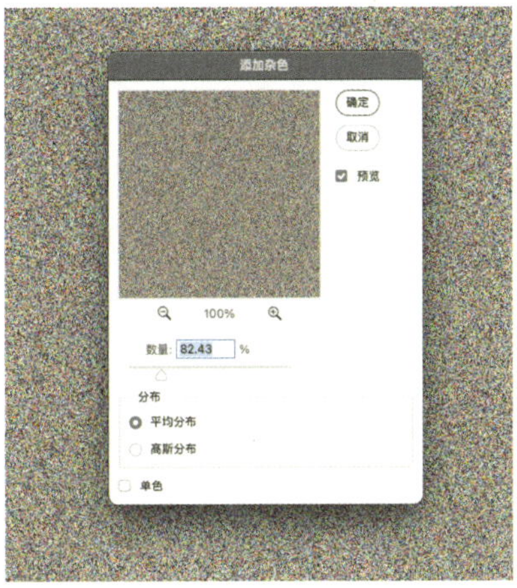

图 15-19　调整杂色参数

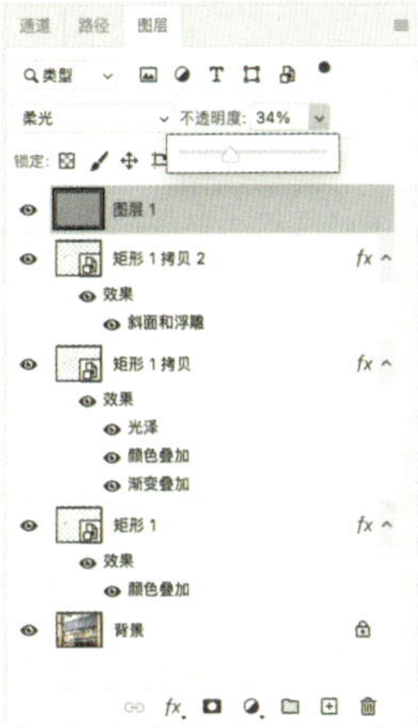

图 15-20　调整图层不透明度

图 15-21　制作完成的 Logo 样机效果

单元作业

制作品牌图形在马克杯上的样机效果（扫码获取素材）。

单元测试

扫码获取试题。

项目 16

电商动态海报设计

◎ 授课目标

了解电商后期处理岗位工作内容，掌握工具的综合使用技巧，能够完成电商动态海报设计。

◎ 育人目标

培养将数字技术、创意构思与电商营销深度融合的实战型设计能力。

【课堂讨论】

课程中所涉及的海报还可以使用哪些配色呢？

微课视频

在当下视觉传达领域，动态海报的使用范围越来越广。相对于传统静态海报，动态海报优势突出。它以动态画面迅速抓人眼球，比静态海报更易吸引受众，且能借助动画，在短时间内传递更丰富的信息。此外，还可融入互动设计，增强观众参与感，传播效果更佳。在本章中，我们将摆脱对网络素材的依赖，在 Photoshop 软件中绘制简单的抽象图形，并将其制作出动态效果。

首先，在 Photoshop 中新建一个 1080 像素 ×1920 像素的画布，分辨率为 300 像素 / 英寸，颜色模式为 RGB。

使用“Ctrl+R”快捷键打开标尺，拉出垂直中心线（软件会自动吸引标尺至垂直中间线处），但是如果想把海报上中下 3 等分，则需要单击“视图”菜单，执行“参考线”→“新建参考线”命令，计算 1920/3 得出 640 像素，建立第一条水平参考线，再用同样方法设置“位置”1280 像素，建立第二条参考线，如图 16-1 所示。

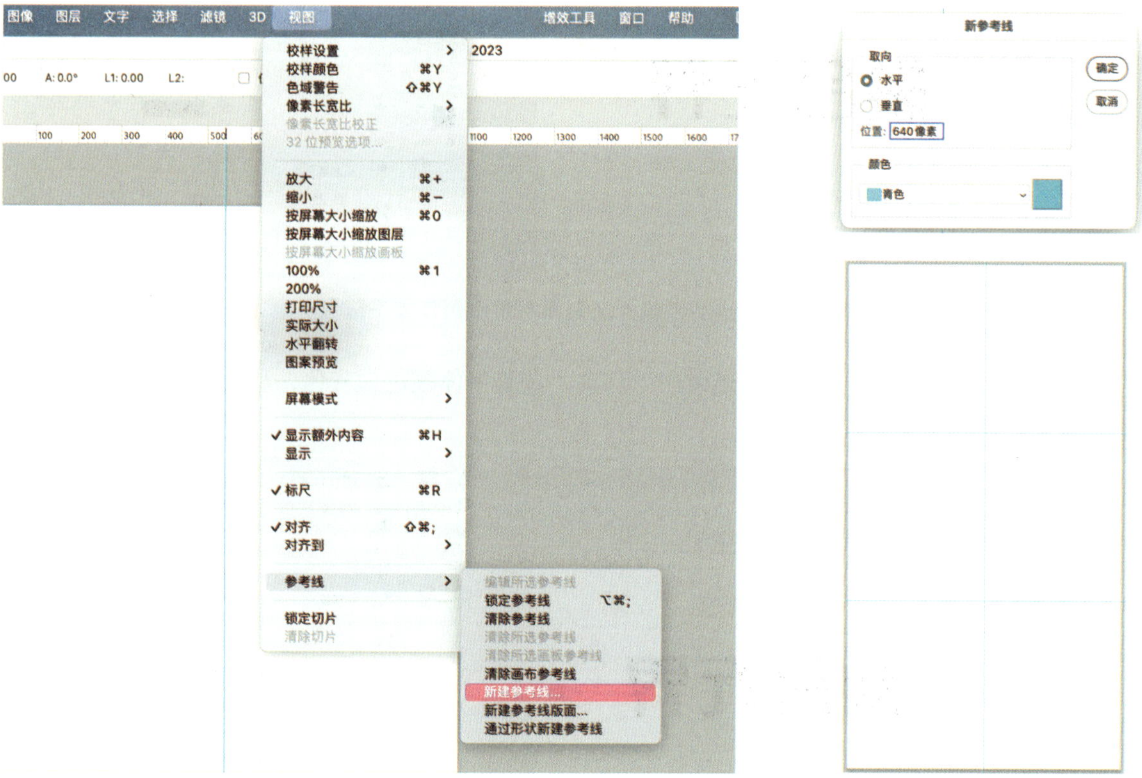

图 16-1　新建参考线

单击文字工具，输入标题“融合无界”，设置字号为 76 点，字体为“包图粗朗体”，如图 16-2 所示。同学们可以根据自己的字体库更换字体，此处并不做具体要求，只要美观即可。

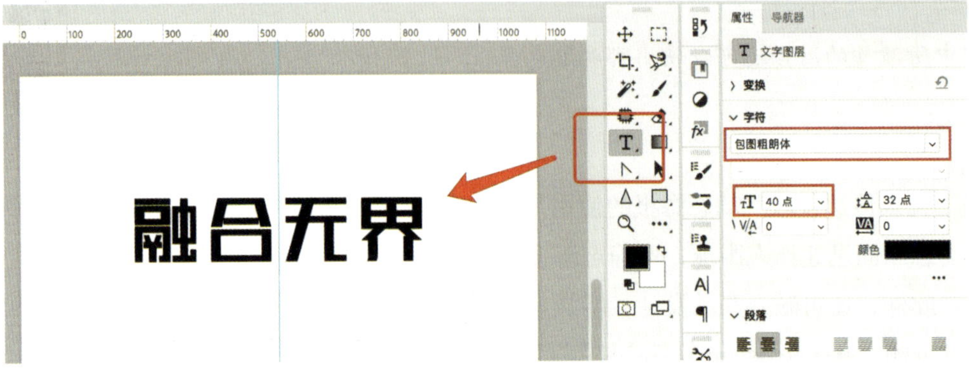

图 16-2 制作海报标题文字

将文字放至纵轴上方中心位置，复制一层用于制作阴影，如图 16-3 所示。

图 16-3 拉出参考线并复制图层用于制作文字阴影

选择标题的第二层图层，将文字稍微向下移动，调整字体颜色为灰色，从而形成阴影效果，如图 16-4 所示。

图 16-4 制作海报标题文字的阴影

输入“融合无界”展览的英文翻译文字“Boundless Integration Exhibition”，形成中英文组合。考虑到中文字体选择的是粗的、边界硬朗的风格，英文字体也要类似，如图 16-5 所示。

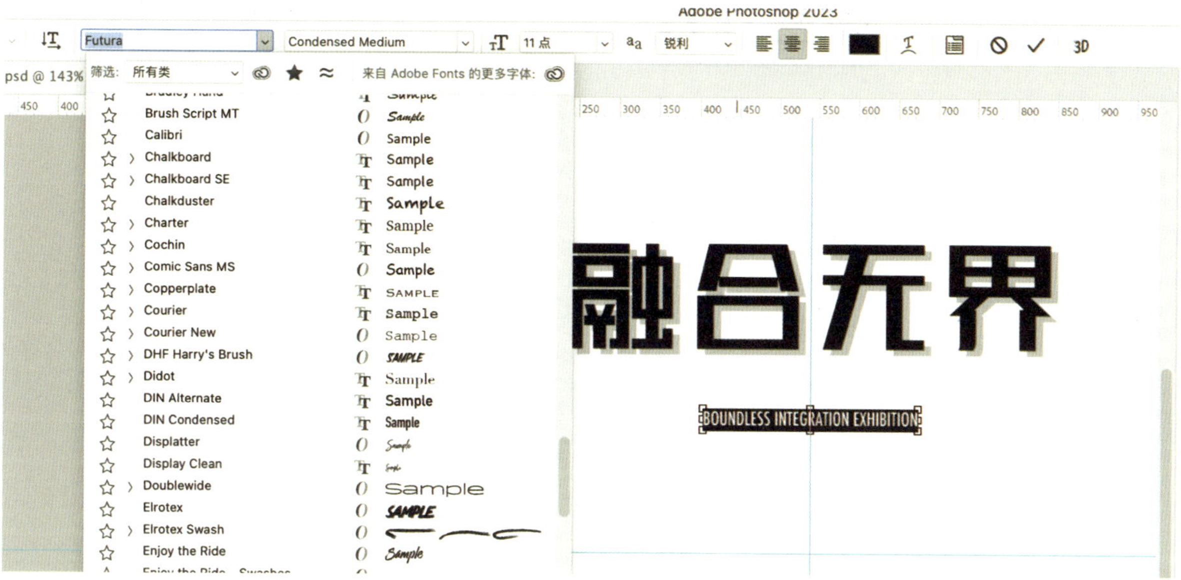

图 16-5　调整英文字体风格

缩小英文字号，调整字间距，使其左右与中文对齐，进行初步排版，如图 16-6 所示。

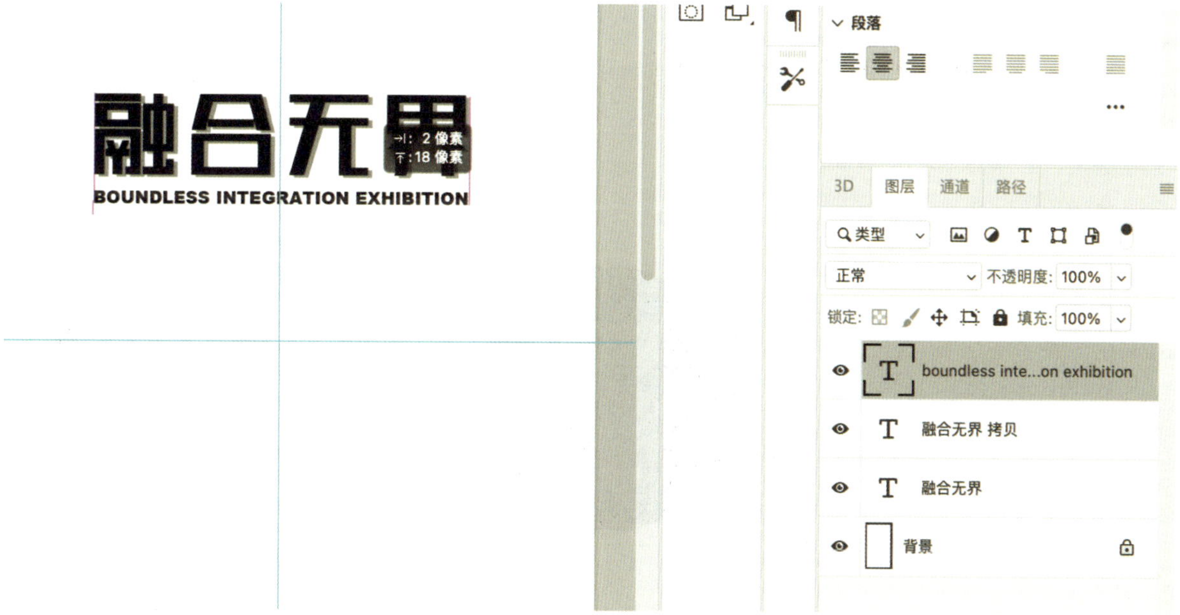

图 16-6　中英文字排版

接下来为海报添加地址与日期信息。选择文字工具，添加地址和日期，将字体更改为和中文标题相同的字体，如图 16-7 所示。

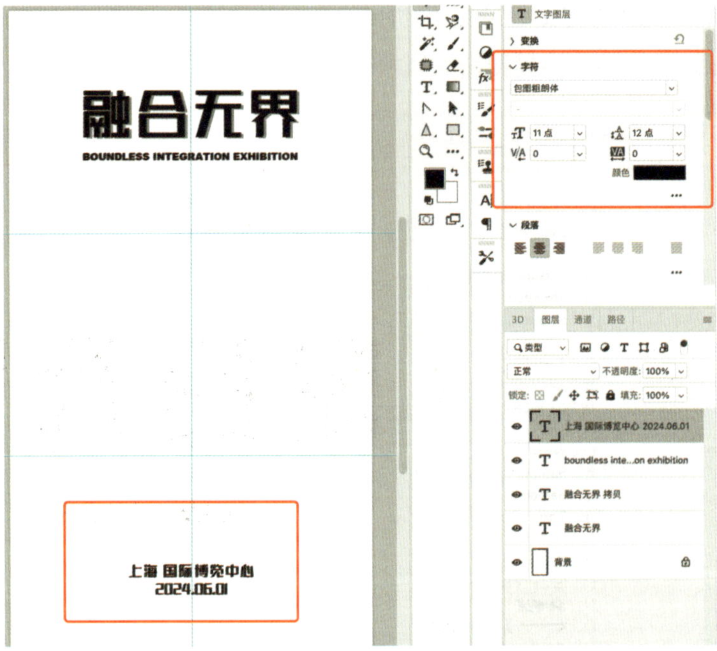

图 16-7　添加地址和日期信息

接下来，需要绘制用于动画的图形元素。单击椭圆工具，按住 Shift 键绘制正圆，如图 16-8 所示。

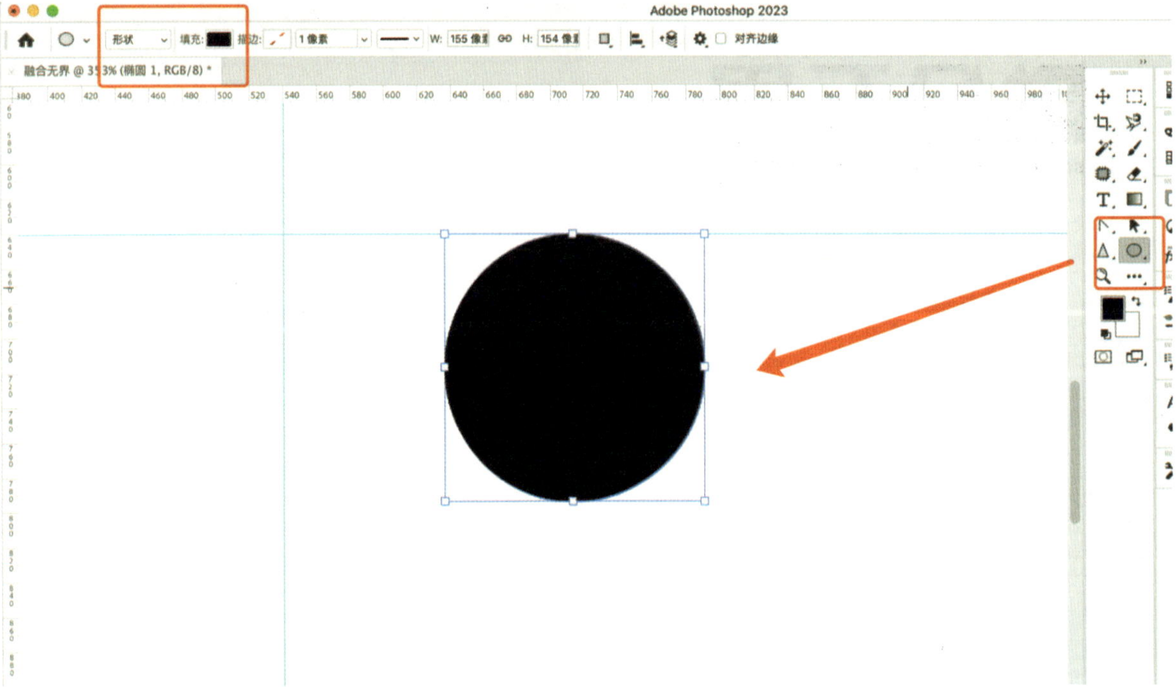

图 16-8　绘制正圆图形

单击属性面板，在形状属性中选择“羽化”工具，增加羽化，根据目标效果调整为合适的数值，得到圆形的边缘虚化效果，如图 16-9 所示。

按住 Alt 键，复制圆形并修改圆形大小，形成“椭圆 1 拷贝”图层；单击图层面板下方的“创建新组”按钮，创建“组 1”；将“椭圆 1”“椭圆 1 拷贝”都拖入组 1，如图 16-10 所示。

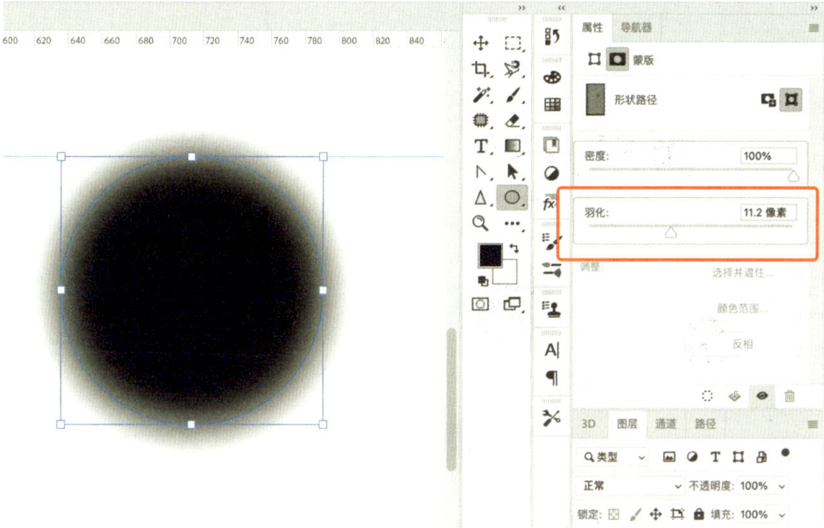

图 16-9　添加羽化效果

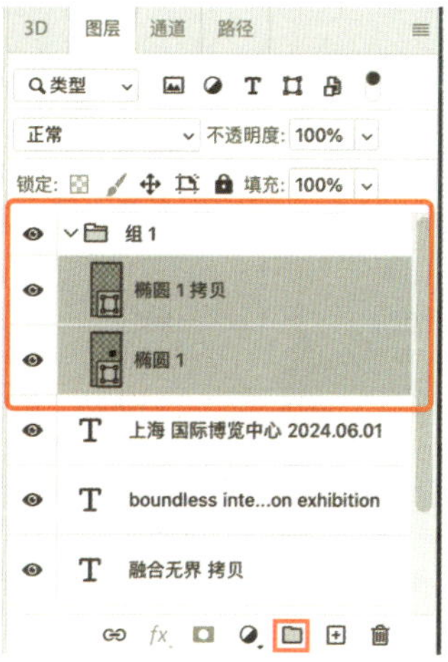

图 16-10　创建图层组

在“组 1”中继续通过复制、粘贴、调整大小，得到更多大小不一的圆形，如图 16-11 所示，后续根据效果也可以继续增加。

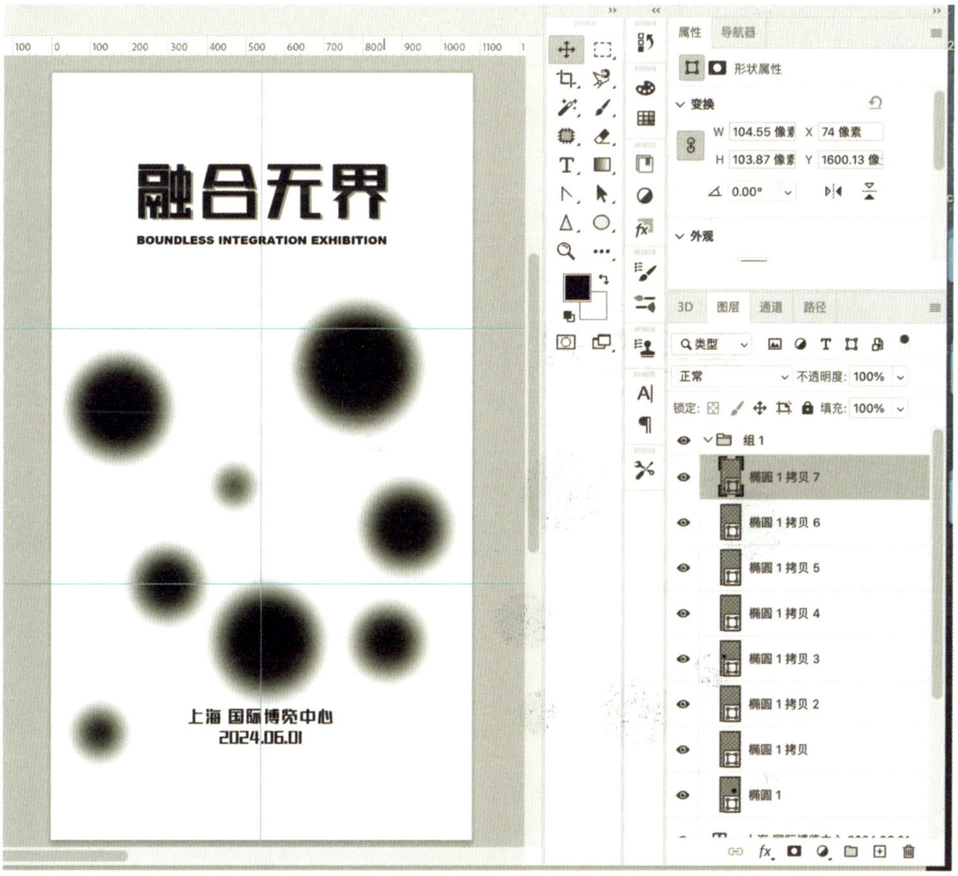

图 16-11　复制多个圆

在“组 1”中创建调整层，单击“色阶”，如图 16-12、图 16-13 所示。

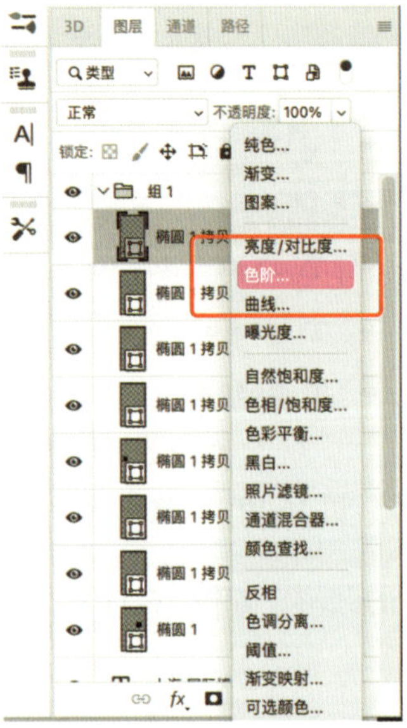

图 16-12 创建调整层

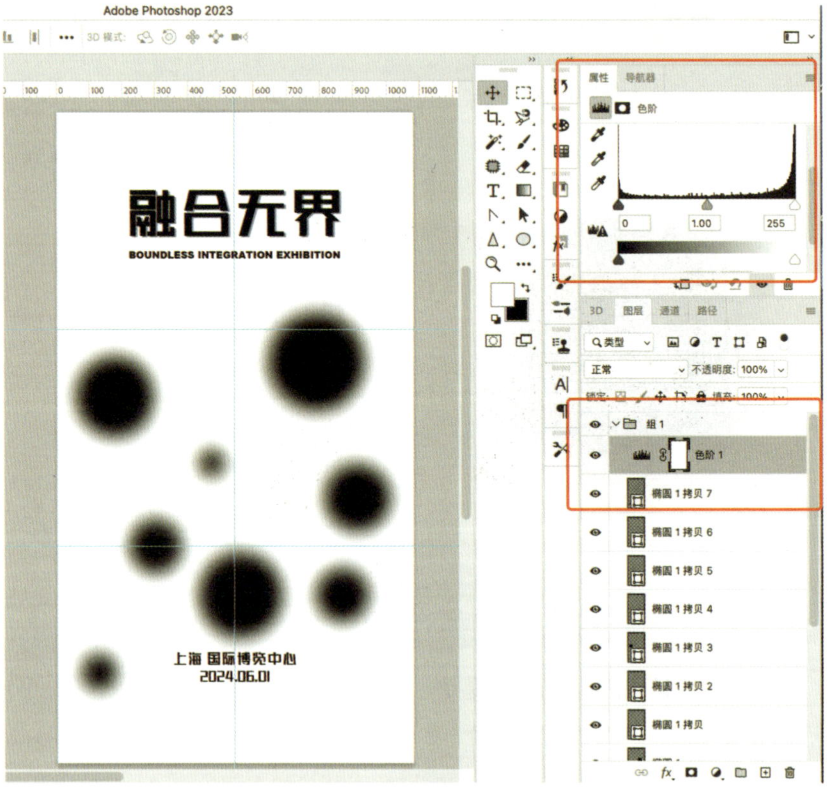

图 16-13 调整色阶

将色阶左、右滑块拉至正中间，效果如图 16-14 所示。

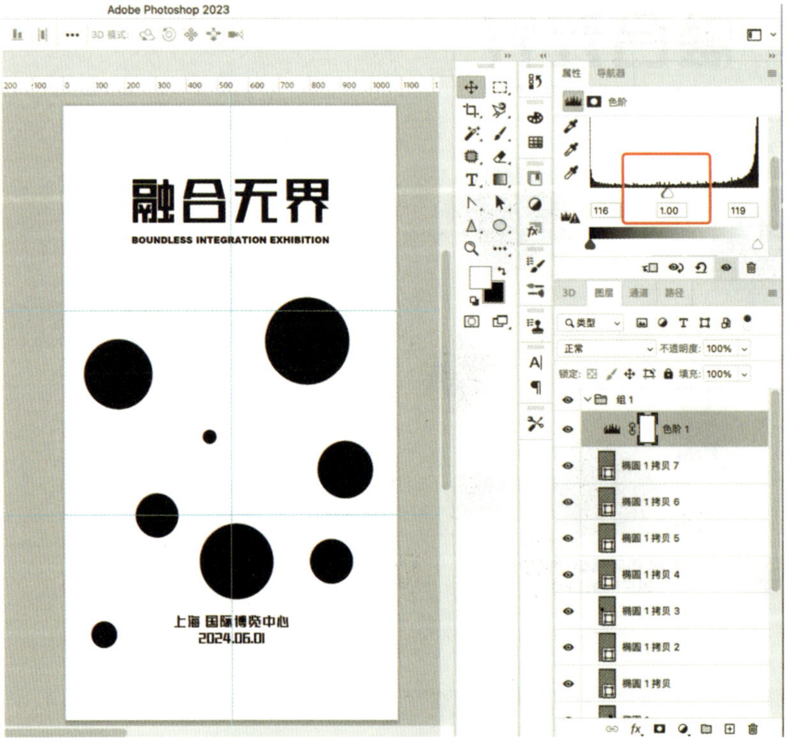

图 16-14 色阶调整后的效果

观察画布，修改色阶后，羽化过的圆形恢复清晰边缘，此时，在画布上拖动各个圆形使之互相靠近，发现当两个圆形接近时，会产生吸引变形的效果，就如同两颗水珠靠近时的融合效果，如图 16-15 所示。

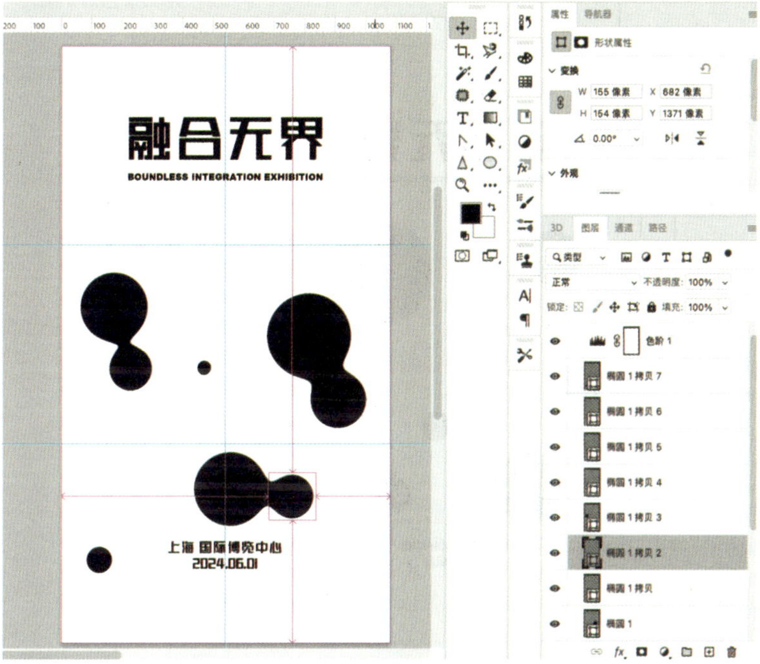

图 16-15　预览圆形互相接近的效果

预览后发现，圆形元素还是太少了，需要重复复制、粘贴圆形的操作，使画面更丰富，如图 16-16 所示。

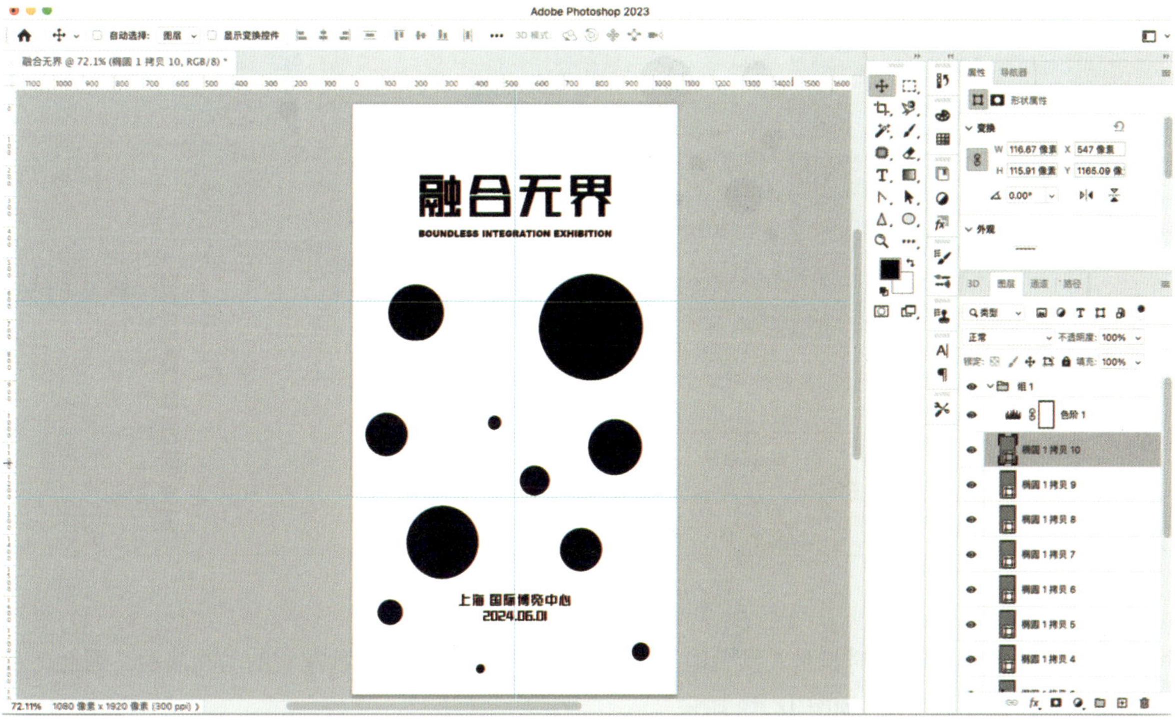

图 16-16　重复绘制更多的圆形

经过前面的步骤，我们已经准备好制作动画所需要的图形元素，接下来就进入动画制作的环节。单击“窗口”菜单，选择“时间轴”，单击“创建视频时间轴”，如图 16-17 所示。

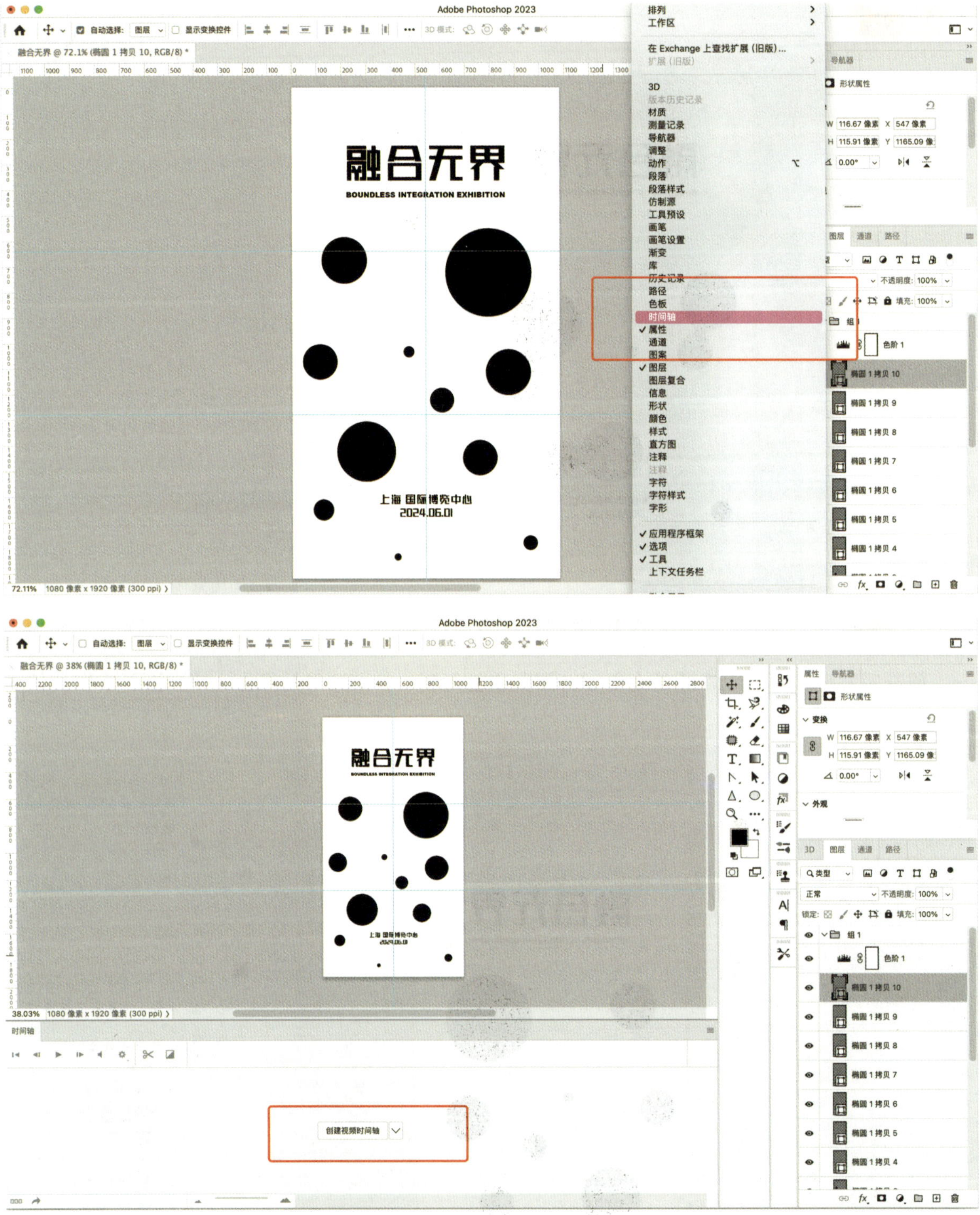

图 16-17　创建视频时间轴

时间轴上默认的动画时长是 5 秒，但是今天我们暂时只需要做 1 秒左右的动画演示，因此，将时间轴时间拉至 1 秒 15f，如图 16-18 所示。

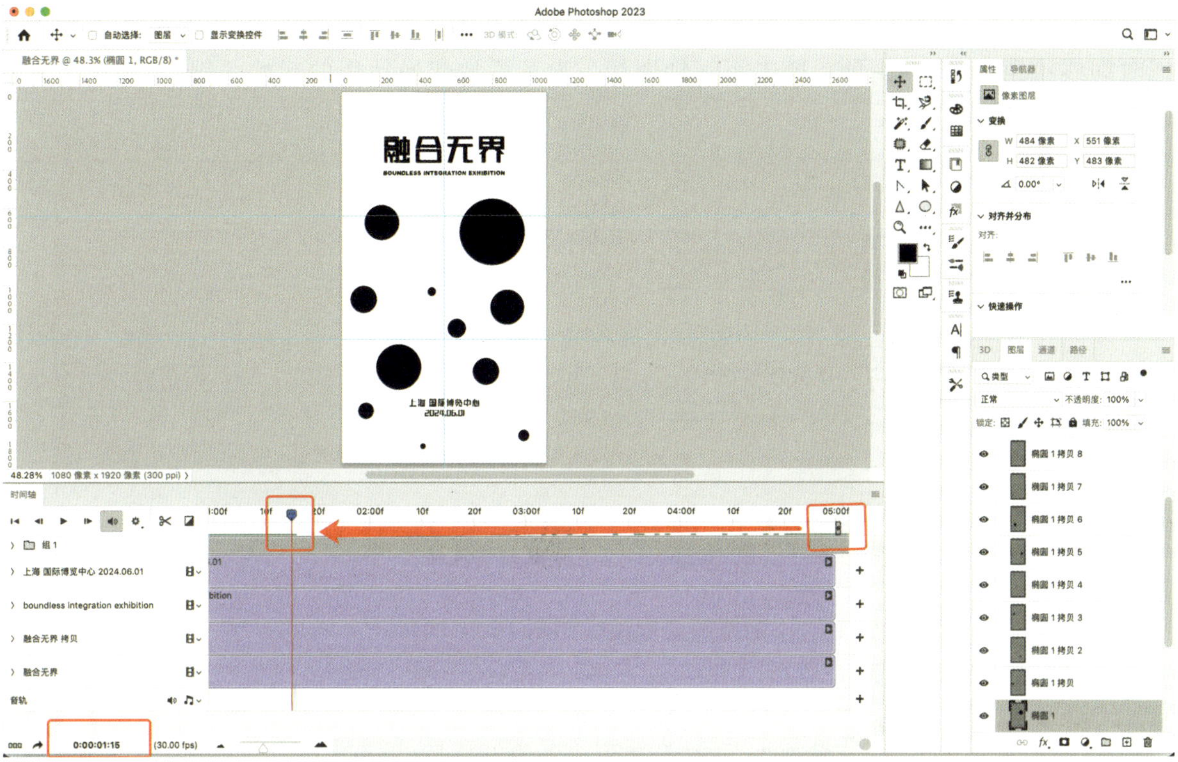

图 16-18　调整时长

在做动画之前，要完成一个准备工作，即在图层面板中将所有的圆转换为智能对象，如图 16-19 所示。如果使用普通图层，后续将不能完成如“变换大小”的动画。

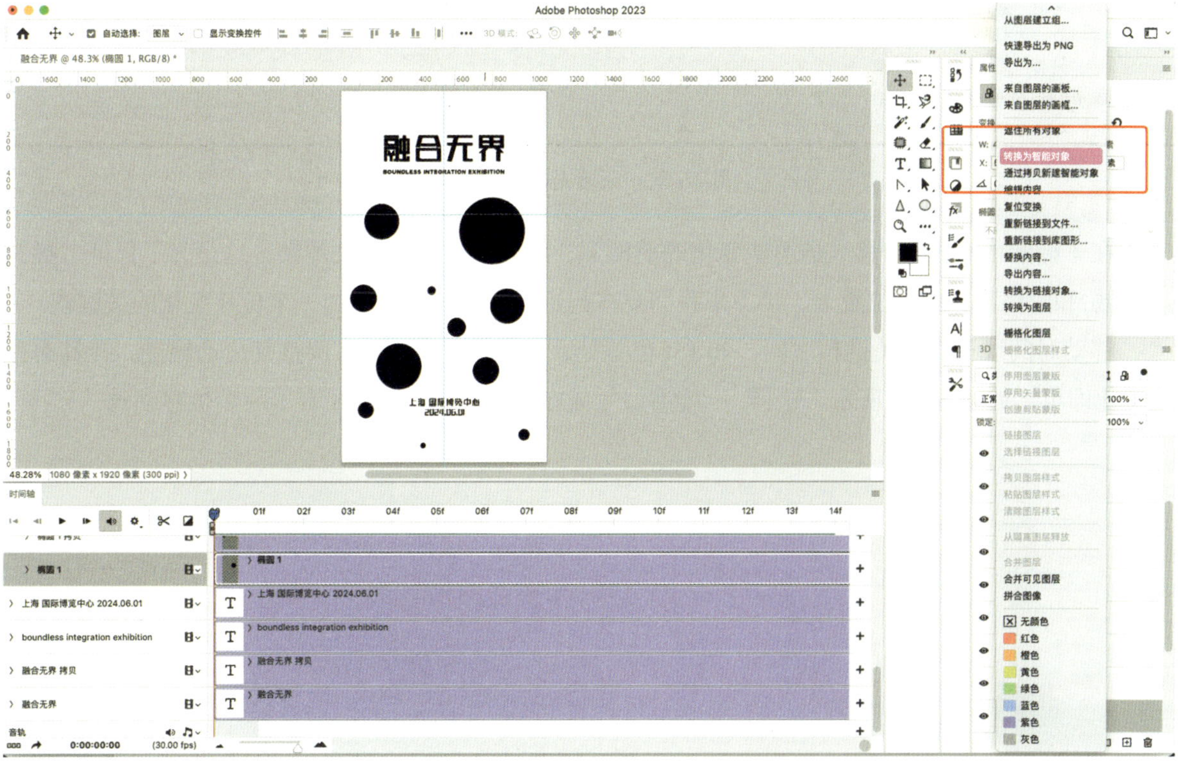

图 16-19　将所有圆转换为智能对象

选择组中最大的圆，展开时间轴里“椭圆 1”标题左边的箭头，在展开的菜单中找到“变换”。把时间线拉至 0 秒（0f）处，单击小闹钟图标，为其添加变换动作的起始关键帧，如图 16-20 所示。

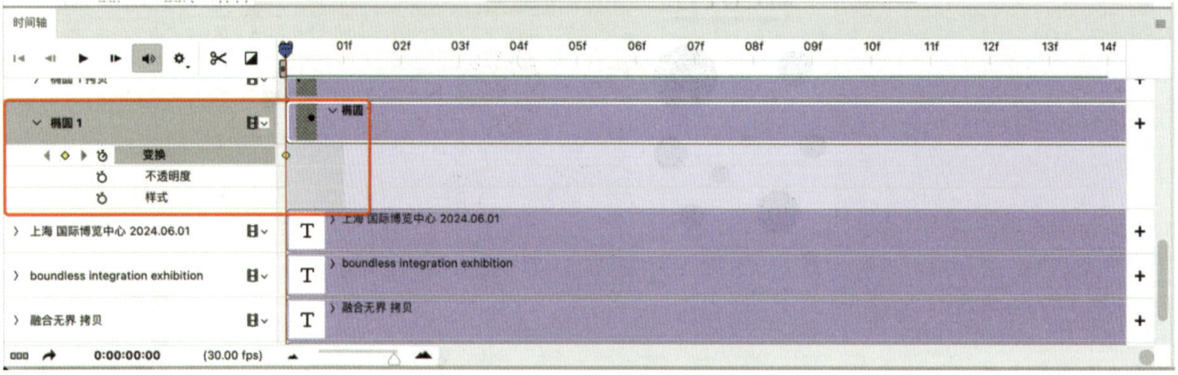

图 16-20 设置变换起始关键帧

再将时间线移动至 15f 处，添加尾部关键帧，如图 16-21 所示。

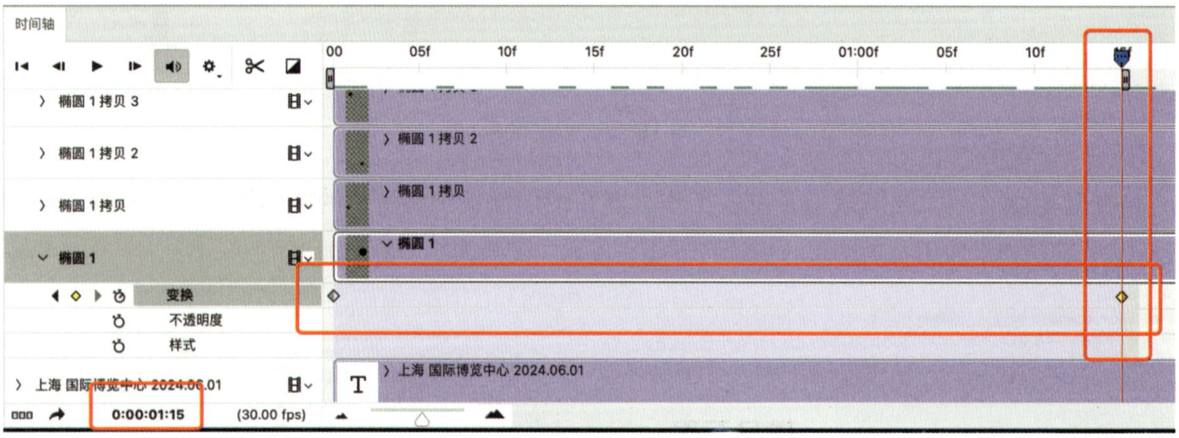

图 16-21 设置尾部关键帧

在“椭圆 1”没有位移、透明度变化的前提下，我们设置了 2 个关键帧，这是为了保证“椭圆 1”起始和收尾都在同一位置上。接下来我们要在起始和结尾时间中增加一个位移变化的关键帧。

移动时间线至两个关键帧之间，如 15f 位置处，移动“椭圆 1”，调整其运动轨迹，让其有位置变化即可，如图 16-22 所示。这样，“椭圆 1”就在时间 0 ~ 1 秒 15f 有了一个位移动画。

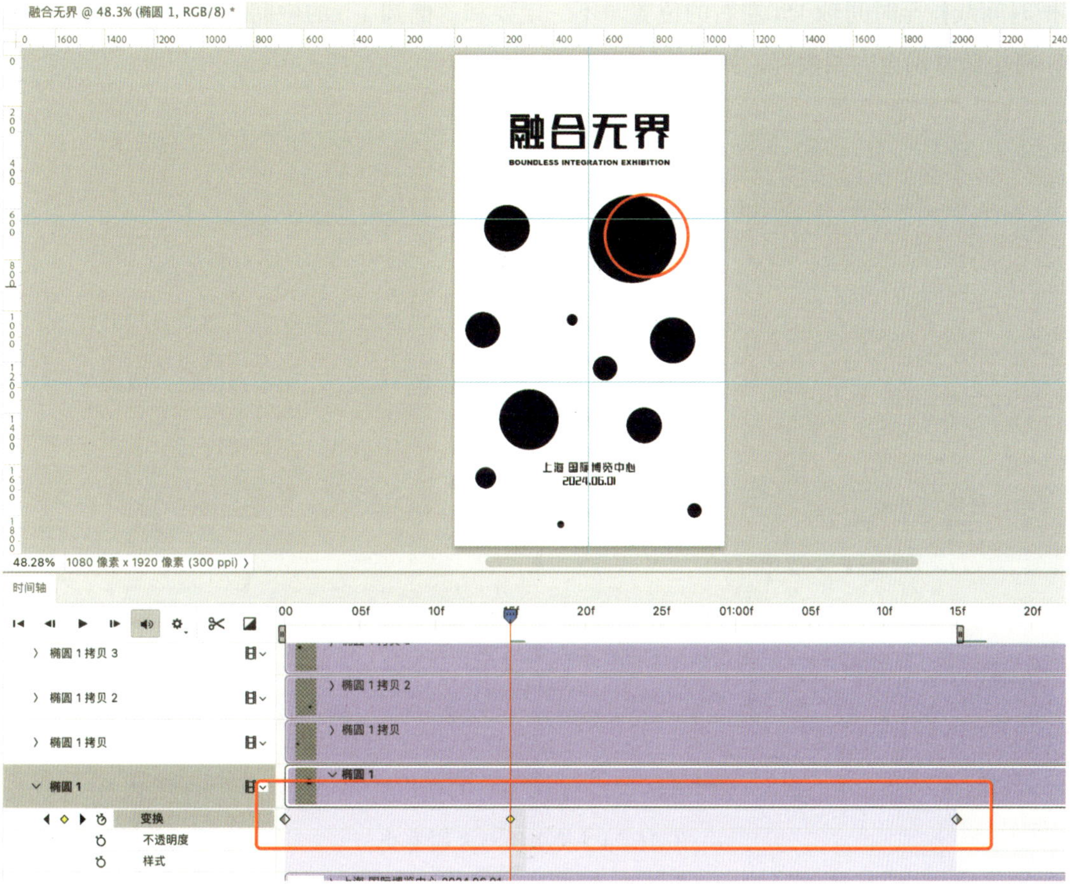

图 16-22　制作中间帧

选择下一个椭圆，重复上一个椭圆的操作步骤，添加起始变换关键帧，如图 16-23 所示。

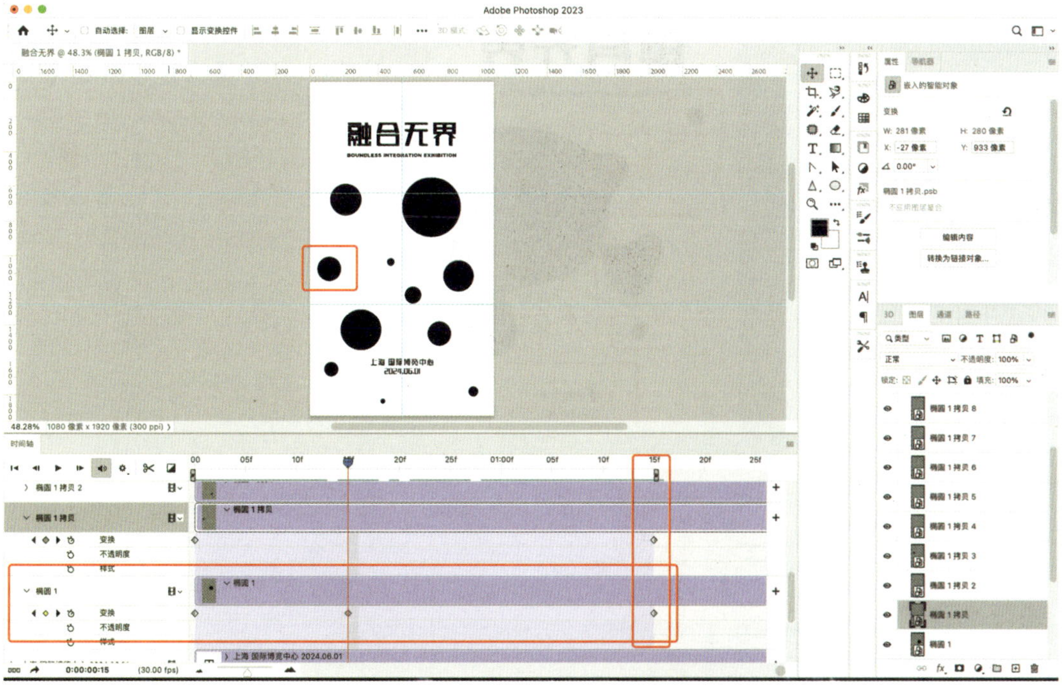

图 16-23　重复为其他圆添加关键帧

把时间线拉至时间轴 15f 左右的位置（不一定要和“椭圆 1”的中间帧在一样的位置），在中间帧，将小圆移动至大圆内部，如图 16-24 所示。

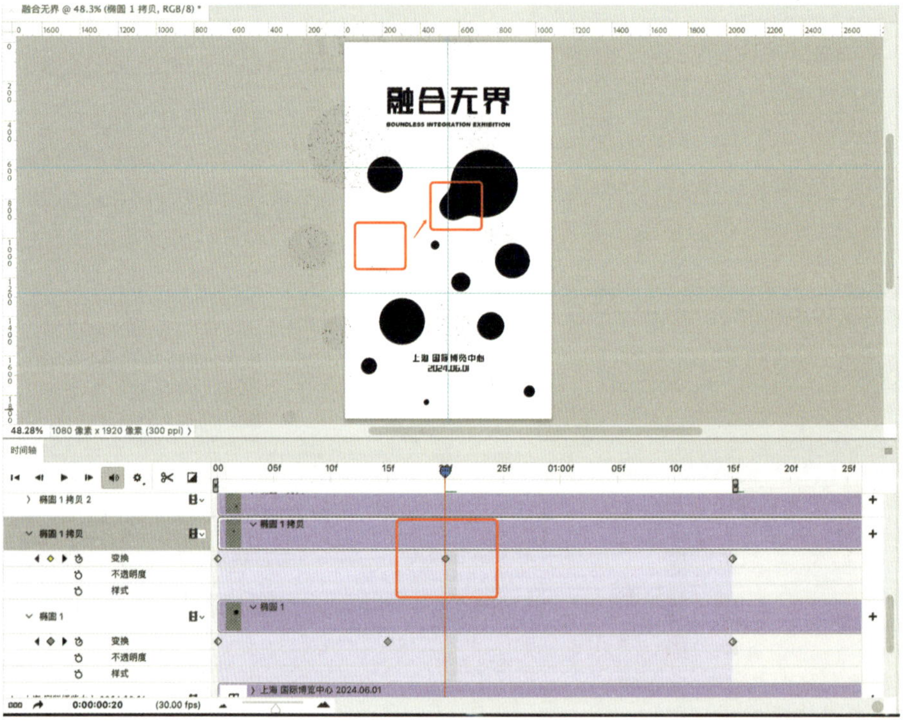

图 16-24 将小圆与大圆重叠

重复以上操作，依次为各个小圆添加关键帧，使其移动至大圆中，如图 16-25 所示。

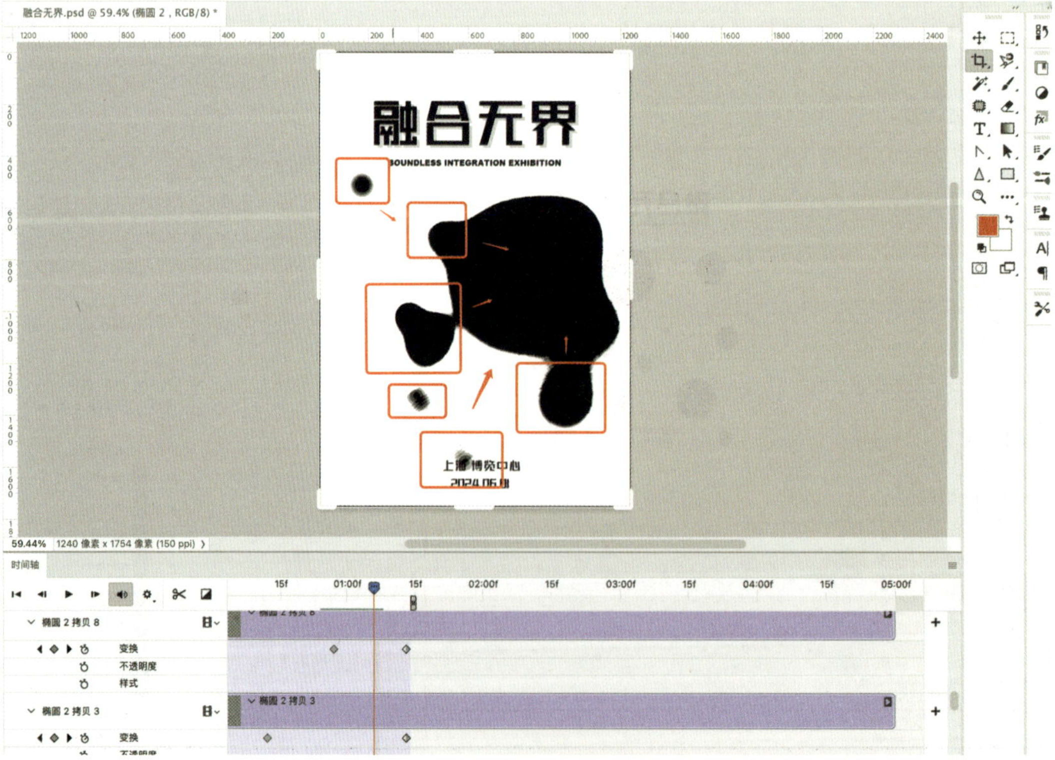

图 16-25 添加更多关键帧

显示所有椭圆，观察效果，如图 16-26 所示。

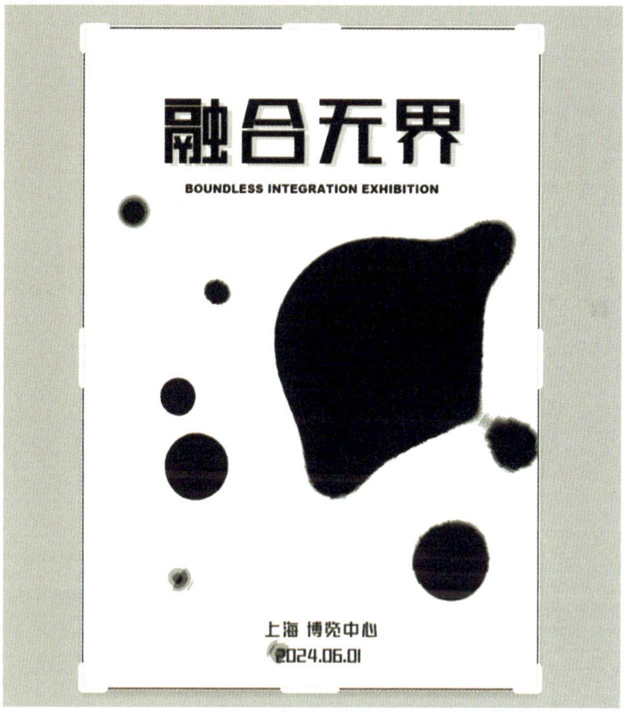

图 16-26　预览动态效果

至此，我们就完成了所有圆形元素的动画制作环节。但是，目前我们的海报的色彩是单一的黑白，且并不具有特殊效果，因此，接下来我们要给海报添上颜色。

在图层面板中，选中“组 1”，创建“调整层”，选择“渐变”，如图 16-27 所示，任选一个渐变色，单击“确定”按钮。

如果图层面板里，之前创建的文字图层在“组 1”的下方，那此时就要调整到“组 1”的上方，否则我们新创建的调整层也会作用于文字图层，而我们实际只需要调整层对“组 1”的圆形起调整作用，如图 16-28 所示。

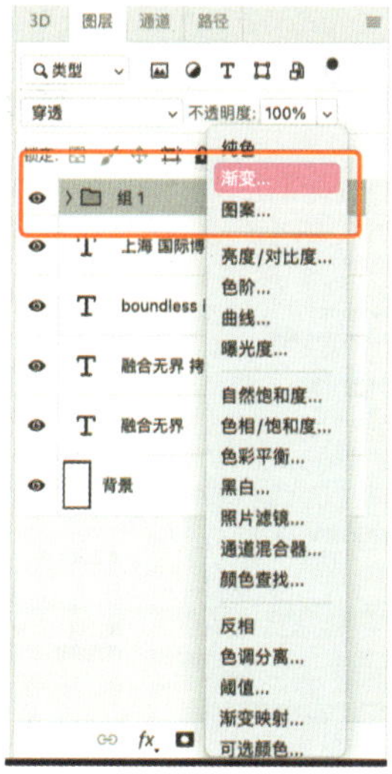

图 16-27　创建渐变调整层

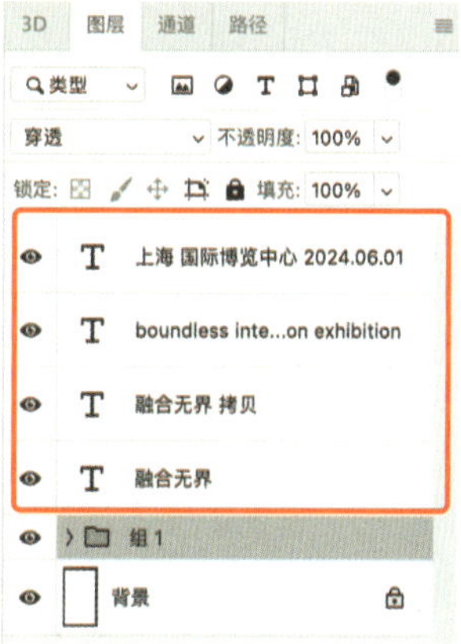

图 16-28　调整文字图层位置

将渐变图层的混合模式改变为“滤色”或“变亮”，如图 16-29 所示。

在界面右边的属性面板，修改渐变填充的颜色，建议选择跨度较大的渐变色，效果会比较明显，如图 16-30 所示。

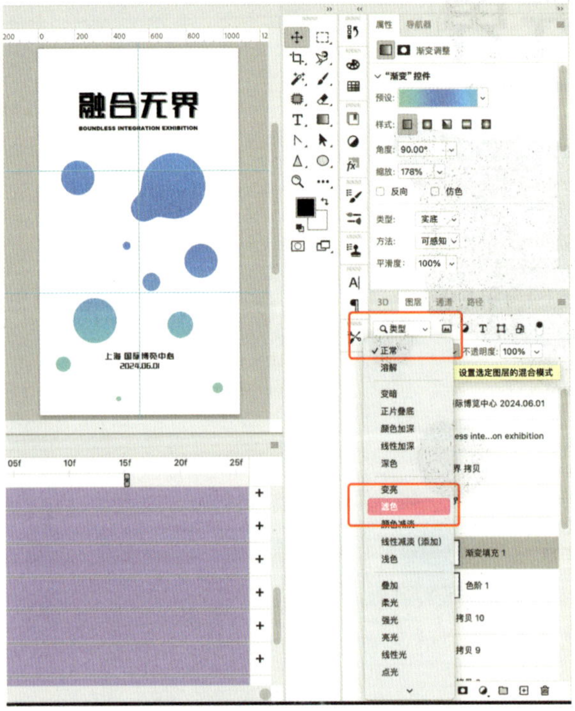

图 16-29　调整渐变图层的混合模式

图 16-30　添加渐变色

观察海报目前效果，发现圆形还是太少，融合动画效果不明显，可以继续添加圆形，并重复动画制作的操作，也可以根据实际效果调整所有圆的大小位置，得到最终效果，如图 16-31 所示。

完成后，在菜单栏中选择“文件”→“导出”→“存储为 Web 所用格式”，如图 16-32 所示。

图 16-31　最终效果

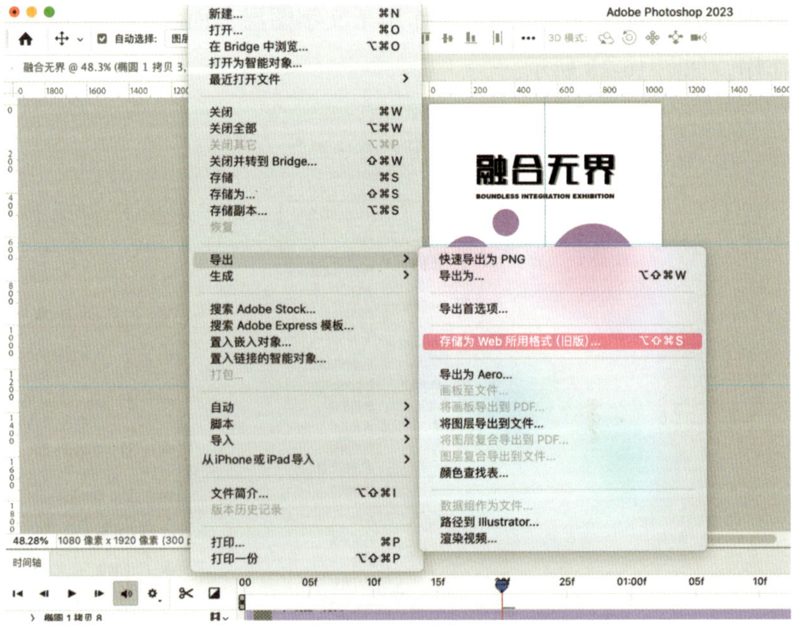

图 16-32　存储为 Web 所用格式文件

缩略图片至合适大小，预设其格式为 GIF，在右下角“动画”下方的“循环选项”中选择“永远”，单击“存储”，如图 16-33 所示。这样，我们就得到了一张可以在网络传播的 GIF 格式动态商业海报。

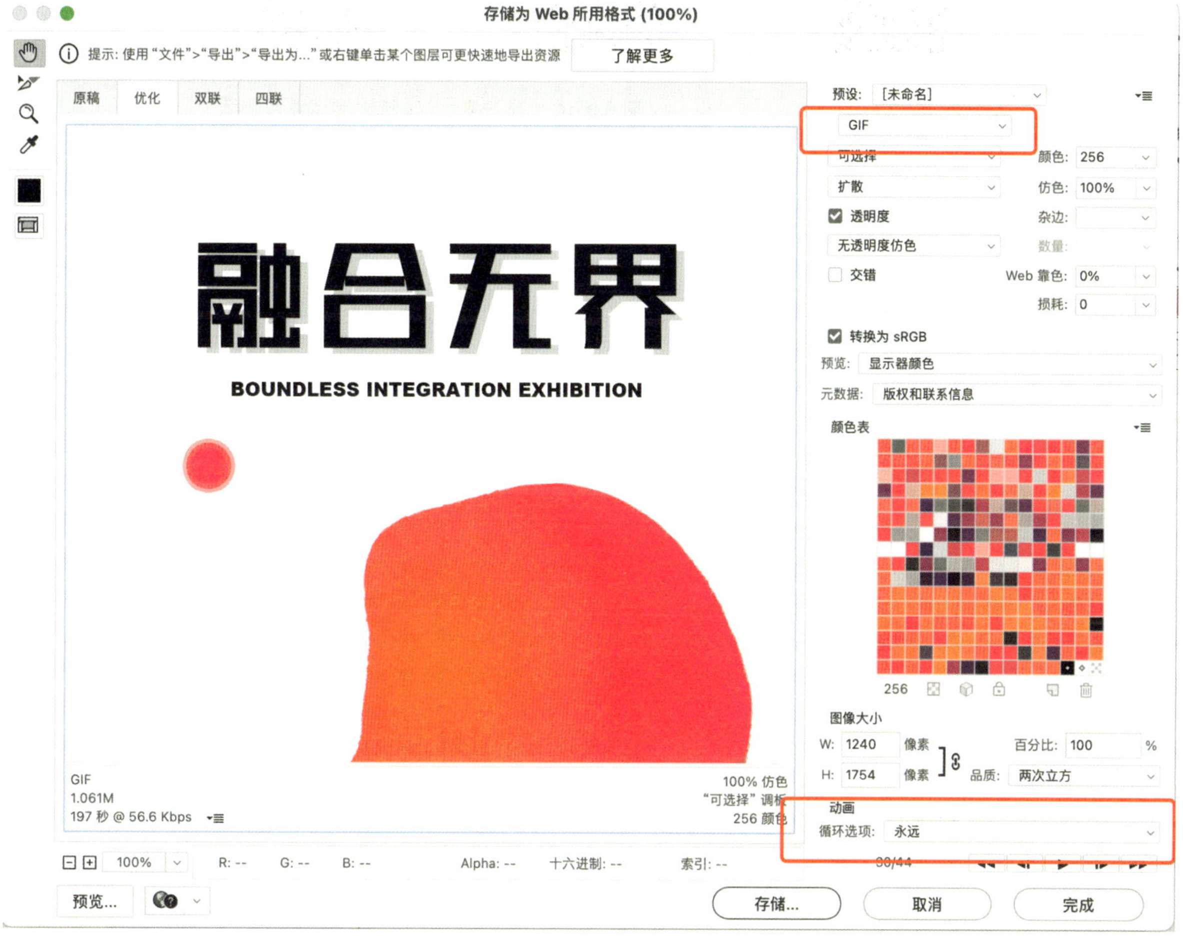

图 16-33　设置永远循环

单元作业

了解动画运动规律（扫码获取参考资料）。

单元测试

扫码获取试题。

期中测试

期末测试

随堂测试参考答案